Avraham Negev
Tempel, Kirchen und Zisternen

Avraham Negev

Tempel, Kirchen und Zisternen

Ausgrabungen in der Wüste Negev
Die Kultur der Nabatäer

Calwer Verlag Stuttgart

CIP-Kurztitelaufnahme der Deutschen Bibliothek

Negev, Avraham:

Tempel, Kirchen und Zisternen : Ausgrabungen in d. Wüste Negev ; d. Kultur d. Nabatäer / Avraham Negev. [Die Übers. aus d. engl. Ms. besorgte Gisela Schmitt-Korte. Zeichn. von Anat Negev-Palti. Luftaufnahmen von Richard Claeve. Die Fotos stammen von S. Abelin . . .]. – Stuttgart ; Calwer, 1983.
ISBN 3-7668-0719-6

Die Übersetzung aus dem englischen Manuskript
besorgte Frau Gisela Schmitt-Korte

Zeichnungen von Frau Anat Negev-Palti (Keramik nach Vorlagen von
Y. Goldfarb-Avi-Yonah)

Luftaufnahmen von Richard Claeve

Die Fotos stammen von S. Abelin, F. Benci, R. Brodi, Chr. Munz, A. Negev,
M. Tal, A. Wolk

Die Bibelzitate folgen der Einheitsübersetzung der Heiligen Schrift

ISBN 3-7668-0719-6

Satz und Druck: Offizin Chr. Scheufele, Stuttgart

An meine Frau Rachel

»Ich denke an die Treue Deiner Jugend,
an die Liebe Deiner Brautzeit,
wie Du mir in die Wüste gefolgt bist,
im Land ohne Saat.«

(Jeremia 2,2)

Inhalt

Vorwort

Am 6. Dezember 1943 ging ich zum erstenmal in die Negev-Wüste. Als ich an jenem Spätnachmittag einen kleinen ausgetretenen Pfad entlangwanderte, taten sich plötzlich vor mir zwei Wege auf, einer in die Zukunft und der andere in die Vergangenheit.

Ich schloß mich dann einer kleinen Gruppe von jungen Pionieren an, die als erste den Versuch unternahmen, in das Herz der feindlichen Wüste vorzudringen. Als Sohn zionistischer Eltern – mein Großvater schickte meinen Vater bereits im Jahre 1908 von Rußland nach Palästina auf das erste hebräische Gymnasium in Jaffa – und nach einer Ausbildung in einer zionistisch-sozialistischen Jugendbewegung war für mich der Gang in den Negev nur natürlich. Es waren die Jahre der Verfolgung und man begann bereits Heimstätten für alle zu errichten, die dem europäischen Inferno entrinnen konnten. In jenem Dezember bewegte ich mich in völlig unbekannten Gefilden auf einem nur schwach markierten Pfad. Schwere Regentropfen fielen auf ein kleines von Beduinen gepflanztes Maisbeet am Wegesrand, das ein wenig Hoffnung ausstrahlte. Nach einigen Kilometern entdeckte ich in der Ferne Lichter eines großen achtarmigen Leuchters und ich ging darauf zu. Es war der erste Tag des jüdischen Lichterfestes, und der Schein kam aus dem neu gegründeten Kibbuz Revivim, etwa 30 km südwestlich von Beerscheba, wo ich die fünf besten Jahre meines Lebens verbringen sollte. Ich war gerade 20 Jahre alt, ungefähr im gleichen Alter wie meine Kameraden.

Wir waren alle voller Enthusiasmus im Bewußtsein, Pioniere eines Volkes zu sein, und taten unser Bestes zur Urbarmachung der Wüste. Der regnerische Jahresanfang entpuppte sich jedoch als Beginn einer schweren Dürre und der gesäte Gerstensamen ging kaum auf. Die gepflanzten Bäume erstarben durch das salzhaltige Wasser des einzigen verfügbaren Brunnens.

Schon zu dieser Zeit machte ich meine ersten Schritte in die Vergangenheit, denn es war ein natürliches Verlangen, die geschichtliche Entwicklung unserer neuen Heimat kennenzulernen. Zu Fuß und mit dem Fahrrad besuchten wir die antiken Stätten Elusa (hebräisch Halutza, arabisch Khalasa), Ruheibah (hebräisch Rehovot – der antike Name ist verlorengegangen), Sobata (hebräisch Shivta, arabisch Isbeita) und zahlreiche andere Orte, wo wir staunend die Überreste jener Städte betrachteten, die einst in dieser unwirtlichen Landschaft blühten. Unser Interesse konzentrierte sich insbesondere auf die ausgedehnten Spuren von Ackerbau. Wir sagten uns, daß wir lediglich die Methoden der Vorfahren nachzuvollziehen brauchten, und spekulierten, wenn diese es mit ihren primitiven Mitteln geschafft haben, müßten wir es eigentlich besser machen können. In diesem Sinne begannen wir 1945 mit dem Bau eines Dammes in dem breiten Wadi (Trockental) nahe unserer Siedlung und huben einen Kanal von etwa einem Kilometer Länge als Wasserleitung sowie zwei große Reservoirs für eine Viertelmillion Kubikmeter Flutwasser aus. Ferner bauten wir ein Pumpenhaus, um das Wasser auf die Felder pumpen zu können. Dies alles stellte sich als Mißerfolg heraus und bis 1946 wurde eine 6-Zoll-Eisenrohrleitung verlegt, die Quellwasser aus der Gegend von Tel Aviv bis in den Negev förderte: die Wüste hatte über den Versuch gesiegt, sie mit den Methoden antiker Völker zu erobern.

In diesen Jahren war ich vorwiegend mit klimatologischen und hydrologischen Fragen beschäftigt und unternahm die ersten Versuche, mich mit früheren Forschungen im Negev vertraut zu machen. Namen wie Palmer, Musil, Woolley, Lawrence, Wiegand, Colt und andere waren mir nicht mehr fremd. Damals bekam unser Kibbuz Besuch durch die Führer der Zionistischen Bewegung Palästinas, die mit eigenen Augen das Wunder sehen wollten, das ein Häuflein Pioniere in der Wüste vollbrachte. Einer dieser Besucher war Dr. Y. L. Magnes, Präsident der Hebräischen Universität. Er wollte die Beweggründe kennenlernen, die unsere Jugendgruppe in den Negev geführt hatten, blieb mehrere Tage und unterhielt sich mit jedem von uns. Als er hörte, daß ich an der Archäologie des Negev interessiert war, lud er mich als sein Gast nach Jerusalem ein. Zu den Höhepunkten meines dortigen Besuches zählten die Stunden, die ich mit Professor N. Glueck verbringen durfte, der damals die Spuren der Nabatäer jenseits des Wadi Araba verfolgte. Zum Schluß meines Aufenthaltes bei ihm in der American School of Oriental Research in Ost-Jerusalem gab er mir ein kleines Stück bemalter nabatäischer Keramik und empfahl mir, nach dieser Art Tonware Ausschau zu halten. Bevor ich nach Hause in den Negev zurückkehrte, bot mir Dr. Magnes ein Stipendium am Archäologischen Institut der Hebräischen Universität an. Da es für mich damals eine Art Hochverrat bedeutet hätte, den Negev zu verlassen, sagte ich ihm, daß ich nur mit Einwilligung meiner Kameraden sein Angebot annehmen könnte, wohl wissend, daß dies ganz unmöglich war.

Seit 1944 unterstand mir die Einsatzpolizei unserer Siedlung. Außerdem war ich Mitglied der örtlichen Haganah (Widerstandsbewegung), weshalb ich mir einen Decknamen zulegen mußte. Auf diese Weise war ich nach den Papieren Eisenberg und für den Untergrund Negev. Diesen Namen behielt ich nach Gründung des Staates Israel bei. Mit Beginn des Jahres 1948 wurde ich zum Kommandeur der Haganah-Einheit ernannt, wodurch mir die Verantwortung für die Verteidigung des Kibbuz und seiner Umgebung oblag. Zu dem Zeitpunkt waren wir vom Rest des Landes völlig abgeschnitten. Diese Isolierung wurde zu einer sehr schweren Belastung. Meine zukünftige Frau Rachel, die seit 1945 bei uns war, drückte diese Verlassenheit sehr eindrucksvoll in einem ihrer Gedichte aus. Im Juni 1948 verlor ich im Gefecht meine rechte Hand und so wurden wir beide – meine Frau und ich – mit einer Art Sportflugzeug aus dem Kriegsgebiet evakuiert.

Auf diese Weise war mir nun der Weg zur Erforschung der Geschichte des Negev freigegeben. Er folgte den üblichen Regeln, das heißt mit einem B. A. (Bachelor of Arts) gefolgt von einem M. A. (Master of Arts) und schließlich dem Ph. D. (Doktor der Philosophie).

Seit dem 8. November 1958, wenige Tage nach Erlangung des M. A.-Grades, führe ich Ausgrabungen und Forschungen im Negev durch. Archäologisches Arbeiten bedeutet Gruppenarbeit. Dem Leiter einer Expedition obliegt zwar die größte Verantwortung, aber er erntet auch den Erfolg. Auf meinem weiten Weg haben mir viele Menschen geholfen, Studenten, Assistenten, Arbeiter und Techniker. Die Liste ist lang, und an dieser Stelle möchte ich nur diejenigen erwähnen, ohne deren Hilfe dieses Buch nicht zustande gekommen wäre.

Während der dreijährigen Arbeit in Oboda waren dies der eingefleischte Soldat, Pionier und Träumer Yehoshua Cohen aus Sedeh Boker, der Architekt Avraham Engel, Yael Goldfarb-Avi-Yonah, deren künstlerische Hand man in der Wiederherstellung bemalter nabatäischer Keramik erkennt. In Mampsis halfen mir meine Studenten Renate Rosenthal und Amos Kloner, die beide ihre Doktorarbeiten unter meiner Aufsicht verfaßten, Immanuel Damati, Architekt Adolf Urweider und der inzwischen verstorbene Vorarbeiter Michael Nidam sowie Renée Sivan im Jerusalemer Labor.

Dies sind nur einige wenige Namen aus der Vielzahl der Mitarbeiter, die alle ihr Bestes gaben.

Dieses Buch habe ich in Gedanken und mit dem Herzen bereits seit vielen Jahren geschrieben, jedoch wurde es Winter 1979/80, bis ich es schriftlich niederlegte während meines Aufenthaltes in Frankfurt bei meinen lieben Freunden Gisela und Karl Schmitt-Korte sowie in der ausgezeichneten Bibliothek der dortigen Römisch-Germanischen Kommission und anschließend in der freundlichen Atmosphäre der Mississippi State University sowie daheim in Jerusalem. Die farbigen Luftaufnahmen stammen von Dr. Richard Cleave, Jerusalem, dem ich für die Erlaubnis zur Veröffentlichung großen Dank schulde.

Die Kupferzeit im Negev (Chalkolithikum) (4000–3150 v. Chr.)

Angesichts des geographisch schwierig einzugrenzenden Gebietes des Negev erscheint es sinnvoll, die Darstellung der Geschichte und Archäologie dieser Region mit dem Kupferzeitalter zu beginnen, in der Wissenschaft auch Chalkolithikum genannt (4000–3150 v. Chr.).

Im Heiligen Land blühte diese Kultur hauptsächlich in den großen Tälern im Norden, entlang der stets wasserführenden Flußläufe, in der Nähe von Quellen oder im Küstenstreifen, der relativ regenreich ist. Nach Süden hin erstreckt sich das Gebiet etwa bis Gaza, wo eine ungewöhnlich große Zahl von Stätten dieser Epoche gefunden wurde. Weiter südlich in der Halbwüstenzone ließen sich die Siedler des Altertums vorzugsweise an den Ufern des Trockenflußbettes Nahal Besor (Wadi Gaza) nieder, wo man Trinkwasser durch kleinere Grabungen im Flußbett selbst oder an den flachen Ufern gewinnen konnte. Von diesem Gebiet dehnten sich chalkolithische Siedlungen süd-östlich in Richtung der Ebene von Beerscheba aus.

Sobald man den Küstenstreifen verläßt, kommt man in eine Landschaft, in der die jährliche Niederschlagsmenge 200 mm nicht übersteigt, wobei diese Niederschläge fast ausschließlich in der Zeit zwischen November und April fallen. Dies reicht gerade zum Anbau von Gerste aus und bei einem guten Durchschnitt an Regenfällen auch für etwas Weizen. In Niederungen können einige Obstbäume und Gemüsearten angebaut werden. Auch hier gewinnt man Trinkwasser durch relativ einfaches Graben im Flußbett. Diese Gegebenheiten ermöglichten die Gründungen von Siedlungen bis hin zur Beerscheba-Ebene.

Erst 1950 wurde diese Kultur in Beerscheba entdeckt. Die kleinen chalkolithischen Siedlungen befanden sich zu beiden Seiten des Wadis, bekannt wurde Beer Matar, Beer Safad, Horvat Batar, Bir Ibrahim sowie eine Reihe kleinerer unbedeutender Stätten. Bemerkenswert ist jedoch, daß die Nordseite des Wadis von den damaligen Siedlern offensichtlich bevorzugt wurde.

Nach ihrer Entdeckung 1950 wurden diese Orte von zwei separaten archäologischen Expeditionen erforscht, die eine unter Prof. J. Perrot vom Französischen Zentrum für Wissenschaftliche Forschung, die andere unter Professor M. Dothan im Auftrag der israelischen Altertumsverwaltung. Funduntersuchungen nach dem sogenannten Carbon-14-Verfahren (Radiocarbon-Methode) ergaben für zwei der drei Siedlungsphasen Datierungen von 3450 v. Chr. (± 350 Jahre), 3325 v. Chr. (± 150 Jahre) und 3160 v. Chr. (± 350 Jahre). Man schätzt, daß die andauernde Besiedlung um Beerscheba nicht länger als 700 Jahre dauerte und sich auf die 2. Hälfte des 4. Jahrtausend v. Chr. konzentrierte.

Die Ebene von Beerscheba ist mit einer geologisch jungen, vom Wind angewehten Lößbodenschicht bedeckt. In dieses lockere Erdreich wurden die frühesten unterirdischen Behausungen gegraben. Sie bestanden aus recht großen Räumen, im Schnitt 7 × 3 m, und waren von einer Höhle aus durch einen Erdschacht oder einen Seiteneingang erreichbar. Üblicherweise führten die Schächte in einen kleinen Hof mit Feuerstellen und Wasserbecken. Getreidespeicher waren im Inneren der Räume in den Boden eingelassen.

Der weiche Lößboden war für diese Art Häuser nicht gut geeignet, so daß sie nach relativ kurzer Zeit einstürzten. Sie wurden dann durch kleinere unterirdische Räume ovaler Form ersetzt, die durch Gänge verbunden waren, zugänglich wiederum durch senkrechte Schächte, die bis zu 2 m tief waren. Zur Erleichterung des Ein- und Ausstieges waren die Wände mit Steiglöchern und Haltevorrichtungen versehen. Da die Bewohner dieser einzigartigen Kultur allerlei Geschäften nachgingen, mußten sie ihre Wohnungen oft für längere Zeit verlassen. Währenddessen wurden die Schächte zugeschüttet und erst bei Rückkehr wieder freigelegt. In einem Fall gab es offenbar keine Heimkehr, und diesem Umstand ist es zu verdanken, daß dort alle Wohnungen der sogenannten Phase II der Beerscheba-Kultur praktisch unversehrt erhalten geblieben sind.

Gegen Ende des 4. Jahrtausends v. Chr. wurde ein neuer Haustyp geschaffen. Die unterirdischen Behausungen wurden aufgegeben und Hütten aus Lehmziegeln mit einem steinernem Fundament errichtet, das ein Wegschwemmen der Grundmauern verhinderte. Die Räume hatten eine ovale Form und die Überdachung bestand aus Holzbalken, mit gestampfter Erde abgedeckt. Die Furcht, das Dach könnte einstürzen, veranlaßte die Erbauer, ihre Hütten so weit in die Erde einzulassen, daß die Dächer den Boden berührten. Erst ganz am Ende der Epoche in Beerscheba wagte man, die Lehmziegelhäuser ganz oberirdisch zu errichten. Durch den Mangel an langen Holzbalken für die Überdachung erklärt es sich, daß die Räume zwar 7 bis 15 m Länge, jedoch nie mehr als 3 m Breite hatten.

Jede dieser kleinen Siedlungen bestand aus etwa zehn Wohntrakten, angeordnet um einen großen Raum herum, der sicher nicht als Wohnung sondern einer öffentlichen Funktion diente. Man schätzt, daß die Zahl der Einwohner pro Niederlassung zu allen Zeiten der Besiedelung nicht mehr als 200 betrug.

Die Ureinwohner von Beerscheba erfreuten sich einer recht abwechslungsreichen Kost. Die aufgefundenen Getreide- und Gemüsereste, die unterirdischen Speicher sowie Sicheln, Mühlen und Mörser liefern den Beweis dafür, daß die pflanzlichen Produkte an Ort und Stelle gewonnen wurden. Wie bei allen Wüstenbewohnern war Fleisch, vor allem vom Schaf, aber auch vom Rind, für die Ernährung besonders wichtig. Auch auf der Jagd wurde Fleisch, meistens von Gazellen, erbeutet. Das Pferd, wenngleich noch selten, war schon bekannt. Tönerne Behälter, wie sie damals in ganz Palästina üblich waren, deuten auf die Herstellung von Butter und vermutlich auch einer Art Hartkäse, wie er noch heute von den dortigen Beduinen erzeugt wird.

Die Landwirtschaft nahm naturgemäß nur eine begrenzte Zeit des Jahres in Anspruch. Die übrige und weitaus meiste Zeit widmete man anderen Wirtschaftszweigen. Es ist erstaunlich, wie klar umrissen die Arbeitsteilung zwischen einzelnen Siedlungen war. Alle Siedlungen widmeten sich dem Ackerbau, daneben aber spezialisierten sich einzelne Niederlassungen auf bestimmte Handwerkszweige.

So konzentrierte sich eines der Dörfer, nämlich Beer Matar, auf die Kupferherstellung. Das Erz kam von Feinan, dem Punon der Bibel (4. Mose 33, 42), östlich des Wadi Araba, dessen Kupferminen noch in römischer und byzantinischer Zeit ausgebeutet wurden. Die Bergleute sind in den Reihen der frühen Bewohner Edoms zu suchen, jedoch zeigen neueste Forschungsergebnisse über die chalkolithische Epoche in Hatzevah auf der israelischen Seite des Wadi Araba, daß die Händler von Beerscheba gekommen sein müssen. In Beer Matar wurden Reste von Kupfererzen (Malachit) gefunden. Sie wurden hier auf einer Art Steinamboß gestampft. Feuerstellen mit Schlackenresten und Erzbröckchen sowie Verhüttungsgeräte waren auch noch vorhanden. Unter den in Beer Matar gegossenen Gegenständen befanden sich Äxte, Meißel, Ahlen und Keulenköpfe; die letzteren wurden im Kampf verwendet. Daß kein Mangel an Metall herrschte, wird durch die Tatsache belegt, daß es auch zur Herstellung von Ziergegenständen verwendet wurde. Figuren, nach dem Verfahren der »verlorenen Form« (cire perdue) hergestellt, zeugen von großer Fingerfertigkeit der Künstler.

Während man sich in Beer Matar auf Metallgeräte spezialisierte, wurden in Beer Safad Elfenbein, Knochen und weiches Gestein verarbeitet. Das Vorkommen von Elfenbein in dieser Region ist ein Beweis für internationalen Handel mit dem afrikanischen Kontinent. Wie dieser Handel im einzelnen ablief, ist noch ein Rätsel.

Man schuf eine große Zahl menschlicher Figuren, die von besonderem Interesse sind. Obwohl sie den prädynastischen ägyptischen Kunstwerken ähneln, gibt es keinen Zweifel daran, daß sie in Beerscheba hergestellt worden sind. In der Tat wurde die Werkstatt selbst entdeckt. Eine der Figuren stellt einen jungen Mann mit an den Körper geklammerten Händen dar. Kleine Löcher entlang der Wangen sowie ein größeres am Kopf dienten offenbar zur Befestigung von Haaren. Die Augenhöhlen bilden große Vertiefungen zur Aufnahme von durchscheinenden Steinen als Augäpfel; sie sollten die Gestalt so wirklichkeitsgetreu wie nur möglich erscheinen lassen. Eine andere Figur stellt eine schwangere Frau dar. Hier befinden sich am Unterleib zahlreiche Löcher für die Schamhaare. Vertiefungen in den großen Brüsten dienten zum Einsetzen von Steinen oder Ton als Brustwarzen.

Ferner gibt es kleinere Elfenbeinfiguren von Tieren und Vögeln.

Die reichlich vorhandenen Tierknochen wurden zur Anfertigung von Spitzhacken, Ahlen, Nadeln, Kämmen und Sicheln verwendet. Aus Kalkstein machte man Keulenköpfe, Hacken, Teller, kleines Geschirr und andere Gegenstände.

Eine Sonderstellung nahmen die Basaltgefäße ein. Der sehr harte Basaltstein wurde ebenfalls aus der Gegend von Feinan gebracht. Aus Basalt wurden hauptsächlich Schalen gefertigt, einige mit dreieckigem Fuß. Zur Bearbeitung dieses Materials sowie des sehr harten Hämatit (Roheisenstein), aus dem Waffen hergestellt wurden, muß ein noch härteres und in irgendeiner Weise drehbares Polierinstrument benutzt worden sein.

Die alltäglichen Gebrauchsgegenstände in der Beerscheba-Kultur waren aus Ton. Trotz der Fertigkeiten in der Bearbeitung von Metall, Knochen und Stein wurden die meisten keramischen Erzeugnisse von Hand hergestellt. Nur für offene Schalen benutzte man eine primitive Töpferscheibe. Schalen und Becken mit hohem Standfuß wurden auf die gleiche Weise gefertigt. Die übrigen Gefäße bestanden im wesentlichen aus Krügen, sie zeigen nur spärliche Verzierungen, zumeist durch Abdrücke von Finger und Fingernagel sowie Streifen mit roter Farbe.

Das religiöse Leben stellt sich am anschaulichsten an den Beerdigungssitten dar. Kinder wurden unter dem Hausflur begraben. Erwachsene begrub man zunächst außerhalb der Häuser. Nach Verwesung der fleischlichen Hülle sammelte man Schädel und Knochen in einen Lederbeutel und verwahrte diesen in einem unbenutzten Lagerraum oder einem separaten Zimmer des Hauses.

Die vielen flachen Kieselsteine, die in den Siedlungen gefunden wur-

Bei Beerscheba, Grenze zwischen bewachsenem und unbewachsenem Land

den und keinen praktischen Nutzen erkennen lassen, dienten vermutlich kultischen Zwecken. Sie wurden entweder einzeln oder aufgehäuft hingelegt – stets in einer durch die Zahl 7 teilbaren Gruppe – und mit verschiedenen Symbolen ockerfarben bemalt, wobei jede Gruppe ein einheitliches Symbol trägt.

Die Beerscheba-Kultur hat die Verwendung von Feuersteinwerkzeugen von älteren vorgeschichtlichen Kulturen übernommen. Es gab Schaber, Messer verschiedenster Formen, Bohrer, Sichelklingen, Meißel, einige Äxte und wenige Pfeilspitzen.

Ich habe recht lange mit der ausführlichen Beschreibung von Beerscheba verbracht, einer Kultur, die einen guten Übergang zu der des nördlichen Landesteiles schafft. Es wird helfen, meine Behauptung zu beweisen, daß man beim Verlassen des Beerscheba-Beckens in eine völlig andere Region kommt, die ganz anderen Besiedelungsgesetzen folgte.

Die Kanaaniter im Heiligen Land

»Als der kanaanitische König von Arad, der im Negev saß, hörte, daß Israel auf dem Weg von Atarim heranzog, griff er die Israeliten an und machte einige Gefangene. Da gelobte Israel dem Herrn: Wenn du mir dieses Volk in meine Gewalt gibtst, dann weihe ich ihre Städte dem Untergang. Der Herr hörte auf Israel und gab ihm die Kanaaniter in seine Gewalt. Israel weihte sie und ihre Städte dem Untergang. Daher nannte man den Ort Horma (Untergangsweihe).« (4. Mose 21, 1–3)

Später erscheint Arad in der Liste der Städte im südlichen Juda (Josua 12, 14), es wird nochmals belegt in Richter 1, 16 und durch die Aufzeichnung der Siegeszüge Pharao Scheschonks, dort ist von einer Eroberung der »Zitadellen von Arad« die Rede.

Die Archäologie geht jedoch zu den Anfängen der kanaanitischen Epoche zurück, zu der sogenannten Frühen Bronzezeit (3150–2200 v. Chr.).

Arad liegt etwa 30 km nordöstlich, am Rand der Beerscheba-Ebene.

Seine strategische und wirtschaftliche Bedeutung hatte eine durch die Jahrtausende führende Besiedlung und damit auch die Erhaltung des antiken Ortsnamens (im Arabischen: Tel Arad) zur Folge.

Der Ort umfaßt eine Oberstadt auf einem relativ niedrigen Bergrükken, wo israelitische und spätere Festungsanlagen entstanden, und eine Unterstadt, die nur während der Frühen Bronzezeit bewohnt war. Diese Unterstadt wird seit 1963 von Professor Ruth Amiran im Auftrag der Hebräischen Universität, der Israelischen Forschungsgesellschaft, der Altertumsverwaltung und einiger Museen ausgegraben.

Das frühbronzezeitliche Arad erstreckte sich über ein Gebiet von 900 Ar innerhalb der Umfriedungsmauern. Die Stätte weist eine Reihe von hufeisenförmigen kleinen Hügeln auf mit einer Vertiefung in der Mitte, in der man wahrscheinlich das Regenwasser auffing. Zu Beginn der Bronzezeit lebten die Menschen in natürlichen Felsspalten und -höhlen. Etwa 2850 v. Chr. wurde die Stadt durch eine 2,40 m starke Mauer mit runden Türmen befestigt. Diese Anlage bestand ungefähr bis zum Jahr 2700 v. Chr., als Arad zerstört und für eineinhalb Jahrhunderte von fremden Stämmen besetzt gehalten wurde. Danach wurde es

Tel Arad, Unterstadt und Oberstadt

von seinen angestammten Bewohnern wieder eingenommen und neu aufgebaut.

Zu den erstaunlichen Merkmalen dieser Stadt gehört die Tatsache, daß sie offensichtlich systematisch geplant wurde; sie zeigt ein bemerkenswertes Maß an städtischer Organisation. Die Aufteilung des Stadtgebietes war sehr zweckmäßig gestaltet. Im Zentrum stand ein Doppeltempel, ein öffentliches Gebäude und ein weiteres Bauwerk, das bisher nur zum Teil ausgegraben ist. Gute Planung zeigt sich auch in der Anlage der Straßen, die entweder parallel oder senkrecht zur Stadtmauer verlaufen. Ganz bestimmte Stadtteile waren für Privathäuser vorgesehen, die sämtlich einem Muster folgten: Ein großer weiter Raum mit einem angebauten kleineren Raum als Küche und Vorratskammer. Die Größen dieser Häuser bewegen sich zwischen 7 × 3 m und 4,30 × 3,30 m. Die Tür befindet sich stets in der Langwand. Ein paar Stufen führten von der Straße abwärts ins Haus. An den Wänden entlang zogen sich Steinbänke. Das Flachdach wurde von einem einzigen Holzpfosten gestützt. Es gab keine

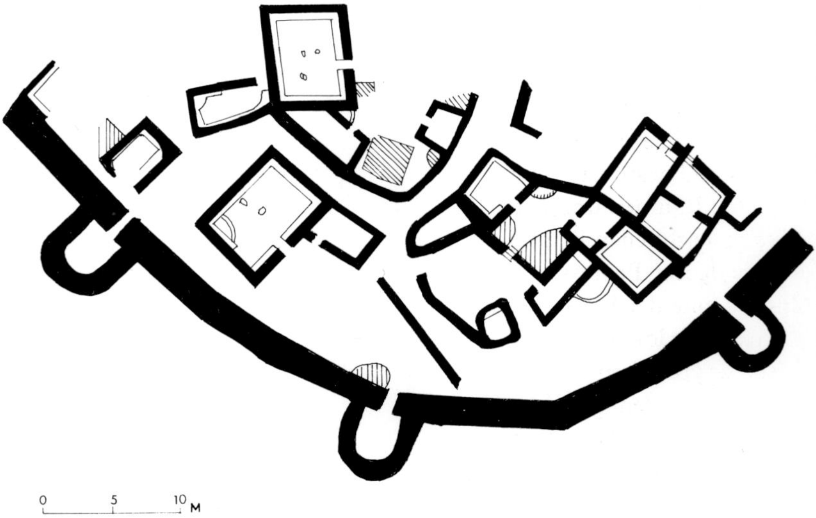

Arad, Teilplan der Stadt aus der Frühen Bronzezeit
Die gesamte Stadt war von einer dicken Befestigungsmauer umschlossen, die mit runden Türmen bewehrt war. Die Hauptstraßen mit den Privathäusern liefen parallel zur Mauer. Jedes Haus bestand aus einer großen Halle, an die ein kleinerer Raum angebaut war.

Fenster. Diese Annahme wird bestätigt durch ein in Arad gefundenes Keramikkästchen in der Form eines Wohnhauses.

Es besteht kein Zweifel daran, daß das Wirtschaftsleben – wie auch im älteren Beerscheba in der Zeit des Chalkolithikums – auf Ackerbau basierte. Man fand Reste von Korn in einfachen, schlecht getöpferten Keramikgefäßen sowie zahlreiche Mörser und Mahlsteine in fast allen Wohnhäusern. Die anderen Werkzeugfunde unterscheiden sich kaum von denen in Beerscheba, einschließlich Kupfer- und Feuersteingeräten.

Der erwähnte Doppeltempel unterscheidet sich von den Wohnhäusern nur durch seine Ausmaße. Er besteht aus zwei großen zusammenhängenden Querräumen, voneinander getrennt durch die gemeinsame kurze Wand. Beide Tempelhallen führten auf einen Tempelplatz und beide hatten den Eingang in der Ostwand. Eine der Hallen stammt noch aus der Zeit vor der Zerstörung der Stadt, die andere wurde später angebaut.

In einer Ecke des Vorplatzes des nördlichen Tempels befindet sich eine Opferstelle (bamah), daneben ein in den Boden eingelassenes Becken. Das Dach der großen Halle wurde durch vier Balken gestützt. In späteren Besiedelungsphasen wurden an diesem nördlichen Tempel einige Änderungen vorgenommen. Im südlichen Tempel sieht man zwei Sockel, wahrscheinlich für Standbilder bzw. Stelen. Die vielen hier gefundenen Keramikgefäße entsprechen nicht denen aus den Wohnhäusern, was die Identifizierung des Gebäudes als Tempel unterstützt. In dem nahegelegenen öffentlichen Gebäude fand man zwei Steinstelen mit eingeritzten Figuren. Die eine zeigt einen aufrecht stehenden Mann mit erhobenen Armen und gespreizten Fingern. Die andere Gestalt liegt am Boden, mit einer Art Rahmen umgeben, jedoch mit der gleichen Handstellung. Statt eines menschlichen Kopfes tragen beide Figuren Kornähren. Aus diesem Grund deutet Professor Amiran sie als Bildnisse des »Dumuzi of the Grain«, eine der Darstellungsarten des Gottes Tamuz.

Außer der lokalen frühbronzezeitlichen Keramik wurden auch Töpferwaren ägyptischen Ursprungs aus der 1. Dynastie zusammen mit anderen Kleinfunden gleicher Herkunft entdeckt. Man sieht darin einen Beweis dafür, daß die Wirtschaft nicht allein auf Ackerbau und Viehzucht beruhte, sondern auch auf internationalem Handel.

Unter der bronzezeitlichen Schicht wurden auch in Arad Spuren chalkolithischer Siedlungen entdeckt.

Die Befestigungsanlagen, der Doppeltempel und die keramischen Funde zeigen, daß das Arad der Frühen Bronzezeit – wie auch das alte Beerscheba – ein nach Süden vorgeschobener Teil der im Norden des Heiligen Landes vorherrschenden damaligen Kultur war.

Erst kürzlich wurden zwar an verschiedenen Stellen des südlichen Negev Keramikfunde aus der Frühen Bronzezeit gemacht. Es scheint jedoch, daß diese nur einer vorübergehenden Bewegung zuzuschreiben sind; mit Sicherheit gehörten sie nicht zu städtisch organisierten Siedlungen wie Arad.

Die Mittlere und Späte Bronzezeit in der Ebene von Beerscheba (2200–1550 v. Chr. und 1550–1200 v. Chr.)

Arad wurde schließlich etwa um das Jahr 2200 v. Chr. verlassen und blieb bis zum Beginn der Eisenzeit unbesiedelt, d. h. für gut 1000 Jahre. Hieraus kann man schließen, daß es sich nicht um den König *dieser* Stadt Arad gehandelt haben kann, den die Israeliten besiegten – wie vorab aus der Bibel zitiert.

Diese Diskrepanz zwischen den Schriften und den archäologischen Erkenntnissen veranlaßte Professor M. Kohavi, dem Schüler und Anhänger von Professor Y. Aharoni, Ausgräber des israelitischen Arad, das Arad der Mittleren und Späten Bronzezeit auf einem anderen Hügel in der Umgebung zu suchen. Seine Wahl fiel auf Tel Malhata (im Arabischen als Tell el-Milh bekannt) westlich von Arad in Richtung Beerscheba. Dieser auffällige, wenn auch kleine Hügel mit einer Fläche von nur 8000 Quadratmetern liegt am Zusammenfluß der größeren Wadis, die das Wasser aus dem Beerscheba-Becken ableiten.

Auch früheren Wissenschaftlern war dieser Hügel aufgefallen. Sie sahen in ihm das Molada des Simeon (Josua 15,26; 19,2 sowie 1. Chronik 4,28) oder Horma-Zephat (4. Mose 14,45; 21,3 sowie 5. Mose 1,44 usw.).

Aharoni selbst nimmt an, dieser Hügel sei das »Arad des Hauses von Yeruham«, das in Listen der Siegeszüge des Pharao Scheschonk erwähnt wird.

Als Kohavi seine Ausgrabungen an dieser Stätte (1967 und 1971) durchführte, suchte er hier das Baalat-Beer aus dem Buch Josua 19,8, welches zusammen mit Ramoth Negev als die östlichste der zum Stamme Simeon gehörenden Städte genannt ist.

Auf einem Teil des Hügels ist ein Beduinenfriedhof, daher konnte man zum Studium der Archäologie des Ortes nur zwei Gruben von je 10 × 40 m ausheben.

Topfscherben aus dem Chalkolithikum und aus der Frühen Bronzezeit belegen die Besiedelung während dieser Epochen. Nach einer Unterbrechung wurde der Ort ab der Mittleren Bronzezeit II (2000–1550 v. Chr.) erneut bewohnt, jedoch nur zu einem Teil. Die kleine Stadt wurde mit einem schrägen Wall umgeben, einer typischen Befestigungsart während der Hyksos-Herrschaft in Palästina. Die Funde von importierten Töpferwaren in der obersten Schicht gehören dieser Epoche an und halfen bei der Erkennung verschiedener Zeitabschnitte sowie bei der Datierung der Zerstörung des Ortes auf etwa das 16. Jh. v. Chr.

Die Besiedelungslücke während der ganzen Späten Bronzezeit macht es unmöglich, den Ort mit dem kanaanitischen Arad zu identifizieren, welcher gegen Ende eben dieser Epoche von den Israeliten erobert und eingenommen wurde. Wo dieser Ort liegt, bleibt nach wie vor ungeklärt.

Um die Liste der spätbronzezeitlichen Städte der Beerscheba-Region zu vervollständigen, müssen wir uns nun nach Westen wenden nach Tel Masos (arabisch Khirbet el-Mashash) 12 km östlich Beerscheba. Der Ort besteht aus einem steilen Hügel mit einer Fläche von nur 50 Ar. In einiger Entfernung erstreckt sich auf einem niedrigeren Hügel eine größere Siedlung über mehr als 500 Ar.

Unter Berücksichtigung der Grabungsergebnisse von den verschiedenen Stätten des Beerscheba-Beckens neigt Aharoni zu der Vermutung, daß es sich bei diesem Hügel um das biblische Horma (Josua 15,30; 1. Chronik 4,30) handelt.

Tatsächlich erzählt Tel Masos – das in den Jahren 1972 bis 1975 und 1979 durch eine israelisch-deutsche Expedition ausgegraben wurde – die gleiche Geschichte wie Tel Malhata. Auch hier war die Stadt auf dem niedrigeren Hügel durch einen Wall befestigt, datiert auf das 18. Jh. v. Chr., dem Beginn der Hyksos-Herrschaft. Die Stadt war ebenfalls zur Späten Bronzezeit nicht bewohnt und wurde erst wieder in der Eisenzeit besiedelt.

Die Eisenzeit in der Ebene von Beerscheba (Israelitische Periode)

In diesem Zusammenhang beginne ich am besten mit der letzten und wichtigsten archäologischen Ausgrabung durch Professor Aharoni am Tel Sheva (»Tell es-Saba«) 1969–1972 im Auftrag der Universität Tel Aviv. Dieser hohe, steile Hügel bedeckt nur eine Fläche von etwa 40 Hektar, ist jedoch von besonderer strategischer Bedeutung, denn er liegt zwischen den Tälern von Beerscheba und Hebron, von wo man ein sehr ausgedehntes Gebiet überblickt. Sowohl Bibel als auch archäologische Forschungen zeigen die große Bedeutung des israelischen Beerscheba. Die Bibel bezeichnet es als Stadt an der Südgrenze Israels im Land, das sich »von Dan bis Beerscheba« erstreckt (Richter 20, 1; 1. Könige 5, 5 usw.). Beerscheba wird auch in der Geschichte der Patriarchen hervorgehoben. Gott erschien ihnen dort: »... darum nannte er den Ort Beerscheba (Sieben Brunnen oder Eidbrunnen); denn dort leisteten beide einen Eid. Sie schlossen also zu Beerscheba einen Vertrag... Abraham aber pflanzte eine Tamariske in Beerscheba und rief dort den Herrn an unter dem Namen: Gott, der Ewige« (1. Mose 21, 31–33).

Hierdurch erlangte Beerscheba den Status eines heiligen Ortes für viele Generationen. Es war die Hauptstadt Simeons (Josua 19, 2; 1. Chronik 4, 28) und wird ebenfalls unter den judäischen Städten der Wüste Juda genannt (Josua 15, 28). Zur Zeit der Richter saßen die Söhne Samuels in Beerscheba zu Gericht (1. Samuel 8, 2). Elia rastete an diesem Ort auf seinem Weg zum Berg Horeb (1. Könige 19, 3). Zebiah, die Mutter des Königs Joasch war aus Beerscheba gebürtig (2. Könige 12, 2). Der Prophet Amos verdammte den Tempel zu Beerscheba auf das Schärfste (Amos 5, 5; 8, 14) und Josiah entsandte Priester aus Jerusalem von Geba nach Beerscheba (2. Könige 23, 8).

In der Zeit nach der Rückkehr aus der Babylonischen Gefangenschaft erstreckte sich die Provinz Judäa »von Beerscheba bis zum Hinnomtal« (Nehemia 11, 30). Die Identität von Tel Sheva mit dem biblischen Beerscheba ist von allen Wissenschaftlern anerkannt. Um die Geschichte zu belegen, wurde ein tiefer Schnitt durch die Befestigungsanlage dieses Hügels vorgenommen. Hierbei stellte sich heraus, daß die früheste Besie-

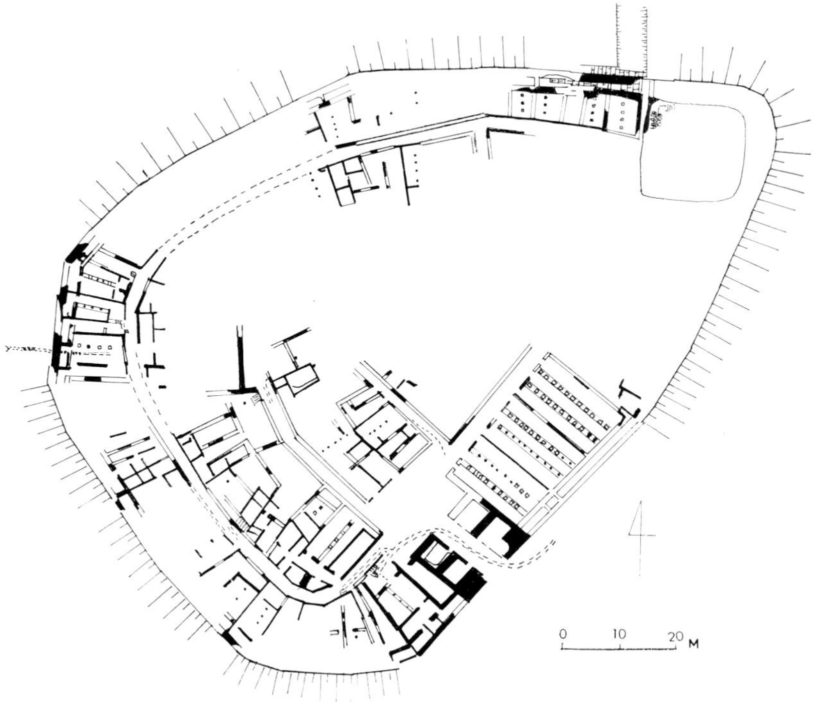

Tel Beerscheba, die israelitische Stadt
So sah Beerscheba im 8. Jh. v. Chr. aus. Wahrscheinlich wurde diese letzte der israelitischen Siedlungen auf dem Hügel zerstört, als Sanherib 701 v. Chr. seinen Feldzug gegen die Städte Judas führte. Das Haupttor der Stadt liegt im Südwesten. Östlich davon liegen große Vorratshäuser. Westlich befindet sich der Regierungspalast und ein öffentliches Gebäude, dessen Zweck nicht bekannt ist. An der nordöstlichen Ecke war eine große Wasserversorgungsanlage, die bis jetzt noch nicht völlig untersucht ist. Der übrige Platz auf dem Hügel war mit Wohnhäusern bebaut.

delung in die chalkolithische Zeit zurückgeht. Es folgten einige israelitische Festungen. Die älteste bestand aus einer 4 m starken Mauer mit einer Reihe von Ein- und Ausbuchtungen. Sie stand über einer Böschung aus aufgeschütteten Kieselsteinen, Erde und Asche. Die Böschung wiederum war mit einer Schicht aus zerbrochenen Ziegeln und Asche bis zu einer Dicke von 2 m bedeckt, davor befand sich ein Graben. Diese äußerst starken Mauern wurden im 10. Jh. v. Chr. errichtet. Nach der Zerstörung wurde im 9. Jh. v. Chr. eine neue Festung im »Kasemattenstil« erbaut, die Außenmauer mit einer Stärke von 1,60 m, die innere Mauer von 1,10 m. Diese Stadtmauer war ebenfalls noch durch einen massiven Abhang geschützt, dessen oberer Teil gepflastert war. Gegen Ende des 8. Jh.

v. Chr. wurde auch diese Anlage zerstört und später durch eine Zitadelle ersetzt, die sich lediglich über den Mittelteil des Hügels erstreckte.

Um mehr Informationen über israelitische Städte zu erlangen, wurden große Teile ausgegraben. Am südlichen Hügelende wurde eine ganze Reihe von Stadttoren entdeckt, eines über dem anderen und jedes einer der verschiedenen Befestigungsarten zugehörig.

Das früheste Tor maß 21 × 21 m. An beiden Seiten war es durch einen Turm und zwei Wachhäuser geschützt. Die Fundamente des Tores lagen 5–6 m tief. Zwischen dem Raum der Wachen und der Torschwelle befand sich ein quadratischer Raum mit einer kleinen Opferstelle und einem Räucheraltar ähnlich denen, die kürzlich am Stadttor von Dan (siehe auch 2. Könige 23, 8) entdeckt wurden.

Professor Aharoni vertritt die Ansicht, daß beide Städte nach dem gleichen Muster in den Anfängen des »Vereinigten Königreiches« (ca. 1000 v. Chr.) angelegt wurden.

Das spätere Tor von Beerscheba ist kleiner, enger und es fehlen die Türme sowie die Mauern, die die Wachräume vom Tor trennten. Innerhalb der Stadtmauern bestand zur Zeit des israelitischen Königreiches ein wohlorganisiertes Verwaltungszentrum, in der Bibel auch »Vorratsstadt« (Luther = »Kornspeicher«) genannt (1. Könige 9, 19 usw.). Nahe dem Stadttor befand sich ein öffentlicher Platz von 12 × 20 m, umgeben von Häusern, die sehr wohl als Verwaltungsgebäude gedient haben können. Dann kam eine parallel zur Mauer um die Stadt führende Straße, von der sternförmig wiederum Straßen auf das Zentrum zuliefen. Dazwischen lagen die Wohnhäuser in typisch israelitischem Stil mit vier Räumen, manchmal zwei Stockwerke hoch. In Stadttornähe stand das Haus des »Gouverneurs«, zum Teil aus Quadersteinen errichtet. Ein weiteres öffentliches Gebäude wurde im Zentrum gefunden. Ebenfalls in Reichweite des Stadttores waren große Lagerhäuser, jeweils bestehend aus drei länglichen Hallen mit größeren Räumen an den Seiten und nur einem schmalen Durchgang in der Mitte, gestützt von Säulenreihen.

Diese Gebäude haben Ähnlichkeit mit den Lagerhäusern von Hazor in Galiläa, die zur gleichen Entstehungszeit gehören.

Es gab eine ungewöhnliche Menge an Vorratskrügen und anderen Tongefäßen und es scheint, als ob jeder Teil des Lagerhauses für die Aufbewahrung bestimmter Produkte vorgesehen war. Ostraka-Funde mit hebräischer Beschriftung nennen die Städte Tolad oder Eltolad (Josua 15, 30) und Amam (Josua 15, 26), beide aus dem Beerscheba-Gebiet.

Im nördlichen Teil des Hügels führt eine breite Treppe hinunter zur zentralen Wasserversorgung der Stadt, wahrscheinlich bestehend aus großen unterirdischen Zisternen, die bisher jedoch noch nicht gefunden

Beerscheba, Blick über die Eisenzeit-Stadt
(Israelitische Periode)

Beerscheba, Wohnhäuser aus der Eisenzeit (Israelitische Periode)

Beerscheba, Vorratshäuser aus der Eisenzeit
(Israelitische Periode)

wurden. Ein tiefer Brunnen befand sich auch in der Nähe des Stadttores. Er wurde bis zu einer Tiefe von über 40 m freigelegt, ohne daß man den Grundwasserspiegel erreichte.

Von besonderer Bedeutung waren die bei späteren Bauten wiederverwendeten Quadersteine. Aufgrund einer Rekonstruktion ließ sich beweisen, daß sie zu einem großen Brandopferaltar gehörten, was wiederum auf die Existenz eines israelitischen Tempels hindeutet.

Das israelitische Beerscheba wurde gegen Ende des 8. Jh. v. Chr. durch einen Großbrand zerstört, wahrscheinlich beim Feldzug des Königs Sanherib im Jahre 701 v. Chr.

Beerscheba war nach der Zerstörung durch die Assyrer bis zur Perserzeit nicht bewohnt, dann entwickelte es sich zu einer bedeutenden Stadt in der neugegründeten Provinz Juda. Zahlreiche aramäisch beschriftete Tonscherben aus dieser Zeit betonen die Rolle der Stadt als wichtiges Verwaltungszentrum.

Auf über 40 Tonscherben aus dem 4. Jh. v. Chr. sind jüdische, edomitische und arabische Namen genannt, wahrscheinlich von Bewohnern der Orte um Beerscheba. Außerdem zeigten sie Aufstellungen über Weizen- und Gerstenmengen (die vermutlich als eine Art Steuer abzuführen waren) und über Soldzahlungen an örtliche Garnisonen.

Zur hellenistischen und römischen Zeit gehört eine Anzahl von Festungen und Gebäuden, wie zum Beispiel ein großes Badehaus aus herodianischer Zeit. Auch in dieser späten Phase hatte Beerscheba noch seine Funktion als befestigte Grenzstadt zum Schutz der Provinz Juda gegen Stämme aus der südlichen Wüste. Erst in byzantinischer Zeit wurde der Ort schließlich aufgegeben; eine neue Stadt wurde an der Stelle errichtet, an der auch die Türken das moderne Beerscheba zu Anfang unseres Jahrhunderts bauten.

Arad zur Eisenzeit

Die Geschichte Arads ist nahezu die gleiche wie die Beerschebas. Auch hier wurden Ausgrabungen unter Professor Y. Aharoni (1962–67) durchgeführt. Nachdem die alte Siedlung aus der Frühen Bronzezeit verlassen worden war, wurde Arad zur Eisenzeit auf einem benachbarten kleinen Hügel neu aufgebaut. Die früheste Besiedelung des größeren Hügels geht bis zur ersten israelitischen Niederlassung im 12.–11. Jh. v. Chr. zurück, gefolgt von einer königlichen Zitadelle aus der Zeit Salomos in der zweiten Hälfte des 10. Jh. v. Chr. Zwischen dem 9. und frühen 6. Jh. v. Chr. wurden mehrere Festungen übereinander errichtet, von denen die letzte bis zur Zerstörung des »Ersten Tempels« bestand. Sie wurde entweder im Jahre 598 oder 586 v. Chr. vernichtet.

Die größte aller Zitadellen war die salomonische mit einem Ausmaß von 50 × 55 m, über einem gewaltigen künstlichen Hügel errichtet, was ihre Größe noch hervorhob, und umgeben von einer Kasemattenmauer mit rechteckigen Befestigungstürmen. Später wurde die Größe reduziert und die alte Mauer durch eine neue von 3–4 m Stärke ersetzt. Im weiteren Verlauf wurde nochmals eine Kasemattenmauer errichtet. Die Räume innerhalb der Kasematten und der Zitadelle dienten als Lagerräume und Metallgießerei-Werkstätten. Die zahlreichen gefundenen »Schekel«-Gewichte bezeugen, daß die Bewohner des israelitischen Arad auch regen Handel trieben. Eines der wichtigsten Merkmale Arads war der Tempel in der nordwestlichen Ecke der Zitadelle. Das Gebäude wies nach Westen, so wie der salomonische Tempel zu Jerusalem, und bestand aus drei Abschnitten: einer Halle (ulam), einem Altarraum (hechal) und dem Allerheiligsten (debir) gemäß biblischer Vorschrift. Der Brandopferaltar aus Ziegeln und Bruchgestein mißt 12,5 m im Quadrat (2. Mose 20, 25; 27, 1; 2. Chronik 6, 13). Zum Durchgang von der Halle in den Altarraum gehörten vermutlich zwei Steinstelen, entsprechend den Säulen Jachin und Boas, die an der gleichen Stelle im Tempel des Salomo aufgestellt waren (1. Könige 7, 21). Im Allerheiligsten befand sich eine kleine Opferstelle (bamah), über drei aufwärts führende Stufen erreichbar. Es wurden zwei kleine Räucheraltäre mit nach innen gewölbter

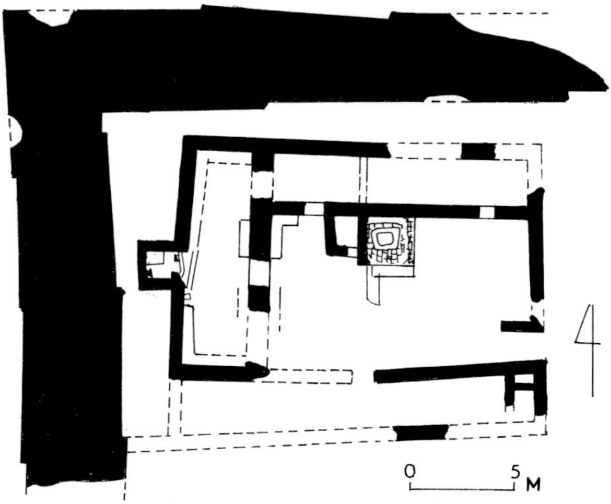

Arad, Tempel, 9. Jh. v. Chr.
Der Tempel liegt an der nordwestlichen Ecke der israelitischen Zitadelle über einem früheren Tempel. Von Osten betritt man eine große Halle mit dem Altarraum und dem Allerheiligsten im Westen – genau wie im Tempel Salomos in Jerusalem. Auf den Stufen, die zum Allerheiligsten führen, wurden zwei Räucheraltäre und eine Stele (masebah) gefunden.

Oberfläche gefunden, in denen noch Reste verbrannten organischen Materials erkennbar waren. Außerdem fand man eine steinerne Stele (masebah) mit roter Bemalung. Sowohl innerhalb des Tempels als auch in den Ruinen der Burganlage wurden zahlreiche beschriftete Scherben gefunden, die auf die Ausübung des Jahwe-Kultes hinweisen. Zwei Scherben erwähnen die Namen Paschhur (Jeremia 20, 1. 3. 6) und Meremot (Esra 8, 33; Nehemia 3, 4 usw.), beides Namen von Familien, die das Priesteramt innehatten. Unter den übrigen beschrifteten Scherben findet man die Erwähnung der Zitadelle von Arad. Andere Dokumente aus der Zeit um 600 v. Chr. sind Briefe und Quittungen, adressiert an Eliashib, Sohn des Eshiahu, wahrscheinlich Befehlshaber der königlichen Feste. Einige Briefe erwähnen auch »das Haus Jahwe« – gemeint ist vermutlich der Tempel – während andere sich mit der Verteilung von Wein, Brot und Öl befassen. Ein Schreiben enthält den dringenden Aufruf, Männer nach Ramath Negev zu entsenden als Verstärkung gegen den Angriff der Edomiter.

Das Wasserversorgungssystem von Arad wurde 1981/82 von Prof. Ruth Amiran entdeckt und teilweise ausgegraben. Es besteht aus einem tiefen Schacht mit großen Steinen.

Wie die Festung von Beerscheba war auch Arad für einige Zeit verlassen und wurde erst zur Perserzeit wieder bewohnt und im 5. Jh. v. Chr. mit einer kleineren Befestigungsanlage versehen.

Auch in dieser Schicht wurden zahlreiche beschriftete Scherben gefunden, jedoch nicht mehr in hebräischer, sondern in aramäischer Sprache. Zu hellenistischer Zeit wurde in der Mitte des Burghügels ein quadratischer Turm von 12 × 12 m errichtet. Das späteste Gebäude stammt aus römischer Zeit (1. Jh. n. Chr.).

Beerscheba und Arad sind die bedeutendsten israelitischen Festungen in der Ebene von Beerscheba, jedoch nicht die einzigen. Zu erwähnen sind noch Tel Aroer und Tel Isdar an der Südgrenze sowie Horvat Uzza an der Nordgrenze des Beckens. Wenngleich kleiner, entsprechen sie doch in Aufbau und Geschichte den größeren königlichen Zitadellen.

Zusammenfassend kann über die Geschichte der Beerscheba-Region gesagt werden, daß sie dem historischen Ablauf entspricht, wie er sich bei den biblischen Stätten im Norden des Landes zeigt. Die Blütezeit begann mit dem Chalkolithikum durch die Kultivierung des Landes für Ackerbau und Viehzucht. Zugleich befaßten sich die Bewohner mit der Metallherstellung und anderen Gewerbezweigen. Mit der Frühen Bronzezeit begann die Städtebildung, am unteren Hügel von Arad etwa entstand eine städtische Siedlung von beachtlicher Größe. Während der Mittleren Bronzezeit verlagerte sich das Siedlungsgebiet in den zentralen Teil der Ebene. Aus bisher unerklärlichen (klimatologischen?) Gründen hinterließ die sonst blühende späte Bronzezeit keine Spuren in diesem Teil des Landes. Nach der Eroberung des Heiligen Landes durch die Israeliten wurden den Stämmen Juda und Simeon das Südland zugeteilt. König Salomo und seine Nachfolger errichteten die befestigten Städte Beerscheba und Arad sowie eine Kette kleinerer Siedlungen zum Schutz der Grenzen um die Beerscheba-Ebene.

Die wirtschaftliche Bedeutung des Gebietes um Beerscheba beruht auf umfangreichen Weizen- und Gerstenfeldern sowie auf ausgedehnten Weideflächen. Auch während der Zeit des »Zweiten Tempels« wurden diese Städte und Festungen bewohnt; allerdings waren sie jetzt kleiner.

Die Frühgeschichte des Zentral-Negev

Südlich des Beerscheba-Beckens erstreckt sich eine hügelige Landschaft mit mittleren Niederschlagsmengen von 100 mm. Es gibt in dieser hügeligen Region nur wenige, meist kleine und unbedeutende Wasserstellen. Die vorgeschichtlichen Siedlungen konzentrierten sich um die Quellen des Nahal Zin und einige größere Wadis, an deren Ufern man relativ reiche Jagdbeute fand.

Als die Landwirtschaft während der chalkolithischen Periode in die Ebene von Beerscheba Einzug hielt, blieb der Zentral-Negev noch unbewohnt. Es gibt kaum Spuren von frühbronzezeitlichen Wohnstätten, erst aus der Mittleren Bronzezeit I (2200–2000 v. Chr.) sind Anhaltspunkte für Niederlassungen halbseßhafter Siedler vorhanden. Zuerst wurden Grabhügelgruppen in der Umgebung von Mampsis und Oboda entdeckt, die durch Keramikfunde auf die Mittlere Bronzezeit I datierbar sind. Jedoch handelte es sich lediglich um Begräbnisstätten. Die einzigen Spuren menschlicher Behausungen aus dieser Zeit fand man in Har Yeruham, 30 km süd-südöstlich von Beerscheba. 1963 wurden unter der Leitung von Professor M. Kohavi Ausgrabungen durchgeführt, später in erweiterter Form unter Leitung von R. Cohen. Die Fundstätte erstreckt sich über rund 5 Quadratkilometer, wobei das Wohngebiet eine Fläche von etwa 40 Ar einnimmt, umgeben von einer steinernen Schutzmauer.

Während der relativ kurzen Zeitspanne gab es zwei Besiedlungsphasen. Die Bewohner der zweiten Phase hausten in primitiven Rundhütten, die weit über das Gebiet verstreut lagen, sie hatten jedoch große Viehgehege. In die gleiche Periode gehören einige Grabhügel aus aufgeschichteten Feldsteinen. In der früheren Phase gab es dichter zusammenliegende, quadratische Gebäude, dabei auch Werkstätten für das Gießen von Kupfer, die unmittelbar an die Umfriedungsmauer gebaut waren. Ein Gebäude war deutlich größer als alle anderen, es diente wahrscheinlich einer öffentlichen Funktion. Die Grabhügel waren kreisförmig und mit Steinen aufgefüllt.

Die Merkmale der Keramikfunde machten es möglich, beide Besiedlungsphasen der Mittleren Bronzezeit I zuzuschreiben. Aufgrund der gefundenen Mahlsteine, Mörser und Sicheln ist anzunehmen, daß die Bewohner zum Teil von Getreideanbau lebten. Die Töpferwaren wurden am Ort hergestellt, wie das Vorhandensein eines Töpferofens beweist. 18 Kupferbarren (Gußblöcke) wurden in den Werkstätten gefunden, was auf einen gewissen Tauschhandel mit Nachbarsiedlungen schließen läßt.

Der Ausgräber nimmt an, daß Har Yeruham in zwei aufeinanderfolgenden Wellen besiedelt wurde und »daß die Bewohner des Negev zur Mittleren Bronzezeit I offensichtlich Halbnomaden waren, die von der Jagd, der Viehzucht und dem Getreideanbau lebten. Ihre religiösen Zeremonien führten sie an Felsaltären auf den Bergspitzen durch und die Einzelbestattungen in Grabhügeln zeigen an, daß sie an ein Weiterleben nach dem Tode glaubten.«

Aus der Tatsache, daß keine Spur einer Wasserversorgung gefunden werden konnte, läßt sich schließen, daß die Siedler mit ihren Herden nur so lange an diesem Ort blieben, wie Wasser und Weiden in der Umgebung vorhanden waren, daß sie nach Norden abzogen, wenn das Wasser versiegte.

Die Eisenzeit im Zentral-Negev

Viel komplizierter ist das Problem der eisenzeitlichen Siedlungen im Zentral-Negev. Die ersten Wohnstätten dieser Epoche wurden nach einer langen Unterbrechung, nach einer Besiedlungslücke von mehr als 1000 Jahren errichtet. Die Zahl der über das gesamte hügelige Gelände des Zentral-Negev verbreiteten archäologischen Stätten beläuft sich auf etwa 40. Seit 1959 wurden hier Untersuchungen durch Professor Y. Aharoni, Dr. Z. Meshel und R. Cohen angestellt. Zuweilen schließen die Siedlungen ein größeres Zentralgebäude von rechteckigem, ovalem oder rundem Grundriß ein, welches die Forscher als »Festung« bezeichnen. Manchmal sind verschiedene kleinere Gebäude um den Zentralbau gruppiert, ähnlich den typischen israelitischen 4-Zimmer-Häusern. Eine der größeren Siedlungen dieser Art wurde 1959 durch Professor Aharoni in Ramat Matred ausgegraben, etwa 7 km südwestlich von Oboda.

Der Ort mit etwa 25 Häusern liegt in einem für Landwirtschaft sehr geeigneten Tal. Er ist in zwei Häusergruppen aufgeteilt und erstreckt sich über einen Landstrich von 1,5 km Länge. Jedes Haus, in recht primitiver Bauweise, besteht aus zwei oder drei Räumen. Davor befand sich jeweils ein Hof mit Silos und einigen gepflasterten Stellen, wo offensichtlich Hausarbeiten verrichtet wurden. Eine verbrannte Schicht, die auf den Böden der Häuser gefunden wurde, legt der Ausgräber als Zeichen dafür aus, daß der Ort einer plötzlichen und totalen Zerstörung zum Opfer fiel. Die Datierung des Anfangs und der Dauer der Besiedlung hängt völlig von den Keramikfunden ab. Die meisten Waren bestehen aus von Hand gefertigten und primitiv am Ort gebrannten Töpfen, wie sie nur aus dem Negev bekannt sind. Nur ein geringer Teil ist auf der Töpferscheibe gedreht und stammt aus dem Norden des Landes.

Y. Aharoni urteilt: »Die landwirtschaftliche Siedlung von Ramat Matred muß in das 10. vorchristliche Jahrhundert datiert werden. Sie wurde offensichtlich zur Zeit des Vereinigten Königreiches nahe der israelitischen Karawanenstraße gegründet. Nach einer kurzen Blütezeit wurde sie gegen Ende des 10. Jh. völlig zerstört, vermutlich durch die Armee des ägyptischen Pharao Scheschonk, der im Tagebuch seiner Siege und Zerstörungen viele Siedlungen und Festungen (im Ägyptischen ›Hagarim‹) im Negev benennt.«

Während die Archäologen mit der Identifizierung der Bauten als israelitische Siedlungen übereinstimmen, datieren die Ausgräber Meshel und Cohen die Keramik anders, nämlich in das 9. bzw. 8. Jh. v. Chr. Trotz ihrer intensiven Grabungstätigkeit im Zentral-Negev konnten diese beiden Forscher auch keine Anhaltspunkte für eine dauerhafte Wasserversorgung entdecken. Die einzigen Wasserstellen, die in dieser und auch anderen israelitischen Siedlungen gefunden wurden, bestehen aus völlig frei liegenden, unverputzten Gruben ohne Abdeckung.

Mir scheint, daß Aharoni und seine Anhänger das Problem der eisenzeitlichen Siedlungen im Zentral-Negev von der falschen Seite angefaßt haben. Wie ich bereits mehrfach erwähnte, ist der mittlere Negev niederschlagsarm und noch ärmer an stetigen Wasservorräten (Grundwasser, Quellen). Dürrejahre sind nicht selten – und über einen Zeitraum von 10 Jahren ist es sehr wohl möglich, daß es zwei oder drei Jahre mit einer Niederschlagsmenge von weniger als 50 mm gab. Außerdem, wenn der spärliche Niederschlag sich ungünstig über die Regenzeit verteilte, konnte es sein, daß nicht nur die Felder keine Früchte trugen, sondern auch die Wassergruben leer blieben.

Ein weiterer Faktor, den die Wissenschaftler außer acht gelassen haben, ist die Art der Gruben selbst. Ohne Verputz an Wänden und Boden bleibt das Wasser darin nur über eine kurze Zeit stehen, nicht mehr als einige Monate. Des weiteren waren die Gruben mit einigen Metern Durchmesser und drei bis vier Metern Tiefe nicht überdacht. Auf diese Weise kann in einer Landschaft, in der die Verdunstung bei offenem Wasser pro Monat 30–50 cm beträgt, (bei den letzten Regenfällen) im April oder Mai gespeichertes Wasser den Sommer nicht überdauern und mit Sicherheit nicht für ein weiteres Dürrejahr vorhalten. Schon wenn man nur diese Tatsache berücksichtigt, ist klar, daß die eisenzeitliche Besiedelung im Negev – wenn auch etwas intensiver – nicht viel anders sein kann als die der Mittleren Bronzezeit I, und das heißt: nur von vorübergehender Natur. Dies gilt noch mehr, wenn man an die Siedlungen in der Hügelregion des Negev denkt, die nur 10–30 km entfernt liegt.

Sowohl in Beerscheba als auch in Arad macht sich deutlich eine staatliche Organisation hinsichtlich der Wasserbevorratung bemerkbar: Obwohl in dieser Region während des Winters mehr Regen fällt, waren die beiden königlichen Festungen mit ausgeklügelten Wasserspeichersystemen ausgerüstet. Sie erinnern ohne Zweifel an die salomonischen Anlagen von Hazor in Galiläa, Megiddo und Gezer sowie an die Wasserversorgungssysteme von Gibeon und Yibleam. Es ist in erster Linie die

Methode der Aushebung und des Verputzes der Zisternen, die israelitische Siedlungen in den Hügeln von Judäa, Samaria und Galiläa möglich machten. Sollen wir da glauben, daß die gleiche »Staatsgewalt« ihre Untertanen in den Negev sandte, ohne der erforderlichen Wasserversorgung Rechnung zu tragen?

Wenn man alle von der Wissenschaft ermittelten Fakten über die eisenzeitliche Besiedelung des Zentral-Negev auswertet, zeigt sich, daß diese nur vorübergehender Natur gewesen sein kann. Die Regenfälle setzen dort üblicherweise im Oktober/November ein. Diese frühen Niederschläge mögen vielleicht die Zisternen füllen, aber sie reichen nicht aus, Weideland gedeihen zu lassen und kein Bauer würde es wagen, seine Saat auszusäen. Hierzu muß er auf die stärkeren Niederschläge im November/Dezember warten. Erst zusätzliche Regenfälle am Jahresanfang, während der Monate Januar/Februar, garantieren das Wachsen von Getreide und schaffen genügend Weideland für Schafe und Ziegen. Die Wachstumsdauer wird schließlich von den heißen Frühlingswinden – genannt Chamsin – bestimmt. Dann wird schnell im April/Mai die Gerste, im Mai/Juni der Weizen geerntet. Während der Monate Juni und Juli, vielleicht sogar im August, mag Wasser in den offenen Gruben gewesen sein, was den Menschen noch die Möglichkeit gab, ihr Getreide zu dreschen. Die Dauer ihres Aufenthaltes im Zentral-Negev richtete sich jedoch auch nach dem verfügbaren Weideland, und das verdorrt ab Anfang des Sommers vollständig. Die Hirten müssen dann ihre Weideplätze verlassen, um nach saftigeren Weiden zu suchen oder ihren Überschuß an Vieh bis auf die Zuchttiere auf den Märkten verkaufen. Die einzige Stelle mit besseren Weidegründen, zu der sie ziehen konnten, war die Ebene von Beerscheba oder noch weiter nach Norden der Küstenstreifen oder die Hügel Judäas. Noch heute folgen die Beduinen diesem Weg.

All dies beantwortet aber noch nicht die Frage nach dem Ursprung der eisenzeitlichen Siedler im Zentral-Negev.

Bei der Behandlung des Themas früher Besiedlung im Negev wurde schon erwähnt, daß es etwa zwischen den Jahren 2000 und 1000 v. Chr. eine große Lücke gab. Das bedeutet jedoch nicht, daß der Negev während all dieser Jahre völlig entvölkert war. Es bedeutet nur, daß wir aus dieser Periode bis heute keine erkennbaren Spuren dauerhafter oder auch nur vorübergehender menschlicher Siedlungen beobachten konnten. Aber gab es tatsächlich ein Bevölkerungsvakuum über so lange Zeit?

Die Wüste ist wie ein Buch, das nicht leicht zu lesen ist. Der beste Leser dieses Buches wäre der Bewohner der Wüste, nämlich der Beduine; er ist jedoch zu sehr mit dem Kampf um sein eigenes Überleben beschäftigt,

Eine Beduinenfrau macht Butter aus Ziegenmilch in einem ledernen »Butterfaß«

Eine Beduinenfrau mahlt Korn

als daß er sich noch um vergangene Geschichte kümmern könnte. Ich, der ich nicht über so umfangreiche Kenntnisse wie ein Beduine verfüge, will versuchen, die Wüste mit seinen Augen zu lesen.

Nomaden hinterlassen kaum Spuren und wenn, dann sind sie äußerst schwer zu erkennen. Ihre Häuser sind aus Ziegen- und Kamelhaardecken gemacht und am Boden mit Seilen aus Fasern von Wüstenpflanzen befestigt. Seine Nahrung bezieht der Beduine hauptsächlich aus dem Fleisch und der Milch seiner Tiere, zuweilen bereichert durch eine bei der Jagd erlegte Gazelle oder durch eßbare Pflanzen und Wurzeln, von denen es im Negev eine ziemlich große Auswahl gibt. Das ständige Weiterziehen nach Abweidung der Grasflächen schreibt ihm die Art der Behältnisse für das Mitführen von Wasser und anderen wertvollen Gütern vor. Sie sind zumeist aus Ziegenleder gemacht, ebenso die Behälter zur Herstellung von Käse und Butter. Trockene Materialien werden in wollenen Beuteln aufgehoben. Jedenfalls ist Keramik am unpraktischsten für die beduinische Lebensart, und das ist der Grund dafür, warum man fast nie keramische Gegenstände an Beduinenlagern vor der Zeit des britischen Mandates in Palästina gefunden hat. Ich glaube, das ist auch der Grund dafür, daß man so wenig Spuren menschlicher Behausungen im Negev des 2. Jahrtausends v. Chr. ausmachen kann.

Jedoch ab einem bestimmten Punkt wird ein Vollnomade zum Halbnomaden: nämlich dann, wenn er versucht, seine Existenz durch die Erzeugung zusätzlicher Lebensmittel zu verbessern. Dies geschah vermutlich in den ersten Jahrhunderten des 1. Jahrtausends v. Chr. Die wenige judäische Keramik, die man an einigen Stellen des hügeligen Negev fand, könnte von den Märkten in Beerscheba und Arad kommen, wohin die neuen Halbnomaden ihr Vieh und ihre Wolle zum Verkauf brachten. Die Bibel erwähnt mehrere Völker, die in der Wüste in Zelten lebten: »Für immer wird es unbewohnt sein, bis zu den fernsten Generationen wird es nicht mehr besiedelt. Nicht einmal ein Beduine schlägt dort sein Zelt auf, kein Hirt läßt seine Herde dort lagern.« (Jesaja 13, 20) und: »... An allen Wegen hast du auf sie gewartet wie ein Araber in der Wüste« (Jeremia 3, 2).

Da gab es noch Amalekiter, Edomiter und zahlreiche andere Stämme, deren Orte wir nicht kennen. Einer könnte jedoch für die anderen als Beispiel dienen. Die Schwierigkeiten bei der Seßhaftwerdung des Stammes Simeon sind bekannt; ihm wurde es daher gestattet, bei seinen Brüdern in Juda zu wohnen. »Mitten im Erbteil des Stammes Juda gehörten Ihnen die Städte Beerscheba, Scheba und Molada, Hazar-Schual, Baala und Ezem, Eltolad, Betul und Horma, Ziklag, Bet-Markabot und Hazar-Susa, Bet-Lebaot und Scharuhen, zusammen dreizehn Städte mit den dazugehörenden Gehöften, ferner Ajin-Rimmon, Ater und Aschan, zusammen vier Städte mit den dazugehörenden Gehöften dazu alle Gehöfte rings um diese Städte, bis hin nach Baalat-Beer und Ramat-Negeb. Das ist der erbliche Besitz der Sippen des Stammes Simeon« (Josua 19, 2–8).

Die hebräische Bibel verwendet den Ausdruck »hazerim«, was dem deutschen »Dörfer« entspricht. Es ist jedoch durchaus möglich, daß sich diese Bezeichnung auf eine halb ortsfeste Siedlungsart im zentralen und nördlichen Negev bezieht.

Das Interesse, das das Königreich Juda am Negev gehabt haben könnte, ist offensichtlich: Schafe und Ziegen waren wichtig für die Ernährung, Gewinnung von Milchprodukten und Rohmaterialien für den Hausgebrauch. Man kann sich daher vorstellen, daß die Hirten des Stammes Simeon im frühen Winter mit ihren Herden in den zentralen Negev zogen, jedoch außerdem in einigen Tälern Weizen und Gerste aussäten. Die von ihnen gebauten Häuser, von den israelischen Wissenschaftlern »Festungen« genannt, könnten Vorratshäuser oder sogar Unterkünfte für die Garnisonen gewesen sein, die zum Schutz der Bauern und Hirten eingesetzt waren. Nachdem das Getreide eingebracht war, zog man mit den Herden nach Norden, so daß die Häuser verlassen zurückblieben. Ohne Wasservorräte in den Gruben waren sie für die Nomaden unbewohnbar.

Es ist übrigens sicher auch diesem mangelnden Interesse der Nomaden und Halbnomaden zu verdanken, daß wir die antiken Stätten in der Wüste Negev in einem ungewöhnlich guten Erhaltungszustand vorgefunden haben.

Das Erscheinen der Nabatäer

Wie auch immer der Lauf der Geschichte war, die Besiedlung des Negev zur Eisenzeit war ebenso von kurzer Dauer wie die während der Mittleren Bronzezeit I.

Bei der Beschreibung der geschichtlichen Entwicklung der Städte in der Beerscheba-Ebene wurden auch die kleineren Befestigungsanlagen von Beerscheba und Arad aus der Perserzeit erwähnt. An zwei Stellen im Negev wurde ein interessantes Phänomen beobachtet: Es gab dort einige Gruben, die keine Verbindung zu sonstigen baulichen Überresten zu haben schienen. Die Keramikfunde waren typisch für die persische Epoche. Sie waren nicht an Ort und Stelle hergestellt, sondern kamen vermutlich aus der Küstenebene oder aus Judäa.

Dieses Phänomen schließt sich harmonisch an das erste Erscheinen der Nabatäer im Negev an, jedoch läßt die geringe Menge an persischem Material im zentralen Negev noch keine definitiven Schlüsse zu.

Der deutlichste Beweis für die Anwesenheit der Nabatäer im Negev ist eine Inschrift in Elusa, die 1914 von T. E. Lawrence (»Lawrence von Arabien«) und Sir C. L. Woolley, dem berühmten britischen Ausgräber von Ur in Chaldäa, gefunden wurde.

Hier heißt es: »Dies ist der (heilige?) Ort, den Notairu gemacht hat zum Wohle (oder zu Lebzeiten) von Aretas, dem König der Nabatäer«. Da es vier nabatäische Könige dieses Namens gab, hat die Inschrift allerlei Spekulationen ausgelöst. Eine neuere Untersuchung der Paläographie (= Lehre von der Entwicklung der Schrift) und der in dieser aramäischen Inschrift verwendeten grammatikalischen Formen läßt eine sichere Datierung in die 1. Hälfte des 2. Jh. v. Chr. zu. Somit ist Aretas I angesprochen, der erste bekannte Nabatäerkönig, der um 168 v. Chr. regierte.

Die Inschrift ist in Aramäisch abgefaßt, der offiziellen Sprache während des Perserreiches. Paläographisch ist das Schriftbild als archaisch zu betrachten, es ist die Urform, aus der die Nabatäer im folgenden Jahrhundert ihre eigene Schrift entwickelten. Das Vorkommen einer solch frühen aramäisch-nabatäischen Inschrift in Elusa paßt sich gut in die Geschichte

Elusa, die archaische nabatäische Inschrift
Diese Inschrift wurde von Sir Leonard Woolley und T. E. Lawrence während einer Reise durch den Negev entdeckt. Fachleute datieren sie auf 168 v. Chr., somit ist sie der älteste nabatäische Fund der existiert.

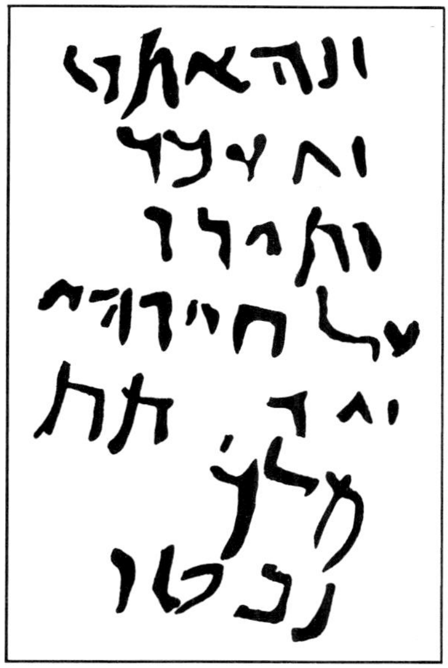

dieser Region zur Zeit des persischen Imperiums ein. Während der etwa 300 Jahre langen Perserherrschaft, die auf ihrem Höhepunkt den gesamten östlichen Mittelmeerraum umfaßte, wurde Aramäisch zur allgemein verbreiteten offiziellen Sprache und verdrängte die älteren Sprachen des Ostens. Die Nabatäer – ursprünglich arabische Stämme – scheinen diese Sprache zu einem sehr frühen Stadium ihrer Geschichte angenommen zu haben. So schreibt Diodorus: »Aber an Antigonus schrieben sie (d. h. die Nabatäer) einen Brief in syrischen Buchstaben« (Diod. XIX, 96, 1). Der Einfluß des Aramäischen war bei den Nabatäern so stark, daß es große Schwierigkeiten bereitete, die ursprünglichen arabisch-nabatäischen Elemente ihrer Sprache herauszufiltern. Die Entdeckung der Inschrift von Elusa war für die Deutung der archäologischen Funde beiderseits des Wadi Araba von unschätzbarem Wert.

Während der Ausgrabungen der englisch-amerikanischen Colt-Expedition in Nessana, meiner eigenen Grabungen in Oboda und bei meiner Ortsstudie in Elusa kamen große Mengen an hellenistischen und hasmonäischen Münzen aus dem späten 4. Jh. bzw. frühen 1. Jh. v. Chr. zutage sowie reichhaltiges Keramikmaterial aus gleicher Zeit. Sowohl Münzen als auch Keramik stammten von sehr weit her. Es gab Münzen aus Kleinasien, Zypern, den palästinensischen Küstenstädten, Jerusalem und Ägypten. Gleichermaßen enthielten die Keramikvorkommen gestempelte Henkel von Weinkrügen aus Rhodos, Kos, Chios sowie andere Ware aus dem östlichen Mittelmeerraum.

Ähnliche Funde machte man auch in Petra, der späteren Hauptstadt des nabatäischen Königreiches. Bedeutet es wirklich, daß die Nabatäer diese Münzen und sonstigen Gegenstände benutzt haben?

Außer der Elusa-Inschrift wurde kein einziger Fund gemacht, den man als nabatäisch bezeichnen könnte. Aber ist dies überhaupt zu erwarten?

Zur Beantwortung dieser Frage müssen wir uns zunächst den historischen Gegebenheiten zuwenden. Die Nabatäer hinterließen selbst keine Geschichtsschreibung und von den Werken der Autoren Uranius und Glaucus, die beide Bücher »über die Araber« (Arabica) geschrieben haben, sind leider nur armselige Reste erhalten geblieben. Diodorus Siculus vermittelt uns jedoch wertvolle Informationen. Dieser griechische Historiker und Geograph aus dem 1. Jh. v. Chr. stützt seine Berichte über die Nabatäer auf Schriften des Hieronymus von Cardia, einem griechischen Historiker, der an dem Feldzug des Antigonus Monophtalmos (»der Einäugige«) und seines Sohnes Demetrius im Jahre 312 v. Chr. gegen die Nabatäer teilnahm. Diodorus (II, 48 und XIX, 93–94) schreibt: »Das Land (Arabien) liegt zwischen Syrien und Ägypten und ist unter viele Völkerstämme unterschiedlichsten Charakters aufgeteilt. Die östlichen Landesteile werden nun von Arabern bewohnt, die sich Nabatäer nennen, und erstrecken sich über eine Landschaft, die teils Wüste und teils wasserlos ist. Nur ein kleiner Teil ist fruchtbar. Sie leben von Raubzügen und Überfällen auf große Teile der Nachbargebiete. Ihre Plünderungen sind kriegerisch schwer zu bewältigen.«

»Einige züchten Kamele, andere Schafe, und weiden sie in der Wüste. Während es viele arabische Stämme gibt, die die Wüste als Weideland benutzen, übertreffen die Nabatäer alle anderen bei weitem an Wohlstand, obgleich ihre Zahl nicht viel mehr als 10000 beträgt. Denn nicht wenige bringen Weihrauch und Myrrhe sowie die wertvollsten Gewürze hinunter an das Meer, Waren, die sie sich von denen beschaffen, die sie aus dem sogenannten Arabia Eudaemon (Südarabien) bringen.«

»Sie selbst ernähren sich von Fleisch und Milch sowie wild wachsenden eßbaren Pflanzen ihrer Umgebung. Bei ihnen wächst Pfeffer und eine Menge des sogenannten wilden Honigs, den sie mit Wasser vermischt trinken.«

Ein anderer Abschnitt handelt von den typischen Merkmalen dieses Volkes: »Es ist ihre Sitte, weder Getreide zu säen, Früchte tragende Bäume zu pflanzen, Wein zu trinken, noch irgendwelche Häuser zu bauen. Jeder, der diesem Brauch zuwiderhandelt, wird mit dem Tod bestraft. Sie folgen diesem Grundsatz, weil sie glauben, daß jemand, der diese Dinge besitzt, um einen Nutzen daraus zu ziehen, von den Mächtigen dazu gezwungen werden könnte, ihnen zu gehorchen.«

Zusammenfassend wird uns hier ein Nomadenvolk dargestellt, das in der Wüste lebte und das dortige Weideland benutzte, sich nicht von Raubzügen fernhielt – die von jeher bei Nomaden üblich waren – und mit Gewürzen und Aromata handelte. Der Bericht gibt jedoch außerdem einige wichtige Hinweise, mit deren Hilfe man den von den Nabatäern bewohnten Teil Asiens genauer umreißen kann. Diodorus unterscheidet zwei Regionen, die Wüste und die »Wasserlose«. Er sagt, in der letzteren »haben sie in bequemen Abständen Brunnen gegraben und hielten sie vor allen Fremdvölkern geheim, so daß sie sich gefahrlos dorthin zurückziehen konnten«. Und weiter: »Sie sind außergewöhnlich freiheitsliebend, und immer wenn ihnen eine starke andere Macht zu nahe kommt, flüchten sie in die Wüste und benutzen diese als Festung, denn da kein Wasser vorhanden ist, können andere sie nicht durchqueren. Nur ihnen selbst bietet die Wüste Schutz, denn sie haben unterirdische Wasserspeicher angelegt. Da der Boden an einigen Stellen lehmig und an anderen von weichem Gestein ist, haben sie sehr tief gegraben und die Öffnungen der Wasserlöcher ganz klein gelassen. Durch laufende Erweiterung und Vertiefung wurden sie jedoch schließlich so groß, daß jede Seite eine Länge von einem Plethrum (d.h. ca. 30 m) hatte. Nachdem die Zisternen mit Regenwasser gefüllt waren, wurden die Zugänge verschlossen, dem Erdboden gleichgemacht und mit Zeichen markiert, die außer ihnen selbst niemand kannte.«

Wenn Diodorus zwischen wasserlos und Wüste unterscheidet, so meint er vermutlich mit wasserlos die Region, in der es keine das ganze Jahr hindurch verfügbaren Wasservorkommen mehr gibt, die jedoch mit regelmäßigen Regenfällen während des Winters rechnen können und mit Wüste das Gebiet, in dem nur sehr selten und völlig unregelmäßig Niederschläge vorkommen.

Das erstere Gebiet besteht aus Lehmboden und weichem Gestein. Keine andere von den Nabatäern bewohnte Region paßt besser zu dieser Beschreibung als der Zentral-Negev. Die Täler sind angefüllt mit einer tiefen Schicht lockeren Lößbodens, während die Hügel aus recht weichem Kalkstein bestehen.

Am Ende seines ausführlichen Berichtes gibt Diodorus noch einen sehr wichtigen topographischen Hinweis: »Es gibt dort auch einen See mit reichen Asphalt-Vorkommen, aus denen sie (die Nabatäer) ein nicht unbeträchtliches Einkommen beziehen.«

Hier handelt es sich zweifellos um das Tote Meer, das die nordöstliche Grenze des zentralen Negev bildet und hier zum erstenmal in antiker Literatur erwähnt wird.

Wenn man akzeptiert, daß ich mit der Identifizierung des von Diodorus beschriebenen Gebietes als Zentral-Negev Recht habe, dann reicht die Geschichte der Nabatäer mindestens bis zum Ende des 4. Jh. v. Chr. zurück. Obwohl mir noch Beweise fehlen, setze ich den Beginn nabatäischen Schaffens im Negev mit der Perserzeit an, wenn nicht gar früher. Wie wir in späteren Kapiteln noch sehen werden, haben sich die Nabatäer auf vielen verschiedenen Gebieten hervorgetan zum großen Erstaunen der Forscher, die sich mit dieser Kultur befassen. Diodorus selbst war es bereits bewußt, daß die Nabatäer die Fähigsten unter den arabischen Stämmen waren.

Sollen wir in den Nabatäern an diesem Punkt ihrer Geschichte noch normale Nomaden sehen? Ich denke nein. Der große Unterschied zwischen den Nabatäern und üblichen Beduinen zeigt sich an ihrer Einstellung zur Trinkwasserbeschaffung. Der reine Nomade verläßt sich ausschließlich auf natürliche Wasservorkommen, wie z. B. Quellen, die die berühmten Oasen im Nahen Osten entstehen ließen. Die Oase und ihre Umgebung werden Besitz des stärkeren Stammes, der nicht selten seinen Vorteil auf Kosten der Schwächeren ausnutzt.

Die Oase ist Ausgangspunkt für die Wanderungen, auf die der Stamm angewiesen ist, um immer wieder neues Weideland für Schafe, Ziegen und Kamele zu finden. Die Strecke, die ein Hirt mit seiner Herde zurücklegen kann, richtet sich weitgehend nach der Möglichkeit, Wasser mitzuführen, und danach, wie lange sein Vieh notfalls in der Lage ist, Durst zu überstehen. Daher ziehen sich die Wanderrouten in konzentrischen Kreisen um die Oase herum. Nur besondere Gründe, wie ein Überfall auf einen anderen Stamm oder auf besiedeltes Gebiet (ohne den ein Beduine kaum existieren könnte) lassen ihn sein angestammtes Territorium verlassen.

Wahrscheinlich gehören die Nabatäer zu den ersten, die sich aus der Abhängigkeit von natürlichen Wasservorkommen befreit haben. Sie müssen die Möglichkeiten erkannt haben, die ihnen die seltenen, jedoch dann sehr starken Regenfälle boten, die auch in der trockensten Wüste zuweilen niedergehen. Durch ihre Kontakte mit südarabischen Kulturen, die bereits im 10. Jh. v. Chr. zur Blüte gelangten, könnten sie die Steinbearbeitung erlernt haben. Diese Fähigkeit ließ sie das tun, was Diodorus beschreibt, nämlich große Zisternen ausheben. Der Verputz an Wänden und Boden verhinderte Wasserverlust durch Versickern und die kleingehaltenen Öffnungen reduzierten die Verdunstung auf ein Minimum.

Diodorus beschreibt sehr ausgeklügelte Wasserspeicher und wir können heute kaum die frühen nabatäischen Zisternen von denen des 1. Jh. n. Chr. unterscheiden, denn die späteren Systeme entsprechen ebenfalls in allen Einzelheiten der Beschreibung des Diodorus, die sich auf das 4. Jh. v. Chr. bezieht.

Meiner Meinung nach ist diese nabatäische Erfindung das beste Zeichen für die Genialität dieses Volkes, mehr als alle anderen ihrer Errungenschaften. Nur dadurch wurde es ihnen möglich, auch Wüstengebiete ohne natürliche Wasserstellen zu durchqueren. Der Zentral-Negev, auch wenn er vielleicht nicht Bestandteil des nabatäischen Ursprungsgebietes war, gehörte jedoch spätestens ab dem 4. Jh. v. Chr. zu ihrem Territorium, denn ohne den Besitz dieses Landes hätten die Nabatäer keine Gewürze und Aromastoffe bis an das Mittelmeer transportiern können.

Im frühen Stadium nabatäischer Geschichte bestand ein Karawanen-Halteplatz aus einer Anzahl von Zelten, nicht anders als übliche Beduinen-Zeltlager. Außerdem mußte es geeignete Plätze für die Haltung und Aufzucht von Kamelen geben, sonst hätte das ganze System nicht funktioniert. Die Herden konnten Unterschlupf in natürlichen Höhlen finden, sonst baute man einfache Schuppen aus Feldsteinen mit einem Dach aus trockenem Reisig von Büschen. Darüber hinaus mußte natürlich eine Zisterne vorhanden sein.

Theoretisch war mir seit geraumer Zeit klar, daß es einen Weg geben mußte, selbst heute noch die Spuren antiker Nomadenlager auszumachen. Sobald eine Stelle von Menschen bewohnt war, mußte es einige Veränderungen gegenüber dem ursprünglichen Zustand geben, z. B. flachgetretenes und vom natürlichen Steinbelag befreites Erdreich, Holzpflöcke von Zelthalterungen, eine Feuerstelle. Ohne die Funde an hellenistischen Münzen und Keramiken hätten wir freilich keine Anhaltspunkte für eine Datierung gehabt, hätten nicht gewußt, wo sich frühe nabatäische Karawanenplätze befunden haben. Während der vielen Jahre meines Lebens im Negev besuchte ich zahlreiche Beduinen-Siedlungen und lernte, wie wenig diese Menschen von ihrer Umwelt abhängig sind.

Wasser wurde üblicherweise in Lederbeuteln transportiert und dargeboten, aber es gab auch schwarze Keramikkrüge aus den Töpfereien von Gaza. Erst während des 2. Weltkrieges kam eine neue Errungenschaft in Form von 20-Liter-Benzinkanistern »made in USA« hinzu. Die Beduinen hatten sie von der britischen Armee gestohlen! Seit den frühen fünfziger Jahren wurden sie durch Plastikkanister der israelischen Armee ersetzt. Leere Konservendosen dienten jetzt als Becher. Die Dolche und Messer, die traditionellen Waffen der Beduinen, waren jetzt aus Solinger Stahl. Die Frauen schmückten sich mit mehreren, vor dem Gesicht hängenden Ketten aus aufgereihten Münzen – von der Türkenzeit bis zur Moderne. Dies war jedoch schon so gut wie alles, was man in einer verlassenen beduinischen Siedlung finden konnte.

Ich glaubte, mit einiger Sorgfalt selbst diese geringen Spuren menschlicher Besiedlung nach 2000 Jahren noch ausfindig machen zu können. Die Theorie war durchaus logisch, aber um sie beweisen zu können, brauchte ich Glück. Dieses war mir während meiner Ausgrabungen in Oboda im Jahre 1975 beschieden. Wir waren soeben dabei, ein nabatäisches Haus aus dem 1. Jh. n. Chr. freizulegen. In der Umgebung dieses Hauses fanden wir an der Oberfläche zahlreiche Keramikscherben aus hellenistischer Zeit, um 2 Jahrhunderte älter als die Scherben im Hause selbst. Wir beschlossen, den aus gestampfter Erde bestehenden Boden des Hauses an einigen Stellen aufzubrechen, um zu sehen, ob sich darunter aus früherer Epoche etwas befand. Es dauerte nicht lange, bis wir auf einen großen Aschefleck stießen. Die dort befindliche Keramik war rein hellenistisch! Wir dehnten unsere Probegrabungen bis zur Hauswand aus und fanden dort die Fortsetzung des schwärzlichen Fleckens. Es war die erste Spur einer Feuerstelle frühnabatäischer Siedler, sie stammte aus dem 3. / 2. Jh. v. Chr.!

Ich gab diese Informationen an meine Studenten weiter und sie brachten sehr bald Ergebnisse. Ich selbst fand im Winter 1979 bei meinen Grabungen in Elusa ein großes nabatäisches Zeltlager aus dem 1. Jh. v. / n. Chr., und einer meiner Studenten, Uzi Avner, der im südlichen Teil des Wadi Araba in einem Tal arbeitete, das von einer nabatäischen Straße von Edom an das Mittelmeer durchkreuzt wurde, machte noch wichtigere Entdeckungen. Er fand nicht nur klare Hinweise auf Stätten, wo einst nabatäische Zelte gestanden hatten, – dies konnte er bereits an den weit verstreuten, typisch nabatäischen Keramikscherben erkennen –, sondern auch eine Reihe grober Steinidole, einige noch an ihrem ursprünglichen Platz stehend, andere am Boden liegend.

Uzis mündlicher Bericht führte zu einer weiteren Erkenntnis: Schon 1974 hatte ich in Oboda nach einem nabatäischen Friedhof gesucht, den ich während meiner ausgedehnten Grabungen von 1958 bis 1961 nicht hatte finden können. Dabei war ich auf einen Abschnitt mit Stelen gestoßen, die ich für Grabsteine hielt. Der Boden war dort ebenfalls ringsum mit Keramikscherben aus dem 1. Jh. v. / n. Chr. besät. Neben einigen dieser Stelen hatten wir gegraben, merkten aber bald, daß sie auf natürlichem Fels standen. Da ich mir damals über meine Entdeckung nicht im klaren war, hatte ich sie als »unergiebig« angesehen. Jetzt, nach dem Vergleich mit den Funden Uzi Avners, ist es mir sehr wahrscheinlich, daß es sich um ein nabatäisches Zeltlager gehandelt hatte. Ich hoffe, daß die Bestimmung von nabatäischen Zeltstädten von nun an Routinesache werden wird, so wie es bei den Ausgrabungen der in Stein gebauten Häuser der Fall ist! (S. Bild Seite 73)

Politisch befanden sich die Nabatäer zwischen den Einflußbereichen der sich bekämpfenden Herrscherhäuser der Seleukiden in Syrien und der Ptolemäer in Ägypten. Der Zwiespalt der beiden hellenistischen Reiche ermöglichte es den Nabatäern, ihr Gebiet auszudehnen und ihr eigenes Königreich zu festigen. Jedoch begannen seit der Mitte des 2. Jh. v. Chr. auch die jüdischen Nachbarn der Nabatäer im Westen und Norden ihre Machtstellung auszubauen. Während des ersten halben Jahrhunderts unabhängiger Herrschaft der Hasmonäer (Makkabäer) ist das Zusammenleben der beiden Völker friedlicher verlaufen, denn beide mußten alle Kräfte aufbieten, sich der Herrschaft der Seleukiden zu erwehren. Früher oder später war jedoch ein Zusammenprall beider Völker unvermeidlich. Dies geschah unmittelbar am Anfang des 1. Jh. v. Chr., als Alexander Jannäus, der mächtigste Hasmonäerkönig, sich anschickte, den Ruhm der Ära Davids und Salomos wiederherzustellen.

Alexander hatte kein Interesse am Negev, es genügte ihm daher, Streitkräfte an seiner Südgrenze, in Beerscheba und Arad zu stationieren. Indirekt gab er jedoch den Nabatäern durch die gleichzeitige Eroberung des für sie so wichtigen Mittelmeerhafens Gaza den Todesstoß. Die Feindseligkeiten zwischen Juden und Nabatäern wurden durch den Angriff Alexanders auf die nabatäischen Einwohner von Gaza unter der Führung eines Mannes namens Zoilus eingeleitet. Nach Josephus Flavius, unserer einzigen Informationsquelle hierzu, erwarteten die Leute in Gaza Hilfe von König Aretas II., jedoch als diese auf sich warten ließ, fiel die berühmte alte Stadt in die Hände der Juden und wurde zerstört.

Im Negev wurden die nabatäischen Städte Oboda, Nessana und Elusa, die vom freien Zugang zum Mittelmeer gelebt hatten, verlassen. Die spätesten Funde aus dieser Geschichtsphase sind Münzen von Alexander Jannäus in Oboda und Nessana. Es ist nicht erkennbar, ob die Heere Alexanders die nabatäischen Zeltstädte tatsächlich verwüstet haben oder ob die Eroberung Gazas als solche bereits genügt hat, den Gewürzhandel der Nabatäer zunichte zu machen. Jedenfalls sind fast aus dem gesamten 1. Jh. v. Chr. keine nennenswerten Spuren in den Negev-Städten erhalten.

Der Grund für die mangelnde Unterstützung der Nabatäer von Gaza durch Aretas II. ist hauptsächlich in dem Tatbestand zu suchen, daß die Nabatäer zur gleichen Zeit große Mühe hatten, andere, nicht weniger wichtige Gebiete ihres Reiches vor dem Zugriff Alexanders zu verteidigen. Dies waren die Gebiete östlich des Jordans und des Toten Meeres. Auch hier war Alexander Jannäus erfolgreich, er eroberte zehn nabatäische Städte in Moab. Man darf nicht vergessen, daß die Nabatäer zu diesem Zeitpunkt ihrer Geschichte sich nur auf eine wenig durchorganisierte

Streitmacht von kamelreitenden Stammesbrüdern stützen konnten, während Alexander Jannäus bereits über ein gut ausgerüstetes Heer mit Verstärkung durch ausländische Söldner verfügte. Wie die Dinge auch lagen, es bleibt die Tatsache, daß Gaza von den Juden eingenommen wurde und die Nabatäer damit die Herrschaft über den gesamten Negev verloren. Der Ausgleich wurde durch die Festigung des Staatsgebietes östlich des Jordans geschaffen, hauptsächlich an den Grenzen der syrisch-jordanischen Wüste, wo die Nabatäer eine Karawanenstraße zu ihren neu erworbenen Gebieten im Hauran und in Süd-Syrien einrichteten. Höhepunkt dieser Bestrebungen war die Eroberung von Damaskus und seiner Umgebung durch Aretas III. in den Jahren 84–72 v. Chr. Hierdurch erlangten die Nabatäer an anderer Stelle Zugang zum Mittelmeer und somit Ersatz für den Verlust von Gaza.

Kurz nach diesen Ereignissen erhob sich in Judäa eine mächtige und einflußreiche Persönlichkeit. Dies war Antipater, ein Mann idumäischer Abstammung, der eine Nabatäerin zur Frau nahm. Auf sein Betreiben hin wandte sich Hyrcanus II., der schwächere Sohn Alexandras, der Witwe und Erbin von Alexander Jannäus, an Aretas III. mit der Bitte um dessen Hilfe bei seinem Kampf um den judäischen Thron gegen seinen energischeren Bruder Aristobulus II. Der Lohn für die Hilfeleistung war die Rückgabe der von Alexander Jannäus eingenommenen Städte in Moab. Einige dieser Städte wurden sehr bald wichtige Zentren der Nabatäer unter der Verwaltung ihrer »Strategoi«. Aretas kam seiner Verpflichtung nach und entsandte ein starkes Heer zur Belagerung von Jerusalem, das in der Hand des Aristobulus war. Jedoch zwang das Erscheinen der Römer unter Scaurus, General des Pompeius, im Jahre 65 v. Chr. die Nabatäer zum Rückzug.

62 v. Chr. ernannte Pompeius seinen General Scaurus zum Gouverneur der neu gegründeten Provinz Syria. Außerdem wurde Scaurus damit beauftragt, den Nabatäern eine Lektion zu erteilen und ihr Staatsgebiet der neuen Provinz einzuverleiben. Dies gelang jedoch nicht, da Scaurus durch Unruhen in Judäa zu stark abgelenkt wurde. Die Nabatäer erkauften sich mit 300 Talenten Silber ihre Freiheit und erhielten sich diese, wenn auch als Tributpflichtige gegenüber Rom, für weitere 144 Jahre.

Scaurus selbst gab nach Rückkunft in Rom eine Gedenkmünze heraus mit dem Bildnis des knieenden Aretas zu Füßen eines Kamels (Symbol für die Nabatäer als Karawanenvolk). In seinem Werk »Syrische Kriege« (8, 51) berichtet der römische Historiker Appian, daß die Nachfolger des Scaurus noch weitere Strafexpeditionen gegen die Nabatäer in den Jahren 61/60 und 59/58 durchgeführt haben. Einzelheiten hierzu erfahren wir jedoch, auch aus anderen historischen Quellen, nicht.

Die 30 Jahre, die zwischen diesen Ereignissen und der Thronbesteigung durch Obodas II. (30 v. Chr.) vergingen, waren von grundlegender Bedeutung für die Geschichte des Negev. Seit dieser Zeit haben die Nabatäer unverwechselbare Spuren an allen von ihnen bewohnten Stätten hinterlassen. Während der langen Regierungszeit König Malichus I. (60–30 v. Chr.) spielten die Nabatäer, die sonst an militärischer Stärke wenig zu bieten hatten, eine wichtige Rolle bei dem das ganze Imperium erschütternden Machtkampf im Römischen Reich. Josephus berichtet von der Hilfe der »Scheichs« von Arabia, deren Männer sich den 3000 schwer bewaffneten jüdischen Soldaten anschlossen, die Cäsar zu Hilfe eilten (Jüd. Altertümer XIV, 128; Jüd. Krieg 1, 178). Auch Cäsar selbst nennt Malichus unter den Herrschern, die ihm zu Hilfe kamen (De Bello Alexandrino 1).

Als im Jahre 40 v. Chr. die Parther in Judäa einmarschierten, zog Malichus es vor, sie und nicht Marcus Antonius zu unterstützen. Einige Zeit vor dieser Invasion war Antipater ermordet worden und sein Sohn Herodes (der Große) nahm seinen Platz ein. Herodes unterstützte die Römer und wurde hierfür sehr bald belohnt.

Malichus machte zwei Fehler, zum einen durch seinen Beistand für die Parther und zum anderen durch die Verweigerung einer Unterstützung des Herodes, der sich eben anschickte, nach Rom zu reisen, um sich den judäischen Königsthron zu sichern. Als die Parther im Jahre 39 v. Chr. aus Judäa vertrieben waren, wurde Malichus durch eine ihm auferlegte Bußzahlung in Silber empfindlich bestraft.

Einige Jahre später, 34 v. Chr., erhielt Cleopatra von Antonius als Brautgeschenk die Einnahmen aus Besitzungen von Herodes und Malichus »dem Araber«. Hiervon berichten Plutarch (Antonius XXVI), Josephus (Jüd. Altertümer XV, 92; Jüd. Krieg I, 360) und Dio Cassius (XLIX, 32, 5). Im letztgenannten Werk wird spezifiziert, daß Cleopatra die Einnahmen erhielt »aus dem Teil Arabiens, wo sich die Nabatäer bis an das innere Meer ausdehnen«. Das »Innere Meer« ist wahrscheinlich das Tote Meer, zwar wurde es zuweilen auch als Golf von Eilat gedeutet, aber dies ist unwahrscheinlich.

Später pachtete Herodes diese Einnahmequellen von Cleopatra und war somit für die Zahlungen verantwortlich. Malichus hörte nach einiger Zeit einfach auf, seinen Teil zu bezahlen. Gegen Ende der Regierungszeit des Malichus, gerade als die Schlacht von Actium tobte (32 v. Chr.), brach auch zwischen Nabatäern und Juden ein Krieg aus. Nach wechselhaftem Geschick gewann Herodes schließlich den entscheidenden Sieg und wurde sogar von den Nabatäern zum »Herrscher ihrer Nation« ausgerufen (Josephus, Jüd. Altertümer XV, 159; Jüd. Krieg I, 385).

Mit dem Tode Malichus I. und der Inthronisierung von Obodas II. (30–9 v. Chr.) endet die Phase nabatäischer Entwicklungsgeschichte, die ich als »frühnabatäisch« bezeichne. Von hier ab beginnt die »mittelnabatäische Periode«.

Stephanus von Byzanz, ein griechischer Grammatiker aus dem 6. Jh. n. Chr., bewahrte uns eine kurze Notiz des Uranius, dessen Schriften ansonsten verlorengegangen sind. In seinem vierten Buch über Arabien schreibt Uranius: »Oboda, ein Ort der Nabatäer ... wo der göttliche König begraben ist.« Es gibt keine völlige Gewißheit, auf welchen Nabatäerkönig sich diese Anmerkung bezieht, denn es gibt zwei oder – wie von einigen behauptet wird – sogar drei Könige mit dem Namen Obodas. In einigen früheren Veröffentlichungen habe ich die Meinung vertreten, es handele sich um Obodas I., der im Zusammenhang mit der Schlacht gegen Antiochus XII. Dionysus von Syrien 88/87 v. Chr. erwähnt ist. Diese Schlacht fand anscheinend irgendwo im nordöstlichen Negev statt. Inzwischen habe ich Zweifel an dieser These, denn die archäologischen Erkenntnisse aus Oboda geben keinen Hinweis auf eine Besiedelung zu dieser Zeit. Vielmehr ist es in meinen Augen jetzt wahrscheinlich, daß mit der Notiz Obodas II. gemeint ist, während dessen Regierung die große Blütezeit im Negev anbrach. Sein tragischer Tod im Jahre 9 v. Chr. könnte auch ein guter Grund für seine Vergöttlichung gewesen sein.

Die Regierungszeit von Obodas II. wurde von zwei starken Persönlichkeiten geprägt, und zwar von Herodes d. Gr., der etwa gleichzeitig wie Obodas regierte, und von Syllaios (Schulai im Nabatäischen), der »Bruder des Königs«, vermutlich Großwesir bzw. Oberster Minister im Nabatäerreich war.

Die ausgedehnten Staatsgebiete des Herodes erstreckten sich bis zum südlichen Küstenstreifen am Mittelmeer, einschließlich des Hafens Gaza, den er wieder aufbaute, und bis zur Ebene von Beerscheba, wo er die alten israelitischen Festungen zum Schutz der Südgrenze seines Reiches erneuerte. Im Jahre 23 v. Chr. wurden ihm auch die Gebiete Trachonitis, Batanaea und Auranitis nordöstlich des Jordans zugesprochen. Nur wenige Jahre früher hatten die Nabatäer unter Obodas II. begonnen, ein großes Kult-Zentrum in Seeia im Hauran – damals Auranitis genannt – zu errichten, welches einige Jahre nach dem Tode des Königs vollendet wurde. Viele archäologische Funde im Hauran geben einen Hinweis auf die Art der Beziehungen, die sich während der herodianischen Regierung zwischen Juden und Nabatäern entwickelt haben. Sie waren von dem gemeinsamen Ziel bestimmt, einen gut funktionierenden internationalen Gewürzhandel aufrechtzuerhalten.

Im Jahre 25 v. Chr., als Augustus Ägypten erobert hatte, vergeudeten die Römer keine Zeit: Sie rüsteten eine Flotte aus mit dem ehrgeizigen Ziel, die arabische Halbinsel, Quelle sagenhaften Reichtums, genauestens zu erforschen. Für dieses Ereignis haben wir eine zuverlässige Berichterstattung, nämlich die »Geographie des Strabo«. Strabo war ein Zeitgenosse des Kaisers Augustus, besuchte Ägypten verschiedene Male und griff auch auf ältere Literaturquellen zurück, vorwiegend auf Agatharchides, dessen Wirkungszeit in Ägypten um etwa 116 v. Chr. lag. Wegen der außerordentlichen Bedeutung dieser römischen Expedition für das Schicksal der Nabatäer im Negev wollen wir dieses Thema hier ausführlich behandeln.

Josephus berichtet nur knapp darüber: »Es war auch zu der Zeit, als er (nämlich Herodes) dem Cäsar 500 ausgesuchte Männer seiner Leibgarde als Hilfstruppe beistellte, und diese Männer waren von großem Nutzen für Aelius Gallus, der sie zum Roten Meer führte« (Jüd. Altertümer XV, 317).

Etwas ausführlicher ist die Beschreibung des Plinius, der mehr als einhundert Jahre später schrieb: »Aelius Gallus ist der einzige, der bisher eine römische Armee in dieses Land führte, denn Gaius Caesar, Sohn des Augustus, hatte nur einen flüchtigen Eindruck von Arabia. Gallus zerstörte die folgenden Städte, die von früheren Schreibern nicht benannt wurden ...« (Naturgeschichte VI, 160).

Dio Cassius, Ende des 2. Jh. n. Chr., fügt hinzu: »Währenddessen fand ein anderer neuer Feldzug gleichzeitig Anfang und Ende. Er wurde geführt von Aelius Gallus, Statthalter in Ägypten, gegen das Land namens Arabia Felix (Glückliches Arabien), wo Sabos König war. Zunächst stieß Gallus auf keine Schwierigkeiten, jedoch ging es nicht ohne diese weiter, denn die Wüste, die Sonne und das Wasser (das sehr eigenartig war) verursachte seinen Mannen schwere Erschöpfung, so daß ein großer Teil seiner Armee zugrundeging... Dies waren die ersten Römer und ich glaube auch die einzigen, die so weit nach Arabien vorgedrungen sind zum Zwecke der Kriegsführung« (LIII, 29, 3 – 4, 8).

Der interessanteste Bericht jedoch stammt von Strabo, den man beinahe als Augenzeugen dieser Ereignisse betrachten kann: »Die vielen besonderen Eigenschaften Arabiens wurden durch die große Expedition der Römer gegen die Araber offenbar, die zu meiner Zeit unter der Führung des Aelius Gallus unternommen wurde. Er wurde von Augustus Caesar entsandt, um die Landschaft und Orte zu erforschen... Entsprechend sah er den Zweck darin, die Araber für sich zu gewinnen oder sie zu unterwerfen. Ein weiterer Beweggrund resultierte aus alten überlieferten Berichten, daß sie sehr wohlhabend waren und daß sie Aromata und sehr wertvolle Steine gegen Gold und Silber verkauften, jedoch niemals an Fremde auch nur einen Teil von dem gaben, was sie im Tausch erhalten hatten. Er erwartete, entweder auf wohlhabende Freunde zu stoßen oder wohlhabende Feinde zu überwältigen. Bestärkt wurde er durch die Hoffnung auf Unterstützung durch die Nabatäer, da diese ihm freundlich gesinnt waren und versprachen, mit ihm in jeder Weise zusammenzuarbeiten« (Geographie XVI, 4, 22).

Strabo fährt dann fort mit der Beschreibung der Vorbereitungen zu der Kampagne selbst und deren Scheitern, indem er die ganze Schuld Syllaios zuschiebt, der die Fäden nabatäischer Macht in Händen hielt. »Dies geschah, weil Obodas, der König, sich nicht sehr um öffentliche Angelegenheiten kümmerte (eine bei allen arabischen Königen verbreitete Eigenschaft) und alles in die Hände des Syllaios (Syllaeus) legte« (Geographie XVI, 4, 24). Das war auch die Meinung von Josephus: »Der König von Arabien, Obodas, war untätig und schwach von Charakter, denn der größte Teil des Gebietes wurde von Syllaeus verwaltet, einem klugen Mann, noch jung an Jahren und stattlich.« (Jüd. Altertümer XVI, 220) Wenn wir der von Strabo genannten Zahl von 11 500 Soldaten Glauben schenken, sollten wir den Grund für das Scheitern der Expedition eben hierin suchen. Strabo schreibt: »... und doch reisen Kamelhändler hin und her zwischen Petra und diesem Ort (nämlich Leuce Come in Nordarabien) in Sicherheit und Bequemlichkeit und in solcher Zahl an Menschen und Kamelen, daß man sie nicht von einer Armee unterscheiden kann« (Geographie XVI, 4, 23).

Entweder wußte Strabo nicht oder versuchte die Tatsache zu vertuschen, daß die Erkundung von Wüstengebieten, wie die von Nord- und Zentral-Arabien eher von kleinen Pfadfindergruppen mit Kamelen als von schwerbewaffneten Armeen zu bewerkstelligen ist. Es ist wahr, daß an Handelskarawanen viele Menschen und Tiere teilnahmen, jedoch wurde nie eine Zahl überschritten, die den verfügbaren Wasservorräten angemessen war. Es mag jedoch auch wahr sein, daß die von Syllaios angeführten Nabatäer sich hüteten, die Geheimnisse des Arabien-Handels preiszugeben, auf dem schließlich der Reichtum aller arabischen Völker beruhte. Jedenfalls begann mit dem Scheitern der römischen Expedition nach Arabien die ruhmvolle Geschichte der Nabatäer.

Die mittelnabatäische Periode im Negev

Außer in vorgenanntem Bericht des Stephanus von Byzanz, wo insbesondere auf die Stadt Oboda hingewiesen wird, findet kein anderer Ort des Zentral-Negev in der Zeit vom späten 1. Jh. v. Chr. bis zum Ende des 1. Jh. n. Chr. irgendwo Erwähnung. Nur ein peinlich genaues Studium der archäologischen Funde an den verschiedenen Orten selbst macht die Rekonstruktion der nabatäischen Geschichte möglich.

Obgleich nicht eindeutig bewiesen, scheint es doch so, als ob die Nabatäer im Einvernehmen mit Herodes ein Mitbenutzungsrecht an den Häfen von Gaza und der südöstlichen Mittelmeerküste hatten. Anders ist die große Blüte im Zentral-Negev zu jener Zeit nicht zu erklären. Wahrscheinlich hat Herodes durch dieses Entgegenkommen selbst einen lohnenden Anteil an den hohen Gewinnen im Arabien-Handel erhalten, ohne den er sich die umfangreiche Bautätigkeit in Jerusalem und überall im Land nicht hätte leisten können. Die regelmäßigen Einkünfte aus Judäa, vorwiegend aus der Landwirtschaft, bildeten wohl kaum eine ausreichende Geldquelle für seine kostspieligen Projekte.

Die Erforschung der Altertümer des Negev begann 1807, als U. J. Seetzen einige antike Stätten aufsuchte auf seinem Weg nach Wadi Musa, das 5 Jahre später von J. L. Burckhardt als Petra, der Hauptstadt der Nabatäer, erkannt wurde. 1838 besuchte E. Robinson den Negev und identifizierte als erster Elusa in den Ruinen von el-Khalasa. Falsch dagegen war seine Bestimmung von Oboda in den Ruinen von Auja el-Hafir, das sich sehr viel später als das antike Nessana herausstellte. E. H. Palmer erforschte den Negev im Jahre 1870 und identifizierte Oboda korrekt, dessen Namen er in dem arabischen Abdeh wiedererkannte.

All diese Wissenschaftler beschreiben die antiken Stätten nur ganz allgemein. Sorgfältigere Arbeit leistete A. Musil, der die Orte gegen Ende des 19. und zu Anfang des 20. Jahrhunderts mehrfach besuchte. Er zeichnete die ersten Pläne von Oboda, Mampsis, Sobata, Nessana und Ruheiba. Auch machte er zahlreiche, recht gute Fotografien und detaillierte Zeichnungen von einzelnen Monumenten. Die beste Forschungsarbeit in Oboda wurde im Februar 1904 von den Jerusalemer Dominikaner-patern A. Jaussen, R. Savignac und H. Vincent durchgeführt. Sie entdeckten eine große Zahl von nabatäischen Graffiti, erstellten einen recht präzisen Generalplan der Ruinenstätte sowie Detailzeichnungen verschiedener Monumente und der Höhlen am Westabhang. Am »Vorabend« des 1. Weltkrieges unternahmen C. L. Woolley und T. E. Lawrence nochmals eine genaue Studie des Negev, zeichneten neue Pläne der Stätten und Baudenkmäler und fanden dabei ziemlich viele griechische Inschriften an verschiedenen Stellen. Ihre bedeutendste Einzelentdekkung war jedoch, wie bereits geschildert, die archaische nabatäische Inschrift von Elusa. Im Jahre 1916 wurde diese Forschungsexpedition durch eine Gruppe des Deutsch-Türkischen Denkmalschutzkommandos unter der Leitung von Th. Wiegand wiederholt, wodurch sich hier und da neue ergänzende Gesichtspunkte ergaben.

Nach der Besetzung Palästinas durch die britische Armee und der Gründung einer Altertumsverwaltung (Department of Antiquities) konzentrierte sich die Wissenschaft auf biblische Stätten im Landesnorden. Erst 1933 erwachte erneut Interesse am Negev. Zuerst entdeckte J. H. Iliffe bemalte nabatäische Keramik in Oboda, Sobata, Nessana und Elusa. Im gleichen Jahr begann die englisch-amerikanische Colt-Expedition ihr großes Ausgrabungsprojekt in Sobata.

Zu der Zeit kannte man diesen Ort nur unter seinem arabischen Namen Subaita, der antike Name wurde erst später in den Papyri von Nessana gefunden. Es wurden drei Kirchen und einige Privathäuser freigelegt. Aber dann herrschte eine so große Dürre, daß das Wasser in den Zisternen von Sobata austrocknete und die Colt-Expedition gezwungen war, nach Auja el-Hafir zu ziehen, wo Trinkwasser aus einem uralten Brunnen verfügbar war, den die Türken vor dem 1. Weltkrieg wieder benutzbar gemacht hatten. Dort konzentrierte sich die Arbeit der Expedition auf die Akropolis, wo man zwei Kirchen ausgrub. In einer davon wurden die berühmten Nessana-Papyri gefunden, durch die auch der antike Name des Ortes bekannt wurde. Ferner fand man Münzen und Scherben aus hellenistischer Zeit sowie frührömische und nabatäische Münzen und Keramiken aus dem 1. Jh. v. Chr. / n. Chr. Leider ließ sich die Colt-Expedition mit der Veröffentlichung der archäologischen Berichte sehr viel Zeit und die Ergebnisse ihrer Ausgrabungen in Sobata wurden überhaupt nicht publiziert.

Seit den vierziger Jahren betrieb Professor N. Glueck seine ausgedehnte Forschungen beiderseits des Wadi Araba. Im Negev wurden mehr als hundert Stätten mit Spuren nabatäischer Besiedlung entdeckt. Durch Gluecks Arbeit ist klar geworden, daß die Nabatäer nicht nur einen kleinen Teil, sondern den gesamten Negev besetzt hatten.

Im Frühjahr 1958 fanden erneut Ausgrabungen im Negev statt, beginnend mit Oboda. Zunächst unterstanden die Arbeiten Prof. M. Avi-Yonah, jedoch am Ende des gleichen Jahres übernahm ich diese und leitete die ausgedehnten Grabungen bis zum Frühjahr 1961. In den Jahren 1974, 1975 und 1976 wurden am gleichen Ort in kürzeren Grabungsperioden nochmals gearbeitet, wobei die Aufsicht zwischen mir und R. Cohen aufgeteilt war. Cohen war der für dieses Gebiet zuständige Archäologe der Altertums- und Museumsverwaltung (Department of Antiquities and Museums).

In den Jahren 1965 bis 1967 übernahm ich die Leitung der ausgedehnten Grabungen in Mampsis (Mamshit, Kurnub), wohin ich bis 1972 immer wieder zurückkehrte. 1973 bis 1979 leitete ich nochmals kürzere Ausgrabungskampagnen. Es waren gerade die Ergebnisse dieser Grabungen, die den ganzen Reichtum der nabatäischen, spätrömischen und christlich-byzantinischen Epoche im Negev offenbarten. Die Entwicklung dieser Kulturen über einen Zeitraum von mehr als 1000 Jahren soll das Hauptthema der folgenden Kapitel sein.

Als ich zum erstenmal nach Oboda kam, war ich ein Neuling in der Archäologie, der gerade sein Studium des klassischen Altertums abgeschlossen hatte. Dieses Studium beinhaltete Grundkenntnisse über hellenistische und römische Keramik, Architektur, Numismatik, Linguistik und anderes wissenschaftliches Rüstzeug, das für die Ausgrabung eines Ortes wie Caesarea am Meer sehr wertvoll gewesen wäre. Es half jedoch wenig bei der Ausgrabung einer Nabatäer-Stadt wie Oboda. Die Architektur war zum größten Teil nicht »klassisch«, ebensowenig die Keramik, ganz zu schweigen von den Inschriften, die zumeist nabatäisch-aramäisch waren, womit ich keinerlei Erfahrung hatte. Jedoch das Schwierigste, mit dem es fertig zu werden galt, war die besondere Beschaffenheit des Ortes selbst mitten im Herzen des Negev.

Es erübrigt sich sicherlich die Frage, warum Menschen sich in Jericho, Beth-Shean, Megiddo, Hazor und an anderen aus der Bibel wohlbekannten Orten niedergelassen haben. Ihre Besiedlung geht weit bis ins Dunkel der Geschichte zurück, und einige sind bis heute bewohnt. Die Gründe liegen klar auf der Hand: reichlich Wasser, guter Boden, günstiges Klima und Lage an bekannten internationalen Handelswegen. In der Wüste hingegen ist es anders. Hier muß es einen ganz besonderen Anreiz gegeben haben. Wenn man sich mit Orten wie Beerscheba, Arad und anderen Siedlungen der Beerscheba-Ebene befaßt, bekommt man schon eine Ahnung von dem, was man zu erwarten hat, wenn man noch weiter nach Süden geht. Zum Beispiel wurde das alte Beerscheba dreimal gegründet in drei verschiedenen Epochen und jedesmal an einem anderen Ort. Der

Grund hierfür ist wahrscheinlich in den Möglichkeiten der Wassergewinnung zu suchen. Die Einwohner chalkolithischer Siedlungen mußten ihre unterirdischen Wohnungen und Hütten an die Ufer des Wadis verlegen, wo sie fast das ganze Jahr über durch einfache Grabung im Flußbett Wasser für den Hausgebrauch fanden. Dies war bis fast zur Gegenwart auch die einzige Methode, mit der die Beduinen ihren Wasserbedarf deckten. Anderenfalls wären sie von wenigen Quellen oder den von antiken Völkern angelegten Zisternen und Brunnen abhängig gewesen. Das israelitische Beerscheba lag weiter nordöstlich, vielleicht wegen schnellerer und besserer Verbindung nach Judäa, dessen Grenzen es zu schützen hatte. Dieser Ortswechsel wurde durch die besseren Methoden zur Wasserspeicherung möglich, wie die verputzten Zisternen und – wenn man dem Bericht des Ausgräbers glauben darf – durch die Fähigkeit, tiefe Brunnen zu graben, wie man einen in der Nähe des eisenzeitlichen Stadttores entdeckt hat. Die persischen, hellenistischen und römischen Festungen von Beerscheba wurden aus den gleichen strategischen Gründen erbaut, aber das Beerscheba der Palaestina Tertia zur byzantinischen Epoche wurde wieder in die Ebene verlegt, gerade nördlich des Wadis, wo auch das heutige Beerscheba liegt.

Dieser erneute Wechsel wurde durch den Bedarf einer weiten Fläche zum Bau einer Straße erforderlich. Das Graben tiefer Brunnen gehörte zu dem Zeitpunkt bereits zu den allgemeinen Kenntnissen.

Das gleiche trifft auf Arad zu. Die frühbronzezeitliche Stadt befand sich auf einem flachen hufeisenförmigen Hügel, wo in der Senke reichlich Regenwasser gespeichert wurde. Die israelitische Festung wurde aus strategischen Gründen auf einen höheren, jedoch kleineren Hügel verlegt; Wasservorräte sammelte man in gipsverputzten Zisternen. Wie in Beerscheba wurden die persischen, hellenistischen und römischen Festungsanlagen über der israelitischen Zitadelle errichtet, während das byzantinische Arad wieder in der Ebene an einem völlig anderen Ort lag.

Diese Ortswechsel und besonders die Besiedlungsunterbrechungen, wodurch uns Geschichtsphasen von hunderten und sogar tausenden von Jahren fehlen, machten es den Forschern natürlich schwer und führten leicht zu Fehldeutungen.

Zusammenfassend kann man als Beweggründe für die Besiedlung der Ebene von Beerscheba nennen: die strategische Bedeutung des Gebietes als Bollwerk gegen eindringende Nomaden und die Nutzung der Ebene als Kornkammer.

Da das Gebiet des Zentral-Negev äußerst regenarm ist, war Leben dort überhaupt nur durch großen menschlichen Erfindungsgeist möglich. Eine solche Genialität besaßen die Nabatäer von frühesten Zeiten an.

Bei der Ankunft in Oboda betrat ich eine kaum bekannte Welt. Untersuchungen früherer Forscher waren nur sehr allgemeiner Natur und vermittelten ein ungenaues historisches Bild. Die ersten Monate verbrachte ich mit dem Studium der »Anatomie« des Ortes. Inzwischen, nach vielen Jahren der Forschung, bin ich nicht nur in der Lage, Spätrömisches von Byzantinischem zu unterscheiden, sondern auch durch bloßes Betrachten der Scherben und anderer Funde die verschiedenen nabatäischen Perioden zu beurteilen. Aber damals, vor über 20 Jahren, war mir alles neu. Da ich einer der ersten Ausgräber an diesem Ort war, hatte ich die Möglichkeit, den gesamten Aufbau genau zu studieren, bevor er durch die ersten Spatenstiche zerstört wurde. Hierdurch konnte ich erkennen, daß nur die Akropolis zu allen Zeiten der Stadtgeschichte bewohnt war, alle anderen Abschnitte jedoch zu verschiedenen Zeiten mit sehr geringen Überschneidungen. Dies vereinfachte natürlich meine Aufgabe als Anfänger in der Archäologie des Negev. Als ich am 8. Oktober 1958 nach Oboda kam, waren die Ausgrabungsstellen bereits festgelegt und ich konnte sehr wenig daran ändern. Das Projekt wurde von der Israeli National Parks Authority gefördert mit der Absicht, den Ort touristisch zu erschließen. Daher ist offensichtlich, warum die Akropolis als Hauptgrabunspunkt erwählt wurde. Nur auf sehr diplomatischem Wege konnte ich es bewerkstelligen, von Zeit zu Zeit vom vorgeschriebenen Programm abzuweichen und auch an anderen Stellen zu arbeiten, die für das Verständnis der Geschichte Obodas entscheidend waren.

Der gesamte Ort erstreckt sich über ein Gebiet von etwa 100 Hektar. Er besteht aus einem die umliegende Ebene überragenden Hochplateau mit einem Felsvorsprung nach Westen. Dieser Vorsprung war besonders für den Bau einer Akropolis geeignet. Die oberste geologische Schicht dieses Plateaus besteht aus sehr hartem Kalkstein von der Qualität feinkörnigen Marmors, der von den nabatäischen Steinmetzen und Architekten sehr geschätzt wurde. Der sanfte westliche Abhang des Berges ist aus weicherem Kalkstein und sehr geeignet für das Anlegen von Grab- und Wohnhöhlen, Zisternen und anderen Einrichtungen. Hauptsächlich auf diesem Hang wurde das byzantinische Eboda, wie es zu der Zeit genannt wurde, erbaut, wobei Gebäudereste früherer Epochen überbaut bzw. mit verarbeitet wurden.

Bei meiner ersten genauen Untersuchung konnte ich drei Hauptkomplexe unterscheiden: die Akropolis mit Resten von Tempeln, Kirchen und einer Zitadelle, ein Militärlager am Nordrand des Plateaus und einige große Steinumfriedungen, offensichtlich für Kamele. Zwischen diesen drei Komplexen lagen die Ruinen verschiedener Gebäude verstreut. Ferner waren über das gesamte Gelände große Mengen nabatäischer Kera-

Oboda, archäologische Kleinarbeit
Bei diesem nabatäischen Schutthaufen und auch später bei der Töpferei, war es notwendig, sehr sorgfältig auf die Funde zu achten. Jeder Korb Erde wurde zweimal durchgesiebt, um auch das kleinste Stückchen von Bedeutung zu sichern.

mikscherben verteilt, woraus erkenntlich wurde, daß es hauptsächlich während der Nabatäerzeit besiedelt war. Leider war mir seinerzeit die sichere Datierung der Keramik nicht möglich.

Als erste fanden George und Agnes Horsfield 1929 bei ihren Grabungen in Petra nabatäische Keramik. Viele Stücke lagen an Stellen, die beide für antike Schutthalden mit eindeutiger Schichtenfolge hielten; einige Gefäße konnten sie auch von Beduinen kaufen; andere Stücke stammten aus Grabschächten, in die sie wahrscheinlich erst viel später geworfen worden waren.

George und Agnes Horsfield konnten sich unter diesen Umständen nur auf eine ungefähre Datierung vom 2. Jh. v. Chr. bis zum 2. Jh. n. Chr. festlegen, also eine Zeitspanne von 300 bis 400 Jahren.

Bei der Veröffentlichung seiner in Amman ausgegrabenen nabatäisch-römischen Keramik bemerkt G. L. Harding: »Aufgrund der Keramik, Öllampen und Gläser kann man die Zeit auf zwei Jahrhunderte eingrenzen, d. h. 1. Jh. v./n. Chr., oder bestenfalls von 50 v. Chr. bis 50 n. Chr.,

Oboda, eine der größten nabatäischen Schalen, die gefunden wurden
Sie ist mit einem Kranzmuster und mit Palmblättern verziert.

wenn man die herodianischen Öllampen als Beweisstücke mitheranzieht. Es ist höchst eigenartig, daß man Keramik der mittleren und späten Bronzezeit, zumindest in Palästina, durch Fundzusammenhänge mit einer Genauigkeit von 25 oder 50 Jahren datieren kann, jedoch bei der wesentlich besser bekannten römischen Epoche zwei Jahrhunderte das Genaueste ist, womit wir rechnen können.«

Um mit meinen archäologischen Forschungen in Oboda weiterzukommen, mußte ich zunächst etwas Grundlegendes tun, nämlich die nabatäische Keramik so genau wie nur möglich datieren. Auf der Hochfläche von Oboda bemerkte ich einen großen besonders reich mit Scherben durchsetzten Haufen, den wir »Nabatäischer Schutthaufen Nr. 1« nannten. Die Grabungen dauerten einige Wochen, denn wir durchsiebten den losen Staub und die Aschereste zweimal sehr sorgfältig, um absolut sicherzugehen, daß auch nicht eine Münze oder sonstiger kleinster Gegenstand verlorenging, der uns vielleicht für eine Datierung sehr nützlich sein könnte. Wir förderten eine Unmenge Keramik zutage. Die frühesten Stücke waren gestempelte rhodische Krughenkel und sogenannte

Oboda, der Brennofen der nabatäischen Töpferwerkstatt
Die hellen Stellen zeigen, wo die Bogen für die Dachträger standen. Die dunklen Flecken stammen vom Brennen des Kalksteins.

megarische Becher, die spätesten waren Öllampen aus der Zeit Hadrians. Wiederum eine Zeitspanne von fast 400 Jahren!

Unter all den Scherben befanden sich auch tausende von Stücken bemalter nabatäischer Schalen. Diese hütete ich wie meinen Augapfel und während der vielen kalten Winterabende numerierte ich eigenhändig mit halb erstarrten Fingern 20000 größere und kleinere Fragmente. Die Ausbeute aus dem Schutthaufen war ermutigend und entmutigend zugleich. Keine Schutthalde hat eine klare Schichtenfolge und aus diesem Grund gelangte ich bei der Datierung zu keinem besseren Ergebnis als Agnes und George Horsfield. Andererseits widerlegte die Entdeckung von mehr als 20000 bemalten Scherben zweifelsfrei N. Gluecks Annahme, die Keramik sei östlich des Wadi Araba hergestellt und von Kaufleuten hierher gebracht worden, »die es vorzogen, aus eigenem Teller zu essen«. Der Transport so vieler Teller und Schalen, die buchstäblich hauchdünn sind, mit Kamelen über eine relativ große Strecke ist völlig unmöglich. Die logische Schlußfolgerung kann nur sein, daß sie am Ort hergestellt wurden.

Oboda, Luftaufnahme der nabatäischen Töpferwerkstatt
Man sieht die drei Teile der Einrichtung: der Brennofen, die runde Anlage für die Töpferscheibe und die Grube für die Vorbereitung des Tons.

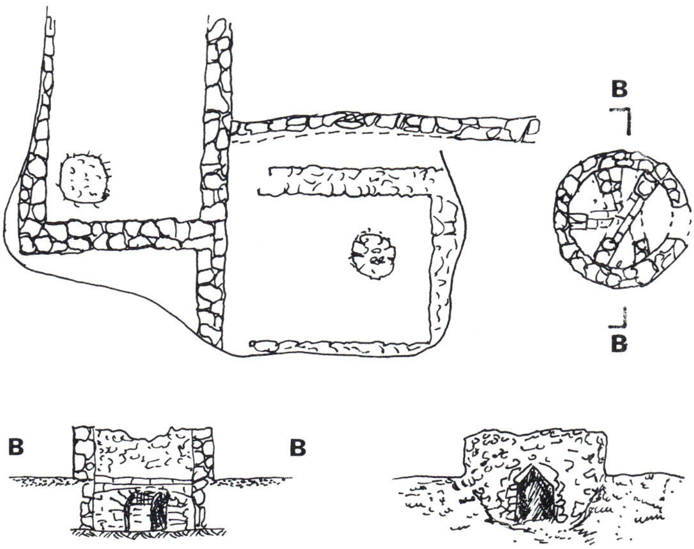

Oboda, Plan der Töpferei
Fast 20 Jahre lang war diese Töpferwerkstatt die einzige im Königreich der Nabatäer. In dem kleinen Raum diente das Becken in der Ecke für die Vorbereitung des Tons; der zweite Raum enthielt den Sockel für die Töpferscheibe und ringsum ein Bord zum Trocknen der Gefäße, ehe sie bemalt und gebrannt wurden; gleichzeitig diente dies als Ausstellung für den Verkauf. Der Brennofen wird einmal in Frontalansicht und einmal im Schnitt mit dem Bord im Hintergrund gezeigt.

Nun begann ich erbittert nach einer Töpferwerkstatt zu suchen. Stücke von Fehlbränden, woran man üblicherweise eine Töpferei erkennen kann, waren nirgends zu entdecken. Auch andere Anhaltspunkte ergaben sich nicht. Ich verbrachte den gesamten Winter und das Frühjahr 1959 mit dieser Suche, ohne meinem Ziel näher zu kommen. Dann versuchte ich es mit strenger Logik, schlüpfte sozusagen in das Gewand eines Töpfers und überlegte, wo ich einen Ofen aufstellen würde, der eine Temperatur von etwa 1000°C erzeugen muß. Der Wind kommt meist von Südwest oder Nordwest, also war westlich der Stadt keine geeignete Stelle. Viel günstiger wäre der Osten; deshalb begann ich intensiv an den östlichen Ausläufern des bebauten Geländes zu suchen, einem Landstrich von einigen hundert Metern Länge, der im Norden an das Militärlager und im Süden an das Kamelgehege grenzt.

Mit dieser Methode half ich dem Glück ein wenig nach. Normalerweise kam ich morgens immer unmittelbar nach Sonnenaufgang an der Stätte an. Der Zufall wollte es, daß ich am 6. Juli 1959 einmal noch früher eintraf, gerade als im Osten die Morgenröte aufstieg. Im milden Schein des ersten Lichtes sah ich plötzlich fünf Steine, die den Teil eines Kreises bildeten. Ich konnte meine Aufregung kaum verbergen und zog mit meinem Werkzeug den vollen Kreis nach, wobei sich ein Durchmesser von zwei Metern ergab. Nach oberflächlicher Abtragung einer dünnen Erdschicht stieß ich auf eine dicke Ascheschicht vermischt mit Keramikscherben: Der erste Brennofen einer nabatäischen Töpferei war endlich entdeckt und stand der Wissenschaft zur Verfügung!

Die dann folgende Ausgrabung der Töpferei war relativ einfach. Die Werkstatt bestand aus dem zuerst entdeckten 2 m breiten und 2 m hohen Ofen, einem Raum für die Vorbereitung der Tonerde mit noch vorhandenen Resten des Rohmaterials und einem Raum mit der Töpferscheibe und einigen Bänken, auf denen die fertige Ware möglicherweise zum Verkauf ausgestellt war. Die Fundstücke waren zwar bei weitem nicht so zahlreich wie in der Schutthalde, jedoch ziemlich gleichartig, so daß eine gute Grundlage für die Datierung der Werkstatt bestand und gleichzeitig ein Grundstein für die Chronologie nabatäischer Geschichte gefunden war.

In der Töpferei fanden wir auch zahlreiche Münzen, die frühesten aus dem 4.–3. Jh. v. Chr., die spätesten aus dem 2. Jh. n. Chr. Den Löwenanteil bildeten jedoch die Münzen aus der Zeit von Aretas IV. (9 v. Chr. –40 n. Chr.).

Außer mit der Herstellung eigener Keramik muß sich der Töpfer auch mit Importen befaßt haben; wir fanden Gefäße aus Zypern und Italien, sogar einige aus Süd-Gallien und aus dem gallisch-belgischen Raum. Auch gab es zahlreiche Tonlampen aus römischen Gußformen. Mit Hilfe

Oboda, Gesamtansicht der Akropolis nach Nordosten

all dieser Gefäße kann man die Blütezeit der Werkstatt auf etwa 25 v. Chr. bis 50 n. Chr. ansetzen. Eine noch weitere Unterteilung dieser 75 Jahre war aufgrund der mangelnden Schichtenfolge nicht möglich.

Nach diesen neuen Einsichten verstanden wir auch die anderen nabatäischen Einrichtungen in Oboda wesentlich besser. Für die Errichtung ihres Tempels wählten die Nabatäer den westlichen Bergvorsprung, der nach drei Seiten hin völlig frei steht. Die Bodenunebenheiten wurden durch eine geniale Sprengtechnik begradigt: Mit Eisenwerkzeugen bohrte man in den Felsen eine Reihe von Löchern mit etwa 10 cm Durchmesser, füllte diese mit Holz und übergoß es dann mit Wasser, was wie Dynamit wirkt. Das so weggesprengte Felsgestein konnte für bauliche Zwecke verwendet werden. Da die vorspringende Landzunge für ein großes Bauwerk zu schmal war, wurden zusätzlich drei massive Stützmauern aus großen, bearbeiteten Steinblöcken errichtet. Jede dieser Mauern wurde mit den dahinter liegenden Felsen durch eine kleinere, keilförmige Mauer verbunden. Auf diese Weise wurde der durch das Auffüllen mit Erde entstehende Druck bedeutend gemildert. Mit dieser

Oboda, Gesamtansicht der Akropolis nach Osten

Konstruktion erhielt man ein breites Podium für die Errichtung der Tempelanlage.

Am östlichen Ende der nördlichen Stützmauer befand sich ein Pförtnerhaus mit einer hölzernen Flügeltür. In den Ruinen dieses Gebäudes fand man eine Inschrift aus der Zeit von Aretas IV. zusammen mit Keramik des gleichen Typs wie in der Töpferei.

Dies war offensichtlich der Haupteingang zum Heiligtum, hier wurden auch die Tempelabgaben entrichtet. Innerhalb des Tempelbezirkes, in der Nähe des Haupttores sind Baureste, die zu einem Bad gehört haben könnten. Auch vor den Toren des Haupttempels von Petra sowie am Eingang zu dem großen Kultzentrum in Seeia (Hauran) waren Bäder angelegt. Es klingt logisch, daß man den Begleitern von Handelskarawanen, für die die Tempel erbaut wurden, auch solche Einrichtungen bot. An den beiden anderen Eingängen standen rechteckige Treppentürme, einer davon ist bis heute intakt. Solch ein Turm ist eine für die nabatäische Architektur spezifische und bis zur Perfektion entwickelte Bauform, wobei die Treppenstufen sowohl mit der Außenmauer als auch mit dem inneren Pfeiler verankert sind, was dem Bauwerk eine extrem hohe Sta-

Oboda, Luftansicht der erhöhten Tempelanlage
Man sieht die Reste des Tempels aus der spätnabatäisch-römischen Zeit. Später wurde darüber die Nordkirche erbaut.

bilität verleiht. Vor den Türmen befand sich jeweils ein kleiner Hof, teils freiliegend, teils überdacht. Die Dachkonstruktion ruhte auf vier mächtigen Pfeilern, auch eine typisch nabatäische Bauweise. Vom Vorhof führte ein durch drei Bögen überdachter Gang in den Turm. Im Turm selbst gelangte man über vier Treppenfluchten auf eine kleine Brücke, die direkt auf das Niveau des Tempelbodens führte. Die bisher beschriebenen Anlagen fanden wir in hervorragendem Erhaltungszustand. Nur der Tempel selbst wurde während der wechselvollen Geschichte durch immer neue Überbauungen stark in Mitleidenschaft gezogen. Vollständig erhalten ist jedoch noch die Säulenhalle im westlichen Teil, von wo man ein großes offenes Terrain in Richtung Westen und Nordwesten überblicken kann. Über dem genannten Bogendurchgang hat sich vermutlich die Tempelschatzkammer befunden, die man durch eine Öffnung am südlichen Ende der Säulenhalle erreichen konnte.

Der Raum ist zusammengestürzt, sein Inhalt wurde unter dem herabgefallenen Gestein sicher begraben, z. B. eine vollständige nabatäische Inschrift sowie Fragmente einer Inschrift, beide aus der Zeit von König

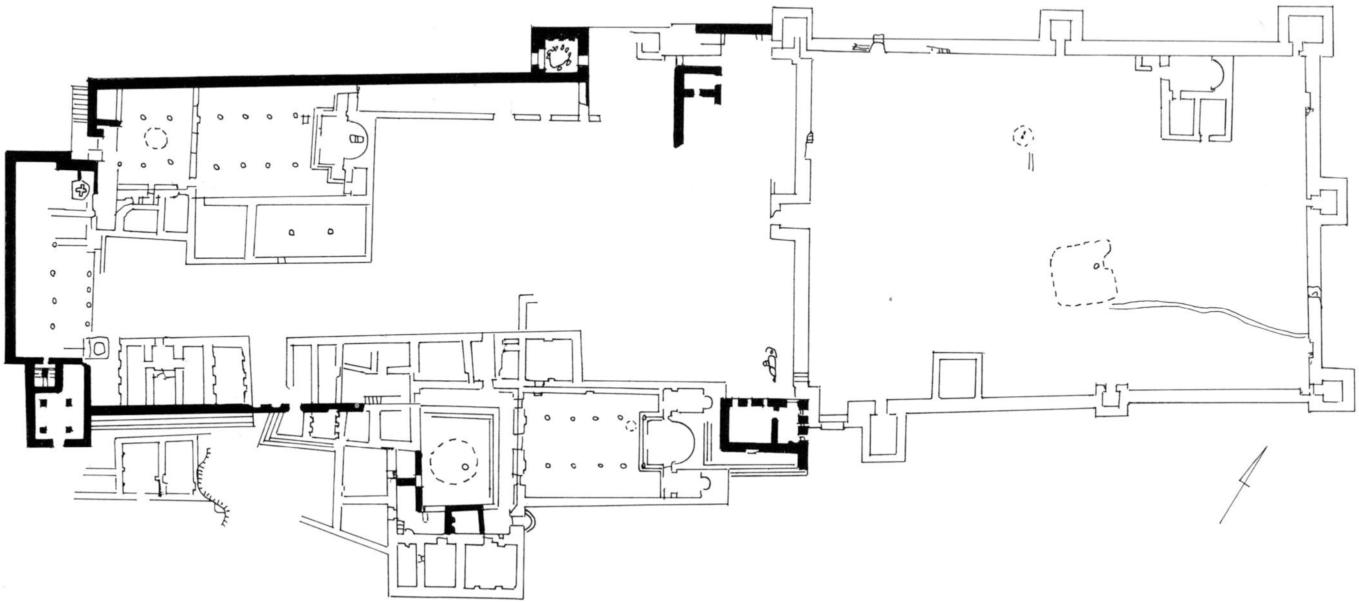

Oboda, Plan der Akropolis

In dieser Anlage lassen sich alle Besiedlungs-Perioden nachweisen: In den Spalten des Felsbodens wurden hellenistische Töpferarbeiten der frühen nabatäischen Zeit gefunden. Aus der mittelnabatäischen Periode stammen Mauerreste, das Tor und das Treppenhaus zum Tempel. Im 3. Jh. n. Chr. wurde der Tempel für Zeus und Aphrodite neu geweiht und ein Jahrhundert später entstanden zwei Kirchen und eine neue Zitadelle, die den östlichen Teil des Akropolis-Hügels beherrschte.

Oboda, Bronzelampe aus den Ruinen der Schatzkammer des nabatäischen Tempels
Auf beiden Seiten der »Schnauze« sind nabatäische Geschenkinschriften eingraviert.

Oboda, Dedikationsinschrift
Sie wurde in den Trümmern der Tempel-Schatzkammer gefunden; »Obodas und Phasail und Saadat, Söhne von Haretat«.

Aretas IV. Eines der Bruchstücke nennt das Jahr 2 der Regierungszeit von Aretas, d. h. also 7 v. Chr. Man kann deshalb die Erbauung des Tempels mit der Regierungszeit seines Vorgängers, König Obodas II., gleichsetzen. In der Schatzkammer fanden wir außerdem Scherben von wunderschön bemalten nabatäischen Schalen, importierten Sigillatagefäßen, zahlreiche Bronzen, darunter eine Bronzelampe mit einer sehr feinen nabatäischen Inschrift. Eine Bronzefigur stellt eine Göttin dar, die ihr langes, fallendes Haar hält, eine Venus-ähnliche Abbildung der nabatäischen Göttin Allat. In ähnlicher Weise war sie auf einer kleinen Goldplakette dargestellt, die wir ebenfalls unter den Trümmern der Schatzkammer fanden. Diese und zahlreiche andere Fundstücke waren mit einer dicken Schicht Asche von dem großen Brand bedeckt, dem der prächtige Tempel zum Opfer fiel. Von ihm sind nur wenige Reste in ursprünglichem Zustand. Die Säulen der Vorhalle stammen zwar von dem nabatäischen Bauwerk, wurden aber bei Errichtung eines neuen Tempels zu Ehren von Zeus Oboda und Aphrodite im 3. Jh. n. Chr. in einer anderen Anordnung wiederaufgerichtet. Das gleiche gilt für die Tür von der Säulenhalle in den Tempel. Die Pfosten mit typisch nabatäischen Kapitellen gehörten mit Sicherheit zum alten Tempel, jedoch der Türsturz mit verschiedenen griechischen Inschriften bereits zu einer späteren Anlage. Nur ein Teil der aus großen Quadersteinen erbauten Wände, die sich nördlich an die Tür anschließen, stammt noch von dem ursprünglichen Tempel.

Zu byzantinischer Zeit wurden an einer Ecke der Akropolis große Mengen Steinblöcke mit feinsten Ornamenten aufgeschichtet, wovon einige beim Bau der nördlichen Kirche auf dem Tempelplatz verwendet wurden.

Jahrelang habe ich nach einem Steinbruch Ausschau gehalten, wo das harte kristalline Gestein abgebaut wurde. Da ich ihn nicht finden konnte, schloß ich, daß die Steine von weither aus anderen Teilen des Nabatäerreiches gebracht worden sein müssen. Als ich jedoch im Jahre 1975 wieder nach Oboda kam, entdeckte ich den Steinbruch etwa 1 km nördlich der Tempelstätte am Steilhang des Berges. An dieser Stelle ist die harte Kalksteinschicht etwa 1 m stark, was der Höhe der beim Tempelbau verwendeten Steine entspricht. Ein glücklicher Zufall wollte es, daß in dem Steinbruch noch ein in der Antike herausgebrochener Block lag. Obgleich stark mit Moos überwuchert, sah man noch die mit einem scharfen Werkzeug eingeritzte Markierung in Form eines Rechtecks als Anleitung für den Steinmetz. Als jedoch bei Beginn der Bearbeitung ein Stück abbrach und man außerdem Risse feststellte, ließ man den Block einfach liegen. Am Steinbruch begann ein sanft ansteigender Pfad, der gerade breit genug war, um die Blöcke hinaufzubefördern. Auch die Säulensegmente für den Tempel stammten aus dem gleichen Steinbruch. Um das spätere Aufeinandersetzen der Säulentrommeln zu erleichtern, waren alle Teile mit einem nabatäischen Buchstaben gekennzeichnet. Im Laufe unserer Grabungstätigkeit entdeckten wir eine Menge solcher Markierungszeichen.

Mit Hilfe des Inschriftenmaterials und der Keramik war es uns möglich, die Erbauung des Tempels auf das letzte Viertel des 1. Jh. v. Chr. zu datieren, benutzt wurde er bis zur Mitte des 1. Jh. n. Chr.

Oboda, nabatäisches Militärlager vor den Ausgrabungen
Mauern, Straßen und Baracken sind klar zu erkennen.

Der zweite wichtige Komplex aus der mittleren nabatäischen Periode in Oboda war das Heerlager, im wesentlichen ein Bauwerk von 100 m im Quadrat. Von dem südlichen Tor verläuft eine breite Straße bis zur Nordwand, eine zweite kreuzt diese in Ost-West-Richtung, so daß vier gleich große Quadrate entstanden. In jedem Viertel befanden sich zwei Baracken mit je 10 Räumen. Zusätzliche Säle erstreckten sich entlang der Innenseite der Umfriedungsmauer. Am Schnittpunkt der beiden Straßen stand wahrscheinlich ein kleines Heiligtum. Außen waren die Mauern mit großen Ecktürmen und kleineren, dazwischenliegenden Türmen befestigt.

Bereits zu Beginn dieses Jahrhunderts beschrieben Musil sowie Jaussen, Savignac und Vincent diese Anlage, wobei die drei französischen Forscher sie für römisch hielten. Spätere Wissenschaftler, die ihre Forschungen auf die von Musil und den französischen Patres veröffentlichten Pläne stützten, präzisierten diese Datierung auf die Zeit nach Einnahme des Nabatäerreiches durch die Römer im Jahre 106 n. Chr. oder sogar, noch später, auf die Regierungszeit Diocletians. Bestätigung für diese

Theorie bekamen sie später durch die anscheinend runden Eck- und Mitteltürme, wie sie in früheren Plänen dargestellt waren.

Ich selbst habe zweimal an dieser Stelle gegraben, im Jahre 1959 und 1974/75. Bei Probegrabungen in verschiedenen Räumen der Mannschaftsbaracken fanden wir nichts als Gegenstände aus der mittelnabatäischen Epoche. Es gab nur wenige und dazu noch stark zerbrochene Fundstücke, was uns zu dem Schluß kommen ließ, daß die dort stationierten Truppen das Lager sehr gut aufgeräumt und ohne Rückkehrabsicht verlassen haben. Dieses Ereignis fand unserer Auffassung nach etwa 50 n. Chr. statt.

Unsere Grabungen in den Jahren 1974/75 hatten zum Ziel, den Aufbau des Lagers im einzelnen zu ergründen. Es überraschte mich überhaupt nicht, daß sich die Türme nicht als rund sondern als rechteckig herausstellten. Die früheren Forscher hatten ihre Meinung nach dem gebildet, was oberflächlich zu sehen war.

Ich habe schon mehrfach beobachtet, daß Gebäude mit rechteckigem Grundriß nach ihrem Einsturz durchaus eine rundliche Form erscheinen lassen. Im vorliegenden Falle war dieser Eindruck nicht nur durch das Einstürzen des Gebäudes, sondern auch durch menschliches Hinzutun entstanden: Wir fanden in den Trümmern zwei Münzen von Diocletian und von Constantin dem Großen. Dies läßt vermuten, daß das alte, verlassene Heerlager der Nabatäer zur Zeit der beiden römischen Kaiser als Steinbruch zur Errichtung der kleineren – bisher stets in die byzantinische Zeit datierten – Zitadelle auf der Akropolis diente. Die beim Abbruch heruntergefallenen Steine und Trümmer bewirkten die irreführende runde Form. Auf derartige Irrtümer komme ich noch bei der Behandlung der Kirchenarchitektur im Zentral-Negev zurück.

Bei der Beschreibung des Militärlagers habe ich natürlich die Existenz einer nabatäischen Armee vorausgesetzt. Nach den antiken Schriftstellern zu urteilen, kann man die Nabatäer nicht als große Krieger bezeichnen. Zum Beispiel legt Josephus Flavius dem König Herodes d. Gr. sehr scharfe Worte in den Mund bei der Ermahnung seiner Soldaten, als diese ausgerechnet durch die Nabatäer eine Niederlage erlitten hatten. Auch von Strabo hören wir: »die Araber (hiermit sind stets die Nabatäer gemeint) sind selbst zu Lande keine guten Krieger, vielmehr Krämer und Handelsleute«. (Geographie XVI, 4, 23)

Hält diese Meinung einer kritischen Betrachtung stand? Die Aufrechterhaltung eines Karawanenhandels großen Stils bedingt eine erstklassige Organisation. Die Nabatäer waren für das längste, schwierigste und gefährlichste Teilstück verantwortlich. Um diesen Handel überhaupt zu ermöglichen, hatten sie ein großes Transitlager in Nordarabien eingerichtet, welches sie Hagra (das heißt Felsen) nannten – Egra nach griechischen und lateinischen Quellen. Dieser Ort lag im Binnenland. Ferner gründeten sie einen Hafen am Roten Meer, der im klassischen Altertum unter dem Namen Leuce Come (das Weiße Dorf) bekannt war. Dann gab es die lange Handelsstraße von Arabien nach Norden, die von einer Festungskette geschützt war und in angemessenen Abständen Karawansereien und Wasserzisternen bot. Der am besten bekannte Abschnitt ist der vom Wadi Araba nach Oboda. Es gibt eine große Karawanserei und Wasserstelle in einem Ort namens Moyet Awad (die Wasser von Awad) ganz in der Nähe des Wadi Araba. Dann kommt eine kleine Festung, die den Eingang zu einer engen Schlucht schützte, durch die die Handelsroute führte. Der Name dieser Festung ist Qasr, was sowohl im Arabischen als auch Aramäischen nichts anderes als Festung bedeutet. Es folgt eine größere Festungsanlage mit einer Karawanserei und einem ausgeklügelten Wasserversorgungssystem in der Nähe. Eine weitere Festung befand sich sogar in dem engen Tal, das die heutigen Beduinen Wadi es-Siq nennen (Tal der Schlucht) und das in den sogenannten Ramon-Krater mündet. Durch diesen weiten Krater führte die Handelsroute hindurch, markiert durch Begrenzungssteine und Meilensteine.

Der steile Aufstieg aus dem Krater wurde wiederum von einem kleinen Fort überwacht, dort begann eine etwa 7 m breite, säuberlich angelegte Straße mit den gleichen Randsteinmarkierungen bis hin zum Lager von Oboda – insgesamt eine Strecke von etwa 20 km. Die Fortsetzung bildete dann die Straße nach Elusa, von wo man nach Gaza oder zu anderen Mittelmeerhäfen weiterzog.

Die Handelswege führten zum größten Teil durch Wüstenlandschaft. Räubüberfälle von anderen arabischen Stämmen, die an dem internationalen Handel nicht teilhatten, aber auch aus den eigenen Reihen der Nabatäer, drohten stets. Ein so komplizierter Handel mit den kostbarsten Gewürzen, Aromastoffen und anderen wertvollen Gütern brauchte Schutz. Daß dieser durch eine ordentliche Armee erfolgte, beweisen archäologische Daten und zahlreiche einschlägige Inschriften der Nabatäer.

Die archäologischen Funde, besonders aus dem sehr wichtigen Lager von Oboda, wurden kürzlich erneut ausgewertet. In Madaba (Moab) wurden zwei identische Exemplare einer Grabinschrift für nabatäische »strategoi« gefunden, von denen einer Lagerkommandeur in Luhith und Oboda (»Abdta« nach der Inschrift) war. Die »strategoi«, die offensichtlich nach dem Vorbild des hellenistischen Ägypten sowohl die militärische wie die zivile Verwaltung ausübten, werden auch bei Josephus und in anderen nabatäischen Inschriften erwähnt. In Zusammenhang mit familiären Schwierigkeiten im Hause des Aretas IV., dessen Tochter mit Herodes Antipas verheiratet war, verließ die arme Frau Judäa und ging zurück ins Nabatäerreich: »Alle Vorbereitungen für diese Reise wurden von den Strategoi getroffen. So war es ihr möglich, nach Arabien aufzubrechen, wobei sie von einem Strategos zum anderen mit den nötigen Transportmitteln versorgt wurde.« (Josephus, Jüdische Altertümer XVIII, 112)

Die bedeutendste Ansammlung militärischer Inschriften der Nabatäer befindet sich in Egra (Hagra) in Nordarabien. Man fand sie sowohl in den monumentalen Felsgräbern eingraviert als auch in den Felsen der Umgebung. Die dort erwähnten militärischen Titel waren: Strategos, Hipparchos, Chiliarchos und Centurion. Die ersten drei Titel waren aus dem ptolemäischen Ägypten entlehnt, der letzte stammt aus der römischen Militärterminologie. Die Aufgaben der ersten drei Ämter machten eine größere Zahl von Leuten erforderlich; die Einheiten entsprachen etwa einer Stammesorganisation, deren Rückgrat die Kamelreiter waren. Der Centurion, der eine Hundertschaft befehligte, war für den Schutz von Festungen, Karawansereien und der Karawanen selbst vorgesehen. Die Inschriften in Egra erwähnen auch einen Arzt und einen Wahrsager, ohne die keine militärische Aktion durchgeführt wurde. Wie es scheint, hatten die nabatäischen Truppen in erster Linie die Aufgabe, die Brunnen in ihrem Territorium zu verteidigen; sie unternahmen keine Kriegszüge im üblichen Sinn. Vermutlich rührt daher die Kritik der antiken Schreiber an der militärischen Leistung der Nabatäer.

Den dritten bedeutenden Komplex nach Tempel und Heerlager bilden in Oboda die großen Kamelställe auf dem südlichen Teil des Bergplateaus. Es sind mit Feldsteinen umfriedete Gelände, in denen jeweils ein kleines Gebäude stand, wohl für den Hüter. Die Nabatäer müssen Tausende von Kamelen gehalten haben. Kamele sind für den Warentransport und für die Kriegsführung in der Wüste am besten geeignet. Das Pferd haben die Nabatäer erst zu einem späteren Zeitpunkt und zu anderen Zwecken eingeführt, als der Karawanenhandel bereits seine Bedeutung verloren hatte.

Das Kamel war so wichtig, daß es den Göttern zum Opfer gebracht wurde, entweder tatsächlich oder in Form von Tonstatuetten, die man in großer Zahl an Nabatäerstätten fand.

Die drei beschriebenen Komplexe bilden ein großes Dreieck. Man würde nun erwarten, daß sich in der Mitte die Wohnhäuser befanden, jedoch gab es hierfür keine Anzeichen. In dem ganzen Gelände sind nur einige wenige, weit verstreute Baureste von Häusern. Eines davon haben wir erst kürzlich ausgegraben; es stellte sich als großes Wirtshaus aus dem

Oboda, Spuren eines mittelnabatäischen Lagers an der nordöstlichen Außenseite des Geländes
Die aufrecht stehenden Steine sind Stelen, die vermutlich nabatäische Götter symbolisieren.

3. bis 4. Jh. n. Chr. heraus. Wir hatten dieses Gebäude ausgewählt, weil es sich in unmittelbarer Nähe der Keramikwerkstatt befand und wir hofften, die Wohnung des Töpfers zu entdecken. Ein anderes Bauwerk, von dem wir glaubten, es könne ein öffentliches Gebäude gewesen sein, entpuppte sich als großes Bauerngehöft aus dem 4.–5. Jh. n. Chr. Das dritte Bauwerk lag ganz in der Nähe des Militärlagers, groß aber schwach gebaut und aufgrund der Keramikfunde wohl aus der 1. Hälfte des 1. Jh. n. Chr. Es bestand aus zahlreichen unregelmäßig angeordneten kleinen Zellen. Wir konnten nicht umhin, anzunehmen, daß es sich um ein Bordell für die schätzungsweise 2000 Soldaten handelte.

Ich brauchte einige Jahre, um zu verstehen, warum wir so wenig Spuren von Wohngebäuden fanden: Trotz der Fähigkeiten der Nabatäer, großartige Tempel zu bauen, unvergleichliche Grabmonumente zu meißeln und die beste Keramik ihrer Zeit herzustellen, lebte die Mehrheit der Bevölkerung wie ihre Vorfahren noch immer in Zelten.

Bisher konnten wir diesen Schluß nur aus dem Mangel an Wohnhäusern in Oboda und anderen nabatäischen Städten ziehen. Erst vor wenigen Monaten war es mir möglich, ein Zeltlager zu lokalisieren, das aus der mittleren nabatäischen Periode stammt.

Ich fand dieses erste große Lager mit am Boden verstreuter Keramik im Winter 1979 in Elusa, hatte jedoch noch keine Gelegenheit, Grabungen vorzunehmen, so daß mir Einzelheiten nicht bekannt sind. Ein ähnliches Zeltlager befand sich im Ostteil von Oboda, jedoch als ich es im Jahre 1975 erforschte, erkannte ich nicht, was es war, und beließ es dabei.

Ich werde mich künftig dieser Sache erneut annehmen müssen. Einem meiner Studenten gelang es jedoch, eine mittelnabatäische Zeltstadt in der Gegend von Eilat ausfindig zu machen und teilweise auszugraben.

Das Leben in Zelten war auch für reiche, verwöhnte Kaufleute wie die Nabatäer nicht so unbequem, wie man es sich vielleicht vorstellt. Die Zelte sind geräumig. Einige waren nur für Männer, andere für Besucher oder für Frauen mit ihren Kindern vorgesehen. Die dicken Zeltplanen aus Kamel- und Ziegenwolle hielten im Winter angenehm warm. Für die Sommerzeit fertigte man leichtere Zelte an. Außerdem wußten die Nabatäer wie die Beduinen, den Wind geschickt zu nutzen. Zeltleben und Luxus stehen durchaus nicht im Widerspruch. Es wäre für die Nabatäer ein leichtes gewesen, die seit Hunderten von Jahren gepflegte Lebensart aufzugeben und ihre Zelte gegen dauerhafte Häuser einzutauschen.

Vermutlich werden jedoch noch manche Jahre vergehen, manche Ausgrabungen erfolgen müssen, bis meine Berufskollegen schließlich diese einfache Wahrheit akzeptieren.

Das Ende der mittelnabatäischen Periode in Oboda

Aufgrund der Inschriftenfunde, der Einstellung der Produktion bemalter Keramik und der Münzgeschichte datiere ich das Ende der mittleren Periode in Oboda auf etwa 50 n. Chr.

Weil die Aufgabe dieses Ortes offensichtlich mit einer Brandkatastrophe einherging, nehme ich an, daß Oboda durch eindringende arabische Stämme zerstört wurde. In der Umgebung von Oboda fanden wir nämlich thamudische und safaitische Inschriften in den Felsen. Dies sind zwei Schriftarten aus Süd-Arabien.

Da diese Neuankömmlinge nomadische Hirten waren, brannten sie die Stadt, für die sie keine Verwendung hatten, nieder und bemächtigten sich lediglich der lebenswichtigen Zisternen. Die mittelnabatäische Periode, die man auch die »klassische« nennen kann, hätte demnach etwa von 25 v. Chr. bis 70 n. Chr. gedauert.

Obwohl ich diese Chronologie zunächst nur als Richtschnur für meine Arbeit im Negev aufgestellt habe, wurde sie inzwischen auch von Archäologen aufgegriffen, die sich mit der Nabatäerforschung jenseits des Wadi Araba befassen.

Ich habe mich sehr bemüht, einen Weg zu finden, wie man meine Daten auf ihre Richtigkeit prüfen könnte. Beim Studium des schon Anfang unseres Jahrhunderts in der nabatäischen Nekropole Egra entdeckten Materials konnte ich die Geschichte dieses wichtigen Handelszentrums, die sich in den mehr als 30 datierten Grabinschriften widerspiegelt, unter die Lupe nehmen. Die Zeit, in der diese Grabstätten in Egra erbaut wurden, erstreckt sich von 1 bis 75 n. Chr. Auf die späte Regierungszeit von Aretas, d. h. die Jahre 25 bis 40, entfallen 16 dieser Gräber.

In die Regierungszeit seines Sohnes Malichus II. (40–70 n. Chr.) gehören 8 Monumente, während aus den ersten 5 Jahren der Regierungszeit von Rabel II. (70–75 n. Chr.) nur 3 datierte Grabbauten gefunden wurden. Dies bedeutet, daß nach dem Tod von Aretas IV. die nabatäischen Aktivitäten in Egra nachließen, zumindest bezüglich der Grabbauten. Die Beobachtung entspricht weitgehend der Kriegsgeschichte des Ortes. Die ranghöchsten Offiziere während der ersten 25 Jahre [der

Benutzung] der Nekropole waren Centurion und Chiliarchos, die dem Hauptmann und Major in einer modernen Armee gleichkommen. Plötzlich, ab dem Jahr 27 n. Chr., erscheinen zahlreiche Strageoi und Hipparchoi, die beide dem Rang von Generälen entsprechen, die in Grabinschriften und in den Felsinschriften der Umgebung genannt werden. Die Beduinen nennen diese Stelle bis auf den heutigen Tag Kubur el-Jindi, d. h. »Gräber der Soldaten«.

Der Verlegung eines großen Truppenteiles in diese Gegend Arabiens gegen Ende der Regierungszeit Aretas IV. muß ein akutes Ereignis vorangegangen sein. Es ist durchaus möglich, daß die im Heerlager von Oboda stationierten Truppen damals eiligst hierher beordert wurden, um einen hartnäckigen Feind abzuwehren. Als feindliche Macht kommen meiner Ansicht nach nur arabische Stämme in Frage, die den Wohlstand und die staatliche Ordnung des nabatäischen Königreiches bedrohten. Daß die Nabatäer bei ihrem Versuch, den Feinden den Weg zu verlegen, nicht erfolgreich waren, kann man aus der Tatsache schließen, daß ihre Aktivitäten in Egra – insbesondere bei der Errichtung von Gräbern – nach dem Tode Aretas IV. stark zurückgingen und ab 75 n. Chr. völlig eingestellt wurden.

Tausende von thamudischen und safaitischen Inschriften, die die Felsen in Süd-Arabien, Edom, im Hauran und sogar im Zentral-Negev und im südlichen Sinai bedecken, zeugen davon, daß kein Teil des Nabatäerreiches von der Katastrophe verschont geblieben ist.

Ein seltener Glücksfall ließ mich noch ein weiteres Beweismittel für meine Datierung der Zerstörung von Oboda im Jahr 50 n. Chr. finden: Bei der Untersuchung von nabatäischen Münzen fand ich starke Schwankungen im Silbergehalt. Er betrug im Jahr 49 n. Chr. 42 %. Schon im folgenden Jahr fiel er auf 20 % und blieb 23 Jahre lang auf diesem niedrigen Stand bis 73 n. Chr., wonach der Silbergehalt wieder auf 42 % stieg.

Nach meiner Zeiteinteilung, fußend auf archäologischen Daten, dauerte das Werk der Verwüstung durch die eindringenden Feinde bis etwa 70 n. Chr., als nach der Thronbesteigung durch Rabel II. Oboda wieder auflebt. Hiermit wollen wir uns noch in einem späteren Kapitel genauer befassen.

Künstlerisches Schaffen in der mittelnabatäischen Periode in Oboda

Die wohl berühmteste Schöpfung nabatäischer Töpfer ist ihre bemalte Keramik. Man findet hauptsächlich Schalen mit halbrundem Profil, manchmal mit leicht eingezogenem Bodenteil. Seltener sind steilwandige Schalen und Tassen mit winzigen Henkeln, noch seltener sind bemalte Krüge. Mit Ausnahme der Krüge und einiger Tassen, die auf der Außenseite bemalt wurden, tragen alle Gefäße die Muster auf der Innenseite. Die meisten Stücke dieser Ware sind hauchdünn gearbeitet mit nur 1 bis 2 mm Stärke. Offenbar waren sie nur für einmaligen Gebrauch bei einer rituellen Handlung bestimmt und sollten danach nicht mehr benutzt werden.

Solche dünnwandigen Gefäße konnten nicht frei auf der Töpferscheibe gedreht werden. Sie wurden mit einer kombinierten Technik aus Überformen und Abdrehen hergestellt. Der fein geschlämmte Ton wurde außen über einen Formkern geschmiert und, sobald er lederhart war, an der Außenseite auf schnelldrehender Scheibe bearbeitet. Dies erklärt auch, warum man Drehspuren nur an den Gefäßaußenseiten findet. Schließlich wurde das Stück vom Formkern abgehoben und bemalt, entweder bei langsamer Umdrehung oder Stillstand der Töpferscheibe, je nach Verlauf und Art des Musters.

Es gab keine Möglichkeit, die Herstellung zu beschleunigen, sondern jedes Gefäß mußte individuell behandelt werden – trotzdem hat man erstaunlich große Mengen bemalter Tonwaren an zahlreichen nabatäischen Stätten gefunden.

Üblicherweise hatten Gefäße für den Hausgebrauch Durchmesser von 16 bis 24 cm, aber es gibt auch einige Exemplare von ungewöhnlicher Größe. Bei Totenfeiern (»Leichenschmaus«) wurde eine ziemlich einheitliche Form von etwa 20 cm Durchmesser benutzt. In den Ruinen des Tempels von Oboda wurde auch eine kleine bemalte Schale von nur 6–8 cm Größe gefunden, die höchstwahrscheinlich kultischen Zwecken diente.

Die Fülle der Dekors reicht von rein naturalistischen bis zu stark stilisierten Motiven, wobei die naturalistischen Muster recht selten sind und

Oboda, bemalte Tasse aus der Töpferei
Üblich waren bemalte Schalen und Teller, aber es gab auch verzierte Tassen und Krüge. Dies ist eine typische Tasse mit flachem, runden Fuß und zwei kleinen Henkeln als Zierde. Die Tassen haben einen Durchmesser von 10–12 cm; das Dekor ist immer innen und auf orangefarbigem Grund in rosa-rötlichbraunem Ton aufgemalt.

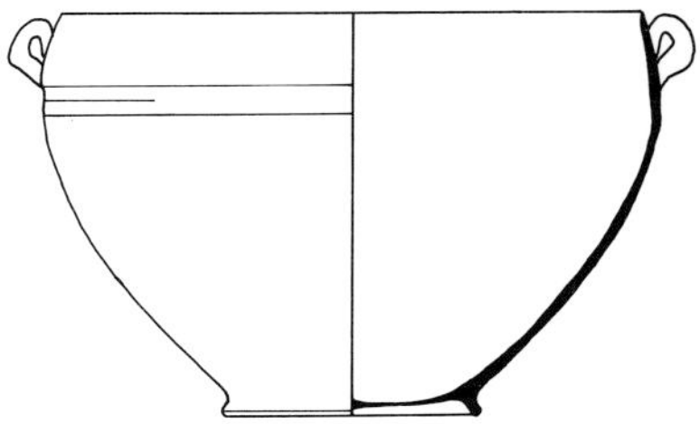

a) Oboda, nabatäische Töpfermalerei
Dies ist eines der häufigen Motive – trotzdem ist nicht alles verständlich. Zwischen die drei Palmblätter sind Doppelkegel gemalt, die vielleicht (heilige?) Berggipfel symbolisieren. Innerhalb der »Berggipfel« sind jeweils mehrere »Tupfer« so angeordnet, daß man an Weintrauben denkt. Die wertvolleren Schalen haben feine Linien im Untergrund. Bei solchen, die nur zum einmaligen Gebrauch bestimmt waren – etwa zum Totenmahl auf dem Friedhof – fehlen diese Linien.

b) Oboda, eine besondere Schale
Manchmal wich ein nabatäischer Maler von der Routine ab: hier verwendet er das Hauptmotiv der Efeublätter siebenmal, anstatt in der üblichen Dreierkombination. Eine ungewöhnliche Variante.

c) Oboda, bemalte Schale aus der Töpferei
Die Keramik der Nabatäer war meist mit Pflanzenmustern verziert. Manchmal ist das Motiv so stilisiert, daß man das ursprüngliche Muster nicht mehr feststellen kann. Auf dieser Schale jedoch sind Palmzweige mit Dattelbündeln dazwischen leicht zu erkennen. Der Kranz um den Schalenrand und die Rosette in der Mitte sind typisch nabatäische Motive.

d) Oboda, bemalte Schale aus der Töpferei
Die nabatäischen Maler in Oboda besaßen einen ausgeprägten Sinn für Symmetrie: die Motive waren entweder konzentrisch angeordnet oder strahlenförmig von der Mitte ausgehend. Meist war die Zeichnung ziemlich statisch, manchmal aber – wie auf dieser Schale – waren die Blätter dargestellt, als bewege sie ein zarter Windhauch.

a

b

c

d

hauptsächlich auf halbkugeligen Schalen und kleinen Tassen vorkommen. Das Material dieser Gefäße ist orangefarben mit rötlicher Bemalung, wogegen bei den stilisierten Mustern eine dunklere rote Tonfarbe und eine rotbraune Bemalung vorherrscht.

Die nabatäischen Künstler wählten bei der Bemalung gern eine Flächenaufteilung in drei Felder oder in ein Vielfaches von drei. Bei Schalen mit naturalistischen Mustern verlaufen z. B. drei große Blattranken vom Mittelpunkt ausgehend zum Rand; drei kleinere Zweige finden sich jeweils in den Zwischenräumen. Hieraus entwickelte sich wahrscheinlich ein Schalentyp mit halbrundem Profil und leicht eingezogenem Boden, bei dem die Muster vom Mittelpunkt strahlenförmig zum Rand verlaufen, bestehend aus 3, 6, 9 oder 12 stilisierten Blattranken und anderen Blättermotiven dazwischen.

Der Rand ist hierbei meist mit einem umlaufenden Blätterkranz verziert, der an Olivenzweige erinnert. Zuweilen kommt ein zusätzlicher Kranz zwischen dem Hauptdekor und dem Randmuster vor. Der Ölzweig scheint bei den Nabatäern ein sehr beliebtes Schmuckelement gewesen zu sein: man findet ihn auch an Kapitellen der Tempel von Oboda und bei Goldschmuck. Die Variationen dieses Motivs scheinen unerschöpflich; die Muster werden teilweise sehr steif, wie erstarrt, dargestellt, teilweise wie von einem sanften Wind durchweht mit einer Neigung im oder gegen den Uhrzeigersinn. Zum Teil wurden die Muster so aufgetragen, als seien sie von einem Wirbelwind bewegt. Die Blattranken wurden in einigen Fällen durch Kreise aus Punkten ersetzt, wobei sich dann im Mittelpunkt der Schale eine große vielstrahlige Rosette befindet. Sehr oft ähneln die Blätterzweige Palmetten und einige Male sind Dattelstauden hinzugefügt, als ob hiermit eine gewisse Absicht des Malers zum Ausdruck gebracht werden sollte. Bei der Darstellung von Palmetten haben die Künstler sehr viel Phantasie entwickelt und zum Beispiel manchmal sechs Zweige sternförmig angeordnet. Weitere sehr verbreitete Schmuckelemente sind »Zypressen«, Zweige mit »Mandeln« und der »Granatapfel«. Ein sehr gängiges Motiv in Oboda, wenn auch nicht in der dort entdeckten Töpferwerkstatt hergestellt, besteht aus großen Palmetten und Gebilden, die man wohl am ehesten als Weintrauben ansehen könnte. Dieser Schalentyp ist für Mampsis noch typischer als für Oboda.

Ich rechne mit der Möglichkeit, daß es in Oboda noch weitere Töpfereien gab, jedoch habe ich wegen des Aufwandes und der Kosten für Gefäßrekonstruktionen, Zeichnungen, Photographien und Veröffentlichung bewußt davon abgesehen, dieser Frage intensiver nachzugehen.

Oboda, Kapitell einer tragenden Säule im nabatäischen Tempel
Der dekorative Schmuck wiederholt sich oft in nabatäischer Keramik und Steinmetzkunst.

Nabatäische bemalte Töpferware
Die Schale links stammt aus der Sammlung von Oboda, die rechts aus der Nekropole von Mampsis. Beiden gemeinsam ist die ausdrucksvolle Darstellung stilisierter Pflanzenmotive.

Oboda, nabatäisch bemalte Schale. (Rekonstruktion von Yael Goldfarb-Avi-Yonah)
Die schönen Töpferarbeiten mit ihrer klaren Zeichnung lassen sich gut nach den verschiedenen dekorativen Mustern einteilen. Immer wieder versuchten nabatäische Maler jedoch auch, eigenständige Muster, wie dieses, zu erfinden. Man kann Dattelbüschel mit symmetrisch angeordneten Palmzweigen erkennen.

Zweifellos sind 75 Jahre Geschichte für einen Keramiktyp eine lange Zeitspanne und es müssen sich noch einige abweichende Typen entwikkelt haben, jedoch die Beschaffenheit der archäologischen Schichten in

Oboda ließ weder eine weitergehende Unterteilung der Keramiktypen noch eine zeitliche Zuordnung derselben zu.

Wer waren die Schöpfer dieser Keramik? Weder bei der sakralen noch der Grabarchitektur haben wir Zweifel, daß es sich um Nabatäer handelte. Die behauenen Grabfassaden in Egra waren sogar von nabatäischen Steinmetzen signiert und auch in den Ruinen des nabatäischen Tempels von Iram in Süd-Jordanien haben Architekten, Bauherren, Stukkateure und Maler ihre Namen hinterlassen, die sämtlich nabatäisch sind. Ebenfalls nabatäischer Herkunft waren sogar die Erbauer eines neueren Tempels in Oboda aus der Mitte des 3. Jahrhunderts n. Chr. Bezüglich der Keramik hatten wir bisher jedoch keine so glückliche Hand, so daß noch viele Fragen für Spekulationen offen bleiben. Es gibt kein einziges bemaltes Gefäß mit einer Signatur von der Hand eines nabatäischen Töpfers!

Trotzdem bestehen keine ernsthaften Zweifel, daß auch diese Kunstrichtung rein nabatäischen Ursprungs ist.

Ich habe bereits erwähnt, daß einige Ornamente auf den Tonwaren auch in Steinmetz- und Goldschmiedearbeiten wiederkehren. Diese Tatsache allein könnte schon als Beweis dafür dienen, daß auch die Keramik von den gleichen Nabatäern gefertigt wurde.

Vor Jahren, als ich meine Doktorarbeit über die Chronologie der nabatäischen Keramik schrieb, habe ich unterstellt, daß die Töpfer möglicherweise aus Alexandria stammten. In der Zeit der Eroberung Ägyptens durch Kaiser Augustus starben die hellenistischen Schulen des Landes langsam aus und es entstanden die bedeutenden Keramikwerkstätten von Arezzo und Pozzuoli (in der Antike Arretium und Puteoli) in Italien. Die Eigentümer dieser Werkstätten waren Römer, aber die Arbeiter, die ihre Werke signierten, waren zumeist Griechen. Es ist durchaus möglich, daß alexandrinische Töpfer nicht nur nach Rom gingen, sondern daß einige auch von reichen Nabatäern angeworben wurden. In Nabatäa produzierten sie dann neue Keramiktypen, jedoch in Anlehnung an den Stil der hellenistisch-frührömischen Zeit. Sie arbeiteten weiterhin mit all den Schmuckelementen, die ihnen von jeher vertraut waren, entwickelten jedoch, angeregt durch die Landschaftsform ihrer neuen Umgebung, neue Muster, kombinierten diese mit den hergebrachten und schufen so einen neuen Typ bemalter Keramik. Das Beweisstück, das ich zur Unterstützung dieser Theorie anführen könnte, sind einige Graffiti in Griechisch, wo das Wort ABD erscheint, welches sehr wohl ein nabatäischer Name sein kann.

Inzwischen bin ich von dieser Auslegung nicht mehr überzeugt und neige mehr dazu, an den eigenständigen Erfindergeist der Nabatäer zu

Oboda, ein Becher in nabatäischer Sigillata-Technik
Die weitaus größte Zahl der in dieser Technik hergestellten Gefäße wurden in Oboda gefunden. Der sehr feine Ton wurde mit einer bräunlichen Glasur überzogen, die nicht abblätterte. Dieser Becher steht auf drei Füßen aus Gelenk-Knochen. Die Verzierungen sind in einer »Glasschneide«-Technik angebracht, die auch in anderen Formen und auf vielen Scherben in Oboda gefunden wurden.

glauben. Noch immer fällt aber die Erklärung schwer, warum ein Volk, das jahrhundertelang keinerlei Töpferwaren geschaffen hat, eines Tages begann, die beste Keramik seiner Zeit herzustellen. Dies ist jedoch nicht das einzige schwer begreifliche Phänomen in der nabatäischen Kultur.

Die bemalte Keramik ist nur ein Typus aus der Vielzahl der Produkte. Tatsächlich haben die Nabatäer alle erdenklichen Gefäßarten hergestellt, ganz nach dem Bedarf und Geschmack eines damaligen reichen Haushaltes (wenngleich von Zeltbewohnern!). Da gibt es Koch- und Schmortöpfe verschiedenster Dicke, Bratpfannen und Backformen, zahlloses Geschirr und Tassen zum Servieren fester und flüssiger Speisen, Krüge mit Siebeinsatz an Ausguß oder Hals – offensichtlich zum Auffangen grober Rückstände bei Getränken (Bier?), kleine Krüge und Fläschchen für Öle, winzige Schälchen für Gewürze – um nur einige Gefäßtypen zu erwähnen.

Und wenn dies nicht genügte, wurde auch importiert. Obwohl die Nabatäer eigene, mit ihren typischen Symbolen verzierte Öllampen herstellten, importierten sie auch Lampen aus dem benachbarten Judäa sowie die berühmten Lampen aus Italien. Aus der letztgenannten Quelle stammen auch die rotglänzenden Sigillataschalen und -kratere. Es wurden große Mengen der in der wissenschaftlichen Literatur mit »Eastern Sigillata A« bezeichneten Ware gefunden, die meiner Meinung nach am Ort selbst hergestellt wurde.

Einer meiner Doktoranden, J. Gunneweg, hat jedoch unlängst entdeckt, daß alle diese Stücke aus dem Osten Zyperns importiert wurden. (Es könnte sein, daß diese einfachen Gefäße statt der sonst üblichen Sandsäcke als Ballast für die Segelschiffe dienten, die Korn aus Ägypten oder kostbare Fracht aus dem Orient gebracht hatten und nicht leer zurücksegeln konnten.) Als Herkunftsland für eine andere Art von bräunlicher Keramik, der ich die Bezeichnung »nabatäische Sigillata« gegeben habe und von der in Oboda beträchtliche Mengen gefunden wurden, hat sich ebenfalls Zypern erwiesen. Reiche Nabatäer haben sogar aus Europa eine neue und seltene Art von Pfanne eingeführt, die in ihrer Beschaffenheit an gußeiserne Bratpfanne erinnert. Die Innenseiten dieser Pfannen waren mit einer Glasur von spezifisch rotem Farbton überzogen, die man als »Pompejanisches Rot« bezeichnet.

Erst wenn man sich die Vielfalt der Funde von Oboda vor Augen hält, wird klar, welch ein reiches Volk die Nabatäer gewesen sein müssen.

Oboda als Knotenpunkt im internationalen Handel

Oboda war in der mittleren nabatäischen Periode einer der wichtigen Umschlagplätze im internationalen Gewürzhandel. Die Stationen in diesem Netz waren unterschiedlich groß, je nach ihrer Lage. Orte von der Größe Obodas mußten in Abständen von 2 bis 3 Tagesmärschen voneinander entfernt liegen. Wichtigste Merkmale solcher Stützpunkte waren Einrichtungen für die Versorgung der Karawanen mit ihren Tieren, ein Lager oder eine Festung für die Unterbringung der Truppen, die zum Schutz der Karawanen nötig waren – und ein Tempel. Letzterer erfüllte meiner Meinung nach mehr als nur religiöse Funktionen. Die Nabatäer handelten mit sehr kostbaren Gütern und ebenso kostspielig waren die entlang der Karawanenstraße gebotenen Dienstleistungen, wie wir von antiken Berichterstattern wissen: ein Zehntel des mitgeführten Warenwertes mußte an die Torhüter der Tempel gezahlt werden, zusätzlich ein Zehntel an deren Helfer. Man zahlte für Unterbringung und Verpflegung. Daher hätten die Karawanen, die viele Monate unterwegs waren, außer ihrer teuren Fracht Säcke voll Silber mit sich führen müssen, um diese Ausgaben zu bestreiten, wodurch sie sich zusätzliche Gefahren ausgesetzt hätten. Um diese Bedrohungen so gering wie möglich zu halten, müssen die Nabatäer – ein sehr vernünftiges Volk nach Strabo – ein Bankensystem aufgebaut haben, wodurch sich die Karawanenführer etappenweise das erforderliche Geld beschaffen konnten.

Betrachtet man die Karawanenstraßen von Egra nach Petra und weiter nach Damaskus oder die Straße von Nordarabien nach Gaza, so stellt man fest, daß die augenfälligsten nabatäischen Gebäude entlang dieser Strekken Tempel sind.

In frührömischer Zeit, die mit der mittleren nabatäischen Periode zusammenfällt, war das private Bankwesen bereits etabliert, jedoch scheint es, daß die Nabatäer das frühere klassische System beibehalten haben, bei dem die Tempelschatzkammer gleichzeitig als Bank fungierte. Inschriftenfunde in Egra bestätigen dies. Grabschänder wurden zur Zahlung großer Summen verurteilt als Strafe für den Mißbrauch einer Totenstätte. Nach Aussage der Inschriften, die eine Wiedergabe gesetzlicher

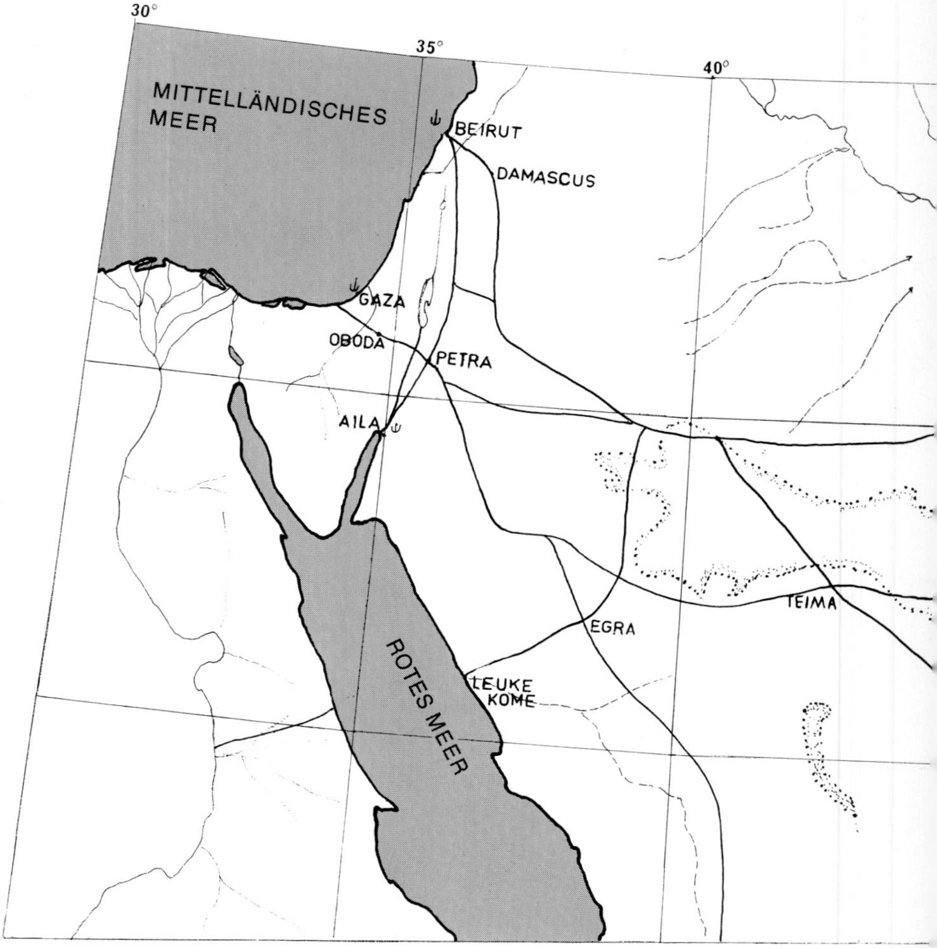

Die alten Handelsstraßen

Karawanen-Wege waren die Voraussetzung für Handel und Wohlstand in der frühen und mittleren nabatäischen Zeit. Schiffe mit Gewürzen und Duftstoffen aus dem fernen Osten liefen die Häfen Süd-Arabiens und an der Westküste des Persischen Golfs an. Dann wurden die Güter mit Kamelen bis nach Nordarabien weitertransportiert, wo die Nabatäer die Waren übernahmen um sie über Petra in den Negev oder nach Süd-Syrien zu bringen.

Dokumente waren, mußten die Strafen an den König, an den örtlichen Gouverneur, meistens aber an den Tempel gezahlt werden.

Außer den genannten Einrichtungen mußten die Karawanenstationen über ausreichende Trinkwasservorkommen verfügen. So liegen im nabatäischen Oboda Wasserstellen über ein großes Gebiet verstreut. Wenn die

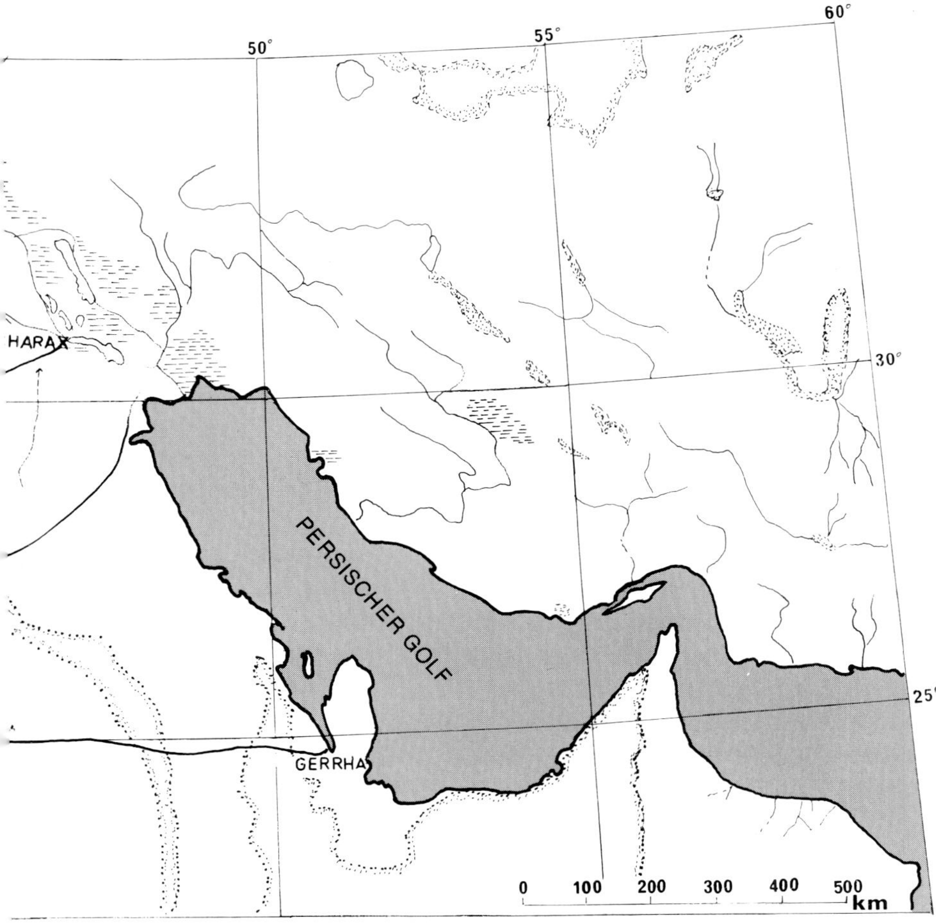

Regenfälle die Zisternen in einem Teil des Gebietes nicht zu füllen vermochten, gab es eine gute Chance, daß einige der übrigen Reservoirs voll waren. Praktisch war dies alles, was an einer Station benötigt wurde.

Andere Einrichtungen, wie Keramikwerkstätten, waren Nebenerscheinungen von zweitrangiger Bedeutung und es ist zu bezweifeln, ob jeder große Karawanenhalteplatz eine Töpferei besaß. Oboda ist bisher die einzige größere Karawanenstätte des gesamten Nabatäerreiches, die näher untersucht wurde.

Nabatäische Religion

Hier sollte man etwas über den nabatäischen Tempel und Gottesdienst sagen. Spätere Generationen in Oboda, besonders während des frühen Christentums, richteten großen Schaden am Tempel an. Aber auch wenn dies nicht geschehen wäre, wüßten wir sehr wenig über religiöse Bräuche der Nabatäer. Die antiken Quellen überliefern uns nur eine knappe Bemerkung von Strabo: »Sie beteten die Sonne an, indem sie auf dem Dach ihres Hauses einen Altar errichteten und täglich Trankopfer darbrachten und Weihrauch verbrannten.« (Geographie XVI, 4, 26)

Oboda, nabatäische Zisterne in der Nähe der Stadt
Die schmale Nische mit der Stele in der Mitte symbolisiert Dushara, den Beschützer des Wassers.

Oboda, einer der drei Zugänge zum nabatäischen Tempel, bei Beginn der Ausgrabungen 1958.

Haupttor des nabatäisch-römischen Tempels
Über dem Tor sind im Türsturz acht Stifter-Inschriften eingraviert, eine mit Datum A. D. 267–8.

Oboda, der Altar des nabatäischen und nabatäisch-spätrömischen Tempels
Er wurde zur Opferung von kleinen Tieren und Federvieh verwendet; die flachen Rinnen leiteten das Tierblut in die kleine Mulde.

Oboda, spätnabatäischer Trankopfer-Altar (?)
Er wurde in einer nabatäischen „Farm" in der Nähe der Stadt gefunden.

Ferner kennen wir einige Götternamen: Dushara (Dusares in griechisch), der Hauptgott von Edom (Shara bedeutet Edom). Er wurde oft als aufrechte Steinstele dargestellt und galt als Beschützer des Wassers. Er wurde mit dem Bacchus-Kult in Verbindung gebracht und hatte wie Zeus örtlich verschiedene Beinamen. Seine Gemahlin war Allat, auch die »große Göttin« genannt und mit Venus bzw. Astarte oder Atargatis identifiziert. Aus Syrien stammt Baal Shamin, der Herr der Himmel, der hauptsächlich im Haurangebiet verehrt wurde aber auch in den südlichen Teilen des nabatäischen Königreiches. Es gab noch zahlreiche andere Götter und Göttinnen, deren Funktionen uns nicht bekannt sind.

Der Gottesdienst kann nur anhand von archäologischen Funden rekonstruiert werden. Grundstätzlich gab es zwei Tempeltypen. Der eine herrschte in Edom und Moab vor und war dreigeteilt: Vorhalle (pronaos), Altarraum (naos) und Allerheiligstes (adyton). Hier setzt sich eine alte kanaanitische und israelitische Tradition fort.

Der andere Typ war eher im Norden üblich und bestand aus drei ineinander verschachtelten rechteckigen Gebäuden, wobei das innerste das Allerheiligste war. Meistens befand sich vor dem Tempel ein großer Vorhof, auf dem ein Opferaltar stand. Entlang der Umfriedungsmauern verliefen Bänke. Außerdem standen an der Hauptfassade des Tempels Treppentürme. Eine vorgeschriebene Ausrichtung des Gebäudes in eine bestimmte Himmelsrichtung scheint es bei den Nabatäern nicht gegeben zu haben. Neben dem Hauptaltar wurden an manchen nabatäischen Stätten noch kleine Weihrauchaltäre gefunden, wie sie in Südarabien und früheren Kulturen im Nahen Osten üblich waren.

Der Gottesdienst lief vermutlich folgendermaßen ab: Man begann mit einer feierlichen Prozession über die Treppentürme bis auf das Tempeldach, wo Trankopfer dargebracht und Weihrauch verbrannt wurden. Danach wurde ein Tier auf dem Altar im Vorhof geopfert und es fand ein Festmahl statt, bei dem man auf den Bänken mit Blick auf den Altar Platz nahm. In Oboda könnte die Weihrauchverbrennung auch in der Säulenhalle erfolgt sein, die man über zwei seitliche Treppen an der westlichen Stützmauer erreichte.

Vom Tempel selbst ist in Oboda nur der Fußboden erhalten geblieben. Hier fanden wir einen Altarstein mit einer beckenartigen Vertiefung an einem Ende und eingeschlagenen Rinnen, die das Blut in dieses Becken leiteten. Die Altargröße reichte für die Opferung einer Ziege oder eines Lammes aus.

Ferner befanden sich zwei kleine Trankopferaltäre mit Spuren verbrannten Weihrauchs in den Tempelruinen, einer davon mit einer Weihinschrift.

Wegen des schlechten Erhaltungszustandes der Tempelanlage ist es schwer zu sagen, wo die Festmähler eingenommen wurden. Ein rechteckiger Schacht, der in das Hofpflaster eingelassen war, diente vermutlich für Knochenabfälle und Asche.

Derartige Einrichtungen gibt es auch bei anderen nabatäischen Tempeln.

Nabatäische Renaissance

Um 50 n. Chr. wurde das Nabatäerreich von fremden Araberstämmen überrannt und zerstört. Diese Invasion war das Ergebnis langer Kämpfe. Ich habe bereits von dem Feldzug des Aelius Gallus gegen die Araber im Jahre 25 v. Chr. berichtet. Das Scheitern dieses Unternehmens konnte die Römer jedoch nur vorübergehend aufhalten, denn sie bezahlten die Luxusgüter aus dem Osten viel zu teuer. Plinius sagt hierzu: »Selbst bei günstigster Rechnung erhalten Indien, China und die arabische Halbinsel aus unserem Reich 100 Millionen Sesterzen jährlich. Diese Summe kosten uns unser Luxus und unsere Frauen. Denn welch ein Bruchteil hiervon, frage ich euch, geht an die Götter oder die Mächte der Unterwelt?« (Naturgeschichte XII, 84)

Je mehr die Römer zahlen mußten, desto begieriger wurden sie, selbst ihre Hand auf die Quellen des Reichtums zu legen. Ihre Schwierigkeit bestand darin, das Rote Meer, das immer wieder von tückischen Stürmen heimgesucht wurde, mit eigenen (Segel-)Schiffen zu befahren.

Es dauerte einige Jahrzehnte, bis die Römer mit diesem Problem fertig wurden, aber schließlich hatten sie Erfolg. Hierauf bezieht sich Strabo, wenn er schreibt: »Die Güter wurden von Leuce Come nach Petra gebracht und von dort nach Rhinocolura (el-Arish), das in Phoenicia bei Ägypten liegt, und von dort zu den anderen Völkern. Aber gegenwärtig wird ein großer Teil auf dem Nil bis Alexandria befördert und aus Arabien und Indien an Land gebracht werden sie im Hafen von Myos.« (Geographie XVI, 4, 24)

Strabo selbst besuchte Ägypten zwischen 25 v. Chr. und 10 n. Chr., als er an einer Forschungsexpedition seines Freundes Aelius Gallus, Statthalter in Ägypten, teilnahm. In dem oben zitierten Absatz scheint Strabo auf eine Änderung der Situation hinzuweisen, die zu seiner Zeit stattfand: zu Anfang seines Aufenthaltes in Ägypten, als die Expedition des Aelius Gallus stattfinden sollte, wurden die Güter noch über Landwege von Arabien nach Petra gebracht, von dort zum Negev und nach Rhinocolura, von wo sie mit Schiffen zu den anderen Völkern befördert wurden. Aber am Ende seines Aufenthaltes kam die große Wende, die meisten

Güter wurden nun per Schiff direkt von Arabien (und möglicherweise sogar von Indien) zum Hafen Myos an der ägyptischen Küste des Roten Meeres gebracht, von dort zum Nil und dann flußabwärts nach Alexandria. Mit Sicherheit war diese Änderung der Todesstoß für den nabatäischen Gewürzhandel.

Auch in diesem Fall sind die Ergebnisse meiner Untersuchungen des Silbergehaltes nabatäischer Münzen sehr aufschlußreich: In der Frühzeit, d. h. etwa um 60 v. Chr., war der Silbergehalt mit 95–80% sehr hoch und hielt mit dem römischen Denar Schritt.

Die Gründe hierfür sind offensichtlich. Um die hohen Kosten durch den Gewürzhandel bestreiten zu können, mußte eine adäquate Währung geschaffen werden und die Nabatäer hatten keine andere Wahl, als sich dem internationalen, von Rom bestimmten Standard anzupassen. Daher entsprach der nabatäische »Sela« (= Denar) der römischen Silberwährung mit nur geringfügiger Abweichung. Im Jahr 7 n. Chr. sank der Silbergehalt drastisch, er hat bis zum Ende des nabatäischen Münzwesens um etwa 100 n. Chr. den Stand von etwa 42% nicht mehr überschritten. Das Jahr 7 n. Chr. war ein sehr bewegtes Jahr; in kurzer Zeit ging der Silbergehalt von 62 auf 54 und schließlich auf 41,5% zurück. Dieses Ereignis markiert den Beginn einer ernsten Wirtschaftskrise, die auch Strabo am Ende seines Aufenthaltes in Alexandria bemerkt und in seinen oben zitierten Notizen zum Ausdruck bringt. Der Warenstrom nach Petra schrumpfte auf einen Bruchteil. Die folgende Generation erlebte sogar eine völlige Unterbrechung des Handels der Nabatäer. Zwischen 7 und 18 n. Chr. prägten die Nabatäer überhaupt kein Silbergeld – und als sie danach die Prägung wiederaufnahmen, war der Silberanteil nur noch 39%! Dies bleibt dann der Durchschnittswert in der spätnabatäischen Periode.

Die Währung ist immer der beste Gradmesser für den wirtschaftlichen Standard. Als die Nabatäer ihren Anteil am Gewürzhandel verloren hatten, brauchten sie ihre Zahlungsmittel nur noch für den inneren Handel, so daß eine Anpassung an den internationalen Markt nicht mehr erforderlich war. Ähnliches geschah auch in den anderen Ostprovinzen, etwa in Tyrus, Antiochia und Alexandria.

Man fragt sich nur, wie die Nabatäer sich trotz ihres Einkommensverlustes und ihrer Kämpfe gegen die feindlichen Araberstämme noch bis 50 n. Chr. über Wasser halten konnten, bevor das System zusammenbrach. Die dunkelste Phase ihrer Geschichte dauerte eine ganze Generation, und zwar während der Regierungszeit von König Malichus II. (40–70 n. Chr.). Die wenigen Ereignisse aus dieser Zeit sind uns lediglich von Münzen bekannt. Ein Absatz aus dem Periplus maris Erythraei, einem vermutlich im 1. Jh. n. Chr. entstandenen Werk über die Schiffahrt im Roten Meer, wird allgemein eben mit diesem König Malichus in Verbindung gebracht: »Links von Bernice nach einer Segelschiffreise von 3 Tagen vom Hafen Myos ostwärts durch den angrenzenden Golf liegt ein weiterer Hafen und Festungsort mit Namen Leuce Come (Weißes Dorf), von wo es eine Straße nach Petra gibt. Hier herrscht Malichas, der König der Nabatäer. Der Ort gilt als Umschlagplatz für die kleinen aus Arabien gesandten Schiffe. Es ist dort ein Centurion stationiert, der die Abgaben in Höhe eines Viertels der eingeführten Waren kassiert, mit einer kleinen Garnisonstruppe.«

Das Schlüsselwort in dieser Beschreibung ist »Centurion«. Die Wissenschaft hat es als Beweis dafür angesehen, daß der ehemals nabatäische Hafen Leuce Come zum Zeitpunkt dieser Niederschrift bereits Teil des Römischen Reiches war. Mir scheint dies nicht unbedingt stichhaltig, da der Titel Centurion auch von den Nabatäern verwendet wurde, wie die Grabinschriften von Egra zeigen. Es ist wahrscheinlicher, daß es sich bei dem genannten König um Malichus I. (60–30 v. Chr.) handelt, unter dessen Regierung die Wirtschaft blühte, und nicht um Malichus II., als die gute Wirtschaftslage nur noch Erinnerung war.

70 n. Chr. bestieg der letzte Nabatäerkönig Rabel II. (70–106 n. Chr.) den Thron. Die Münzgeschichte zeigt, daß während der ersten drei Jahre seiner Herrschaft der niedrige Silbergehalt noch anhielt. Zu dem Zeitpunkt ist er auf einem Tiefstand von 20 %. Dann aber steigt er sprunghaft auf 40,5 % an und hält sich so bis in sein 9. Regierungsjahr um 78/79 n. Chr.

Als Rabel König wurde, war er noch ein Junge und seine Mutter Shaqilat II. erscheint auf den Münzen als Mitregentin. Im 6. Regierungsjahr, als er schließlich erwachsen war, verschwindet das mütterliche Portrait und wird durch Gamilat, seine erste Ehefrau, ersetzt. Außer der Zeit von Aretas IV., dessen Regierung den Höhepunkt der mittleren nabatäischen Epoche markiert, entstammen die meisten Inschriften der Regierungszeit von Rabel II. Sie waren nach den Jahren der Königsherrschaft datiert, denn ein anderes Datierungssystem kannten die Nabatäer bis dahin nicht. Die aus den Jahren von Rabel stammenden Inschriften kommen hauptsächlich im Zentral-Negev und im südlichen Hauran vor; beide spielten eine wichtige Rolle beim Wiederaufstieg des Nabatäerreiches.

Die in Oboda gefundenen Inschriften von Rabel waren in große Steingebilde geritzt, die jeweils paarweise vorkommen, ein größeres und ein kleineres. Sie waren je aus einem einzigen Stein mit einer trogförmigen Aushöhlung. Ein solches Steinpaar wurde in einem Tal, 2 km südlich der Stadt, gefunden (s. Abb. S. 90). Ein anderes in Stücke zerbrochenes Paar entdeckte man in einem Tal etwa 6 km südwestlich von Oboda. Ein drittes befand sich in der Aufschüttung zu einer spätrömischen-byzantinischen Festung. Alle diese Steinobjekte tragen eine große Inschrift zum Gedenken an den Bau von Dämmen. Es gibt allerdings eine Meinungsverschiedenheit über die Auslegung des Wortes für »Damm«. Der verstorbene Professor Otto Eißfeldt bevorzugte die Lesung als »Behälter« oder »Maß«. An der Erbauung von Dämmen waren Mitglieder einer Genossenschaft, möglicherweise einer religiösen Bruderschaft, beteiligt. Bei der Einweihung im 18. und 28. Regierungsjahr von Rabel (88 und 98 n. Chr.) gab es nämlich religiöse Feierlichkeiten. In allen Inschriften wird König Rabel mit dem Ehrentitel »der seinem Volk Leben und Befreiung brachte« bedacht. Diese Inschriften erscheinen im Hauran, die früheste jedoch in Oboda. In der Vergangenheit hat dies bei den Wissenschaftlern viele Spekulationen ausgelöst. Einige sahen darin die Einführung einer neuen religiösen Einrichtung ähnlich dem jüdischen Sabbatjahr, während andere politische Motive annahmen. Niemand war in der Lage, stichhaltige Beweise für seine Theorie vorzubringen.

Bevor ich meine eigene Auslegung vertrete, wollen wir einen Blick auf die Lage des Nabatäerreiches um 70 n. Chr. werfen. Nach dem Verlust des Gewürzhandels über so viele Jahre und unter dem Einfluß der arabischen Kriege kamen auf die Nabatäer sehr harte Zeiten zu. Hatte Strabo einst geschrieben: »Die Nabatäer waren ein kluges Volk. Sie belegten jeden, der seinen Besitz verringerte, öffentlich mit Strafe und ehrten den der ihn vermehrte.« (Geographie XVI, 42, 6) – so konnte eine solche Behauptung bei einem Nabatäer im Jahre 70 n. Chr. nur noch ein trauriges Lächeln erzeugen, denn zu diesem Zeitpunkt war man mit seiner Weisheit am Ende, und dies, obwohl die Nabatäer nun politisch frei von ihren traditionellen Widersachern, den Juden waren, da diese völlig von der Gunst der Römer abhingen.

Der junge, energische König vollbrachte jedoch eine Großtat, die man nur mit der Erfindung der verputzten Zisternen vergleichen kann, die einst den Nabatäern die Überwindung der Wüste und damit Zugang zum Meer ermöglichten. Rabel muß seine Experten zusammengerufen haben mit dem Vorschlag, Wasser auf den Feldern mit den gleichen Methoden zu sammeln, wie man Regenwasser seit Jahrhunderten in Zisternen auffing. Hierfür eigneten sich natürlich nur Gebiete mit regelmäßigen jährlichen Niederschlägen, mochten sie auch noch so gering sein. Im gesamten Nabatäerreich gab es nur zwei abgegrenzte Gebiete, die dieser Erfordernis entsprachen, nämlich der Zentral-Negev und der südliche Hauran. Die Anfänge waren vermutlich sehr bescheiden, jedoch wichtig genug, um den König mit einem hohen Ehrentitel zu krönen.

Die Landwirtschaft im Negev des Altertums ist nie systematisch nach chronologischen Gesichtspunkten erforscht worden. Aus diesem Grunde sollten die folgenden Ausführungen als vorläufig und ohne Gewähr zur Kenntnis genommen werden.

Die frühe nabatäische Landwirtschaft im Negev geht von folgendem Grundgedanken aus: Da der durchschnittliche Niederschlag von 100 mm jährlich nur spärliche Ernten bringt, muß man Methoden erfinden, die gleiche Bedingungen wie in Regionen mit 400 oder 600 mm Niederschlag schaffen. Hierzu wählten die Nabatäer zunächst enge Täler mit steilen Hängen. Ein solches Tal wurde mit niedrigen, quer durch das Tal laufenden Mauern terrassiert. Das Regenwasser wurde nach unten geleitet und bewässerte die angebaute Fläche.

Allerdings spülte das Regenwasser gleichzeitig immer Erde mit, die sich auf den Terrassenfeldern ablagert. Später wurde dieser Schlamm zu einem Problem, das man zunächst mit der Erhöhung der Mauern zu bewältigen versuchte. Als dies jedoch auch nicht mehr ausreichte, mußte man ihn entfernen. Davon rühren die kleinen Erdhügel oberhalb der Felder her. Mit wachsender Erfahrung wurden die Nabatäer unabhängiger von den engen V-förmigen Tälern und lernten, Wasser durch Kanäle zu leiten, zuweilen über Entfernungen von 1 oder 2 km. Jedes Stück »Farmland« wurde regelmäßig durch einen Kanal bewässert.

Das Verhältnis zwischen den bewässerten Landstrichen und dem gesamten Einzugsgebiet betrug 1:20 bis 1:30. Ein Bauer brauchte also etwa 20 oder 30 Morgen unbewirtschafteten Geländes mit Gefälle für einen Morgen Ackerland. Dies schränkte natürlich die Zahl der Menschen, die von einer Farm leben konnten, beträchtlich ein. Dennoch bildete diese simple aber geniale Erfindung die Lebensgrundlage der Nabatäer für die folgenden 600 Jahre. Ist das nicht Rechtfertigung genug für den Titel eines Lebensspenders und Retters des Volkes, mit dem man Rabel auszeichnete?

Mampsis – eine spätnabatäische Stadt

Die Einführung der Landwirtschaft markiert den Beginn der nabatäischen Spätzeit. In den früheren Perioden wurde das Nabatäergebiet im Negev hauptsächlich durch die drei Hochburgen Oboda, Nessana und Elusa gehalten. Ich habe mich im wesentlichen auf Oboda bezogen, weil es am besten erforscht ist. Die drei Städte bilden ein großes Dreieck mit Elusa am Scheitelpunkt. In der mittelnabatäischen Periode gab es sechs Hauptorte, nämlich zusätzlich noch Mampsis im östlichen Teil

Mampsis, Luftaufnahme nach Nordosten
Während der zweijährigen Grabung wurde der Aufbau der Stadt mit den unregelmäßig verlaufenden Straßen und den verschiedenen Anwesen freigelegt. Über der aus dem 2. Jh. n. Chr. stammenden Stadtanlage wurde im 4. Jh. eine große Kathedrale (Hintergrund) und eine kleinere Kirche errichtet.

Mampsis, Gesamtplan

Die Stadt ist nur etwa vier Hektar groß. In mittelnabatäischer Zeit gegründet, dann zerstört, wurde Mampsis in spätnabatäischer Zeit auf den Ruinen der vorhergehenden Periode neu aufgebaut. Die Häuser waren jetzt sehr geräumig und enthielten architektonische Elemente, die in anderen nabatäischen Gebieten unbekannt waren. Ausgegraben wurde der Palast (I), der Verwaltungsturm (II), das Haus eines Pferdezüchters (IX), ein öffentlicher Wasserspeicher (VII) und ein öffentliches Bad (V). Um 300 n. Chr. war die Stadt von einer Mauer umgeben. Eine Karawanserei (VIII), die in der mittleren und spätnabatäischen Periode benützt wurde, lag in einiger Entfernung nordwestlich der Stadtmauern.

am nächsten zum Wadi Araba gelegen, Sobata zwischen Oboda und Nessana sowie Ruheiba zwischen Nessana und Elusa. Die tatsächliche Zahl der bewohnten Orte während der mittleren Periode ist viel größer, jedoch wurden die übrigen sehr wenig erforscht und ihre Beschreibung würde das Allgemeinbild nicht nennenswert erweitern.

Die bekannteste Stadt der nabatäischen Spätphase ist Mampsis, wo ich von September 1965 bis Juli 1967 die Ausgrabungen leitete.

Mampsis, Ansicht von Süden

Der Eindruck, den Mampsis vermittelt, ist völlig anders als in Oboda. Das mittelnabatäische Oboda hatte wie Nessana und Elusa eine beherrschende Berglage. Für Mampsis dagegen wählten die Erbauer die Niederung, obwohl den Ort zwei steile Hügel überragen, die in strategischer und klimatologischer Hinsicht viel besser geeignet gewesen wären. Der Grund hierfür ist in den begrenzten Wasservorkommen zu suchen. In der ganzen Umgebung von Mampsis gibt es keine Quelle und die einzige Möglichkeit der Wassergewinnung bestand in der Errichtung großer Dämme im nahegelegenen Wadi. Genau dies taten die Nabatäer in der späten Periode. Woher sie ihr Trinkwasser in der mittelnabatäischen Epoche bekamen, ist nach wie vor ein Rätsel.

Im Gegensatz zu den anderen großen Karawanenzentren, die offensichtlich einer zentralen Verwaltung unterstanden, war Mampsis eine Stadt der »Privatunternehmer«. Einen ersten Hinweis darauf gab die Tatsache, daß keine Inschriften gefunden wurden. Anfangs enttäuschte mich dies, nachdem wir durch die vielen Schriftfunde in Oboda verwöhnt waren, aber mit der Zeit half es mir sogar, die besondere Art dieses Ortes zu verstehen.

Mampsis, einer der von den Nabatäern erbauten Dämme

Oboda hatte offiziellen Charakter. Um eine Station dieser Größe einzurichten und aufrechtzuerhalten, bedurfte es der vereinten Kräfte von Regierung, Armee und Handelsorganisationen. Es gab vermutlich keinen Spielraum für private Unternehmer. Die Herstellung von Keramik oder Dienstleistungen für die Armee waren wahrscheinlich die einzigen Funktionen, die von Privatpersonen ausgeführt werden konnten. Unter diesen Umständen ist es kein Wunder, daß jeder, der in irgendeiner Weise zum Tempelbau beigetragen hatte, seinen Namen in einer Inschrift verewigt sehen wollte. Darunter war auch Aushu, Enkel des Ghanimu, dem eine besonders große Widmung gilt, und verschiedene am Bau beteiligte Architekten sowie reiche Leute, die den einen oder anderen Teil gespendet hatten. Gleichermaßen wurden auch König Aretas und Mitglieder des Königshauses erwähnt.

Mampsis dagegen hatte eine völlig andere Sozialstruktur. Nachdem das Wasserversorgungsproblem gelöst war, überließ man das Feld gänzlich der Initiative der einzelnen Bewohner. Wie in allen in der Spätzeit entstandenen Nabatäerstädten gab es keinen Platz für einen Tempel.

Ohne den lukrativen Gewürzhandel hätte ein Tempelbau eine viel zu kostspielige und unnötige Investition bedeutet.

Die wirtschaftliche Basis von Mampsis bildete die Pferdezucht. Beweise für dieses Betätigungsfeld wurden eigentlich schon Ende des 19. Jahrhunderts bei der Erforschung des Haurans entdeckt, jedoch wurde Mampsis als Parallele hierzu völlig übersehen. In Umm el-Jimal (»Mutter der Kamele«), wie die Araber das antike Thantia im Süd-Hauran nennen, fand man einige sehr schön gebaute Ställe. Ähnliche wurden in großer Zahl in einzeln gelegenen Bauernhöfen im ganzen südlichen Hauran entdeckt. Im Negev fand die Colt-Expedition zwei Ställe in Sobata, und zwar in dem Teil der Stadt, den ich für spätnabatäisch halte. Man maß dieser Entdeckung damals keine besondere Bedeutung bei. Ich selbst habe sogar im Jahre 1961 in Oboda einen Stall teilweise ausgegraben, jedoch seine genaue Funktion bis vor kurzem nicht verstanden.

Das arabische Pferd war eine Neuzüchtung. Zwar gab es noch nicht die spezielle Rasse des Araber-Pferdes; um die Qualitäten zu erreichen, die diese Pferdeart so berühmt gemacht haben, mußten zwei Arten gekreuzt werden: Man holte aus Asien ein kleines, stämmiges und aus Afrika ein großes leichtfüßiges Tier. Durch die Kreuzung dieser beiden Rassen entstand das beliebte Rennpferd, das noch heute hohe Preise erringt. In jener Zeit hielt das Pferd auch Einzug in die nabatäische Kunst, es erscheint in der Form von kleinen Tonfiguren und in Felszeichnungen. Schon im 2. Jh. n. Chr. wurden Pferde den Göttern geweiht; hundert Jahre früher war diese Ehre allein dem Kamel zuteil geworden.

Wie im Hauran waren die Stallungen im Zentral-Negev Bestandteil der Wohnhäuser. Ihr Grundriß hatte die Form einer Basilika. Der Mittel-

Oboda, die Stute und das Füllen

Diese beiden sehr schwungvoll gezeichneten Tiere wurden einst in den feuchten Putz einer Wand des Turmes im sog. »Römischen Viertel«, der 294 n. Chr. gebaut wurde, eingeritzt. Pferdezucht begann im Negev Ende des 1. Jh.; bis dahin war für die Nabatäer das Kamel das wichtigste Transportmittel und Lieferant für Fleisch. Dann kam das Pferd hinzu, wie zahlreiche Felszeichnungen im südlichen Sinai und hier in Oboda beweisen.

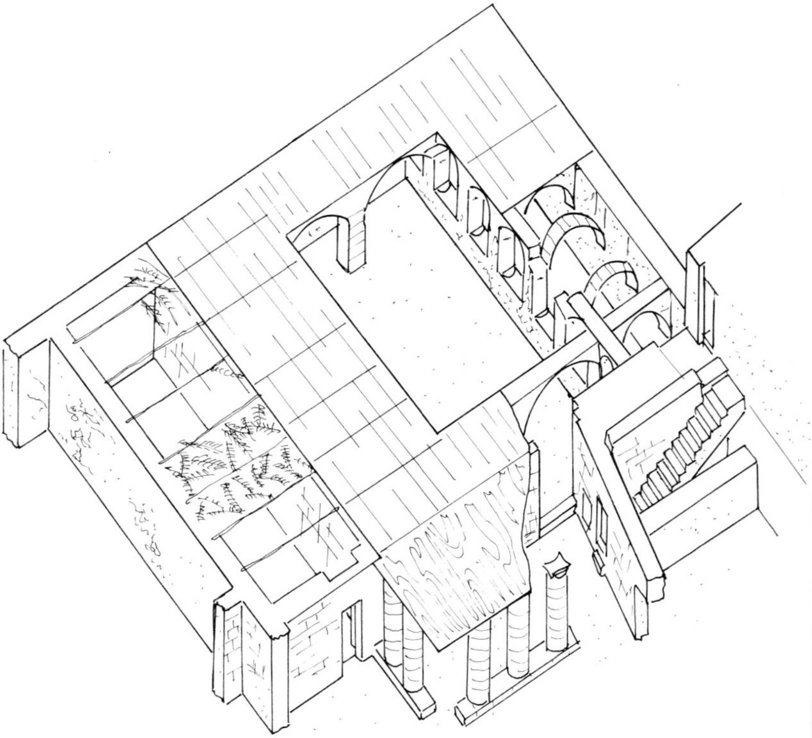

Mampsis, der Stall im Gebäude XII
Vorne sieht man einen auf fünf Säulen stehenden Balkon. Von ihm aus hat man Zugang zu den Räumen auf dem Dach des Stalles. Der Stall selbst ist wie eine Basilika angelegt: eine Halle mit zwei »Seitenschiffen« für die Standplätze der Pferde. Immer zwei standen zusammen an einem Futtertrog. Angebaut ist ein großer Vorratsraum für Futter, der wahrscheinlich mit Palmzweigen gedeckt war.

raum war vor allem für die Lagerung von Gerste und Hafer bestimmt, zuweilen wurde er auch für die Unterbringung der Tiere benutzt.

In einem der kleineren Ställe von Mampsis war dieser Mittelraum überdacht, meistens lag er jedoch unter freiem Himmel. Die Pferde standen in den schmaleren Seitengängen, die vom Zentralraum durch Bogentore und durch eine Reihe von fensterartigen Öffnungen mit Bogenabschluß getrennt waren. Die »Fensterbänke« bestanden jeweils aus zwei wannenartig ausgehöhlten Steinblöcken, die als Futtertröge dienten. Neben den Fenstern war ein Loch im Mauerwerk zum Anbinden der Pferde. Einige der hochsensiblen Tiere haben diese Öffnung bis auf eine dünne Steinschicht abgescheuert oder sogar ganz zerbrochen, später hat man deshalb die Anbindvorrichtung durch Eisenstäbe ersetzt. Der kleinere Stall von Mampsis (Gebäude XI) konnte 16 Tiere beherbergen,

Mampsis, Gebäude XI; der Stall

während in dem größeren Stall (Gebäude XII) 20 Pferde in den Seitenflügeln und zusätzlich 10 in der Mittelhalle Platz hatten. Wie einträglich die Pferdezucht in Mampsis gewesen sein mag, können wir aus der Tatsache ablesen, daß man im Gebäude XII 10 500 römische Silbermünzen gefunden hat.

Die klimatischen Bedingungen der Wüste und das dort verfügbare Futter hatten großen Einfluß auf die ungewöhnlich hohe Qualität der neuen Pferderasse. Grünfutter ist in dieser Gegend rar und nur kurze Zeit im Jahr verfügbar. Deshalb mußten die Tiere mit Gerste und Hafer gefüttert werden, die kein Fett ansetzen lassen. In normalen Jahren mit durchschnittlichen Regenfällen konnte am Ort selbst Gerste geerntet werden. Aber selbst wenn der Regen einmal ausblieb, war man nicht hilflos, denn die künstlich bewässerten Felder im Beerscheba-Becken waren von allen Städten im Negev nur eine oder eine halbe Tagereise entfernt, so daß man stets genügend Futter beschaffen konnte.

Vermutlich war die Tatsache, daß Futter leicht zu beschaffen war, überhaupt der auslösende Faktor für die Einführung der Pferdezucht. Im

2. und 3. Jh. n. Chr., einer Zeit, die dem Nahen Osten eine große Blüte bescherte, wurden überall in Syrien, Judäa, Samaria und Arabien Hippodrome gebaut, an die viele Pferde verkauft werden konnten.

In Zusammenhang mit den Siedlungen der Nabatäer habe ich zuerst das Thema Pferdezucht herausgegriffen, weil es ein Schlaglicht auf das wirft, was ich im folgenden beschreiben will. Wenn man den Plan von Mampsis betrachtet, muß man alles vergessen, was man je über Städteplanung im hellenistischen und römischen Raum gelernt hat. Eigentlich gibt es in Mampsis überhaupt keine erkennbare Planung. Irgendwann gegen Ende des 1. oder am Anfang des 2. Jahrhunderts n. Chr. kamen an die 30 nabatäische Familien nach Mampsis, um sich dort niederzulassen. Eine Zuteilung von Grund und Boden fand nicht statt, jeder nahm so viel Land, wie er benötigte. Es gab keine Stadtmauer, die das Wachstum der Siedlung oder die Größe der Häuser hätte begrenzen können. Wir haben vier Anwesen vollständig ausgegraben. Sie haben zwischen 700 und 2000 Quadratmeter Grundfläche! Solche Ausmaße waren im Altertum – besonders im Osten – völlig unüblich. Nur die Landhäuser wohlhabender Römer nahmen so viel Raum ein, niemals jedoch Häuser in den Städten. Außer dem Wohlstand einer Familie drückt die Erbauung von Häusern solcher Größe auch die allgemeine Einstellung der Nabatäer zur Verstädterung aus. Es war sicher nicht leicht für Menschen, sich in vier Wände einzuschließen, die sie seit Generationen an die Geräumigkeit der Zelte gewöhnt waren. Um sich für den Verlust an Freiheit zu entschädigen, bauten sie ihre Häuser sehr weiträumig. Ich schätze, daß in jedem Haus – unabhängig von seiner Größe – etwa fünfzig Personen lebten. Auch die Straßen von Mampsis sind ungewöhnlich breit, manchmal eher wie Plätze anmutend, so daß die Häuser in großen Abständen voneinander lagen. Eine gerade »Straße« von Norden nach Süden, die die Stadt in zwei ungleiche Hälften teilte, war in Wirklichkeit ein Regenabflußkanal.

Die nabatäischen Architekten in Mampsis wendeten alle bis dahin bekannten Techniken an und entwickelten sie bis zur Perfektion. Das größte Hindernis beim Hausbau war der Mangel an Holz. Holz mußte aus dem entfernten Libanon oder aus Syrien eingeführt werden. Daher waren so viele Teile wie nur möglich aus Stein gemacht. Nur die Türen, Türrahmen, Regale und Schränke, sowie Fußböden in manchen Häusern reicherer Leute waren aus Holz, dazu kamen einige, aus Gründen der Stabilität eingebaute Balken. Die Erbauer mußten auch daran denken, daß fast kein Heizmaterial für die kalten Wintertage zur Verfügung stand. Es mag in den Ohren von Europäern merkwürdig klingen, aber die Wintertage und insbesondere die Nächte in der Wüste sind extrem kalt und Frost ist ein häufiger Gast. Ebenso mußte ein Haus vor der starken Som-

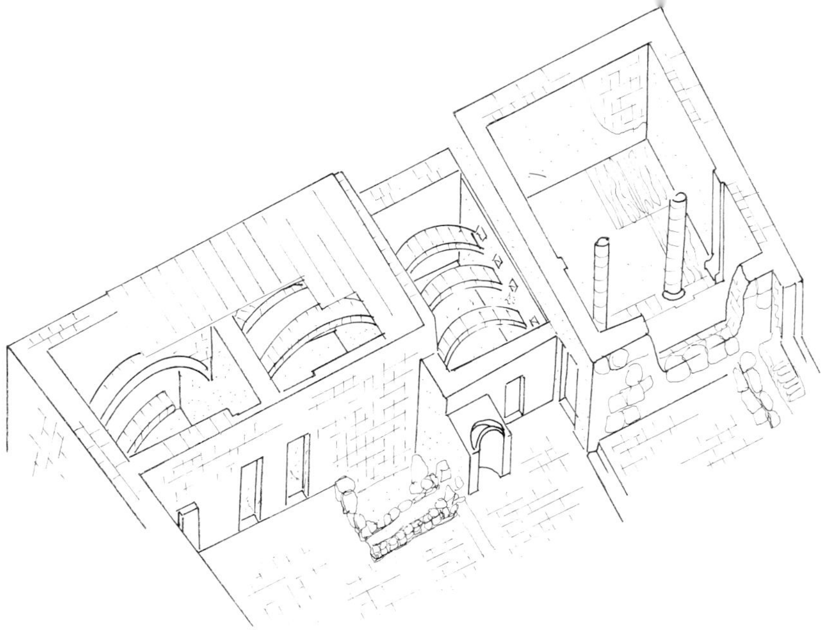

Mampsis, Gebäude I; der Palast (Rekonstruktion des Ostflügels)
Der Eingang rechts führt in eine geräumige Empfangshalle. Ungefähr ein Drittel war mit einem Dach bedeckt, der Rest offen. Der Fußboden war mit importiertem Holz ausgelegt, die Wände sauber verputzt und wahrscheinlich bemalt. Der etwas tiefer liegende Raum neben der Halle wurde als Archiv identifiziert. Vorgebaut ist ein gewölbter Anbau für die Wasserkühlung. Dann kommen Küche und Bäckerei. Die beiden kleinen Räume vor der Küche waren wahrscheinlich für Bedienstete.

merhitze geschützt sein. Man löste diese Probleme durch eine geeignete Isolierung. Die Außenwände bestanden aus trocken (d. h. ohne Zementierung) verlegten Quadersteinen, wobei nur ganz feine Zwischenräume entstanden. Dies verringerte das Eindringen von Feuchtigkeit. Eine zweite, innere Mauer wurde aus großen, behauenen Steinblöcken gemacht, deren Fugen mit kleinen Steinen gefüllt wurden. Die unebene Oberfläche hielt besser den Verputz, der die Wand auf der Innenseite sehr gut abdichtete. Zwischen Außen- und Innenwand kam eine Füllung aus Kies und Schlamm, was eine schwammige Masse ergab, die als Isolierung diente.

Die gesamte Stärke der Außenmauern erreichte 60 bis 80 cm, je nach Höhe des Hauses. Die inneren Unterteilungswände hatten jeweils nur zwei Flächen, die ebenfalls aufgerauht waren, um den Putz besser zu halten. Aus Holzmangel waren sogar die Dächer aus Stein. Alle Räume waren mit Bogen überspannt und mit flachen Steinplatten abgedeckt. Die Bogen waren halbkreisförmig aus einzelnen Segmenten ohne Schlußstein. Der Abstand der Bogen hing von der Beschaffenheit der Abdeckplatten ab. Da es zu kostpielig war, diese aus dem harten, natürlichen Fels zu schlagen, zogen die Nabatäer dünnere Lage weicheren

Mampsis, Gebäude I; der Palast

Gesteins vor. Solche Gesteinschichten gibt es reichlich in der Umgebung von Mampsis und anderen Städten im Zentral-Negev. Wegen des relativ brüchigen Gesteins waren die Dachabdeckplatten nie länger als 1 bis 1,20 m, weshalb die Bogen in Abständen von etwa 80 cm stehen mußten. Die Bogen selbst waren aus festen Steinen und konnten daher mit einer Spannweite von 6 m gebaut werden. Dies war üblicherweise die Breite eines Wohnraumes. Hinsichtlich der Raumlänge gab es eigentlich keine Einschränkungen, jedoch bevorzugten die Nabatäer offenbar eine Folge von drei Bogen, so daß sich eine Länge von 4,50 bis 5 m ergab. In den Häusern der wohlhabenderen Bürger trugen die Bogen am Scheitelpunkt Schmuckornamente. Der Lichteinfall erfolgte hauptsächlich durch die Türen, denn die Fenster waren nur schmale Schlitze von 10 cm Breite und 30 cm Höhe an der Innenseite, die sich nach außen hin etwas erweiterten. Diese Fensterschlitze waren direkt unter der Decke angebracht, jeweils zwischen zwei Bogenpaaren. Dies bewirkte eine ausreichend gute Luftzufuhr und hielt gleichzeitig Hitze, Kälte und Staub ab.

Die Deckenhöhe betrug etwa 3,50 bis 4 m. Um die klimatischen Bedingungen bestens auszunutzen, waren die Türen nach Norden und Osten ausgerichtet. So hatte man durch die Fenster im Winter, wenn die Sonne tief steht, eine Einstrahlung während des ganzen Tages, im Sommer jedoch, bei hohem Sonnenstand nur einen Kühlungseffekt durch den Wind. In einigen Räumen, wahrscheinlich den Schlafzimmern, waren Schränke in die Wand eingebaut mit Schlitzen für das Anbringen von Holzregalen. Die Möbel, die leider völlig verbrannten, müssen aus Holz mit Bronzescharnieren und -halterungen gewesen sein.

Eines der Gebäude in Mampsis deuteten wir als Palast (Gebäude I), weil ein Hof fehlte, ohne den ein Bauernhaus nicht funktionsfähig war,

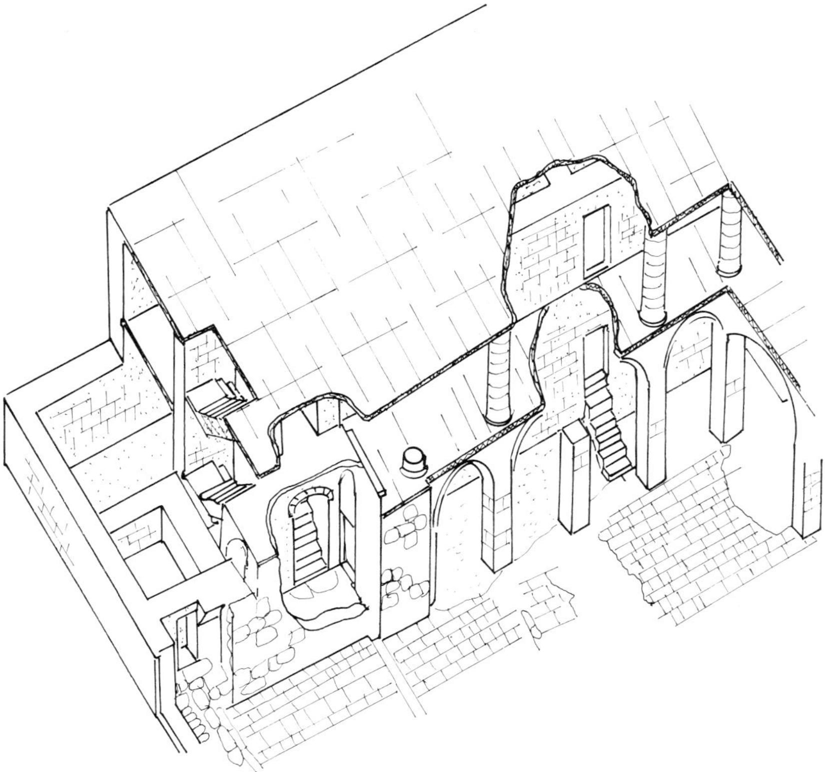

Mampsis, Gebäude I; der Palast (Westflügel)
Der Eingang führt in einen schmalen, sorgfältig gepflasterten Hof. Im Erdgeschoß befinden sich Vorratsräume (im Westen) und Wohnräume (im Norden). Sechs Bogen tragen das darüberliegende Stockwerk. Der Aufgang geht über ein Treppenhaus an der südwestlichen Ecke bis zum Dach. Vom Balkon gehen Türen in die Räume des ersten Stockwerks; darüber ein zweiter Balkon, getragen von runden Säulen.

und wegen einiger architektonischer Verzierungen, die wir sonst in keinem anderen Haus fanden. Der Palast hatte nur einen Eingang mit einem kleinen Pförtnerraum. In dem gepflasterten Korridor führten ein paar Treppen in einen langen schmalen Patio. Ganz rechts von der Eingangshalle gab es eine Tür zum Gästezimmer, das nicht mit der üblichen Bogenkonstruktion gebaut war. Nur der hintere Teil hatte ein Dach, welches auf zwei kräftigen Säulen und zwei Pilastern an den Seitenwänden ruhte. Der größere Teil des Raumes lag unter freiem Himmel; er wurde, wenn nötig, wahrscheinlich mit einem Tuch oder einem Wollteppich überspannt. Der Fußboden war vollständig aus libanesischem Holz von außergewöhnlicher Qualität. Wie im Orient üblich, lag der Gästeraum so weit wie möglich von den Quartieren der Frauen entfernt.

Mampsis, Gebäude I; das Archiv

Direkt neben dem Gästeraum folgte ein Raum mit niedrigerem Bodenniveau, zu dem einige Stufen hinabführten. In eine Wand war eine große Nische eingelassen, offenbar für eine Fackel oder eine Öllampe. In eine andere Wand waren Schränke eingebaut mit Schlitzen für das Anbringen mehrerer Regale. Der Raum diente möglicherweise der Aufbewahrung von Dokumenten, vielleicht wohnte in diesem Haus ein Mann, der mit Rennpferden handelte oder eine Art Repräsentant der Stadt war. Die Regalschränke erinnern deutlich an die Bibliotheken des klassischen Altertums. Nahe der Tür dieses Archivraumes steht ein großes Steinbecken mit einer kleinen kuppelförmigen Abdeckung. Entweder war dies der Standort für eine Hausgottheit oder, was plausibler wäre, ein großer Trinkwasserbehälter. Nahebei befinden sich zwei weitere Räume mit einfachem Erdboden, wahrscheinlich für Bedienstete. Davor sind noch Reste eines großen Backofens aus Stein zu sehen, dessen Wände noch immer vom Feuer rot und schwarz verfärbt sind. Neben der Unterkunft für die Dienerschaft gab es auch einen Vorratsraum, aus zwei Kammern, die man fest verschließen konnte. Die Kammern waren teilweise tief in die Erde eingelassen, um eine maximale Kühlung zu ge-

Mampsis, Gebäude I; Rekonstruktion der Südmauer des Archivs
Zwischen Steinbogen, die das Dach tragen, sind drei eingebaute Nischen zu erkennen. Wahrscheinlich wurden hier die Abstammungs-Urkunden der in Mampsis gezüchteten Pferde aufbewahrt.

währleisten. Der oberirdische Teil war aus Stein gebaut. Hier bewahrte man vermutlich getrocknetes Fleisch, Fisch, Käse, Früchte, Öl, Wein und andere Speisen auf.

All diese Räume lagen im Ostflügel des Hauses. Gegenüber, etwas höher gelegen, befanden sich zwei große Lagerräume für Güter, die in Krügen, Säcken und Körben aufbewahrt werden mußten. Hier hat man sich mit der Bearbeitung und Einebnung des Fußbodens aus Felsgestein nicht so viel Mühe gegeben, so daß er ganz schräg verläuft. Die Vermeidung unnötiger Arbeit ist ein typisches Merkmal für nabatäische Handwerker. Ein weiterer kleiner Raum in diesem Westflügel mit sehr starken Mauern, jedoch mit nacktem Erdboden, war vielleicht der Aufbewahrungsort für Wertsachen.

Zwischen den beiden Seitenflügeln, am Nordende des Hofes gegenüber dem Haupteingang, befanden sich die Wohnbereiche der Hausbesitzer. Eine weite Vorhalle, mit vier Bogen überspannt, führte in diesen Gebäudeteil, der vier Zimmer umfaßt. In dem vorderen Raum läuft eine Abflußrinne an der Wand entlang mit einem Auslaß ins Freie. Vermutlich handelte es sich um einen Waschraum. Alle Fußböden in diesem Komplex sind mit Kalksteinplatten ausgelegt und die Türpfosten mit den typischen nabatäischen Kapitellen und Basen geschmückt. Die Türrah-

Mampsis, Gebäude XII; eines der vier freistehenden nabatäischen Kapitelle

men aus Quadersteinen sind sehr sorgfältig behauen. Daß man die aus Quadersteinen gebauten Innenwände im Naturzustand beließ und nur die übrigen Wände verputzte und strich, machte einen sehr freundlichen Eindruck. Außer dem Erdgeschoß gab es noch zwei Obergeschosse.

Die von den Bauherren in Mampsis angewendeten Techniken sind bisher einmalig. Es ist jedoch nicht möglich, daß diese Ideen alle in Mampsis geboren wurden, das ja nur eine kleine Stadt war. Hier wurde lediglich mehr erforscht und freigelegt, so daß die ganze Architektur zutage trat. Ich bin sicher, daß man im Verlauf von Grabungen auch anderenorts auf viele Parallelen stoßen wird.

Im Hof des Gebäudes I verläuft jeweils in gewissem Abstand entlang der westlichen und nördlichen Mauer eine Reihe von Stützpfeilern in der Form eines kopfstehenden L. Auf jedem vorspringenden Balken ruhte ein Bogen, von denen noch einer erhalten ist. Diese Bogenkonstruktion wiederum stützte einen hölzernen Balkon, der im Mauerwerk verankert war. Vom Balkon aus führten Türen in das obere Stockwerk. Der Aufgang zum Balkon erfolgte über einen Treppenturm in der süd-

Mampsis, Gebäude II; mittlere oder spätnabatäische Zeit; Gesamtansicht vor den Ausgrabungsarbeiten

westlichen Ecke des Gebäudes. Dieser Treppenturm ist von dem gleichen Typ, wie wir ihn aus Oboda kennen und den ich in diesem Zusammenhang näher beschrieben habe. Die Treppenfluchten gehen noch über die Balkonhöhe hinaus, sie führten entweder in ein zweites Stockwerk oder auf das Dach, welches vermutlich als Aufenthaltsort und sogar zum Schlafen in warmen Sommernächten benutzt wurde, so wie es noch heute im Orient üblich ist.

Dieses dritte Stockwerk bzw. der Dachgarten wurde von einer Kolonnade aus Rundsäulen gestützt. Die meisten Säulentrommeln, Basen und Kapitelle fanden wir unter den Trümmern im Hof wieder. Welch ein herrliches Bild muß sich dem Betrachter von unten geboten haben, als das Gebäude noch in seiner ganzen Höhe stand! Der gesamte Gebäudekomplex hatte eine Grundfläche von etwa 1 000 m^2. Zur Wasserversorgung dienten zwei in den Boden des vor dem Haus gelegenen Vorplatzes eingelassene Becken, die beide mit einem Tonnengewölbe überdacht waren. Das eine Vorratsbecken, das vollständig ausgegraben wurde, konnte 50 Kubikmeter Wasser aufnehmen.

Mampsis, Gebäude I; der Palast. Treppenhausturm bei Beginn der Ausgrabungen

Mampsis, Reste einer Mehl-Mühle aus Basalt, eingeführt aus der Gegend von Araba

Unmittelbar südwestlich des Gebäudes I liegt Gebäude II, welches von völlig anderer Art ist. Es war das einzige Bauwerk, das früheren Besuchern auffiel, da es hoch über das Trümmerfeld hinausragte. Der Anblick verleitete zu der Annahme, daß Mampsis völlig zerstört und ein hoffnungsloser Schutthaufen sei. Dieses Gebäude II ist ein Turm mit einem Grundriß von 10 m im Quadrat, der noch bis zum 1. Stockwerk stehen blieb. Unten gab es drei Räume und einen Treppenturm, der in zwei höhere Stockwerke führte. Ursprünglich muß der Turm eine Höhe von etwa 15 m gehabt haben. Er bildete ein Glied in einer Kette von Türmen zur Bewachung der Dämme in den Wadis. Beim Bau wurden drei Steinarten verwendet. Im unteren Bereich sieht man riesige Blöcke aus hartem Kalkstein, einer davon 4 m lang. Darüber folgt eine Schicht aus dem gleichen Material, jedoch zu regelmäßig geformten Bausteinen bearbeitet. In Höhe der unteren Fenster wechselt die Steinsorte: ab hier verwendete man einen weicheren und leichteren Kalkstein, um den Druck auf das untere Stockwerk zu verringern.

Da der Turm offenbar die örtliche Miliz beherbergte, stand er nicht isoliert da. An der Westseite, am Eingang des Turms, ist ein gepflasterter Hof, unter dem man eine große Zisterne angelegt hatte. An den Seiten dieses Hofes gab es mehrere Öfen zum Kochen und Backen sowie eine Flucht von Räumen, möglicherweise ein Gästehaus. An der westlichen Hofseite befinden sich zwei Lagerräume, vermutlich für eingenommene Steuern, die in Naturalien abgeführt wurden. Zur Erleichterung und Beschleunigung des Ab- und Aufladens von Gütern hatte man eine über Treppenstufen erreichbare Plattform errichtet. Dieses Podest ist höher als das Niveau der vorbeiführenden Straße, so daß man Lasttiere leichter beladen oder entladen konnte. In der Nähe des Turmes befindet sich noch ein großer Mühlstein aus Basalt – der aus Feinan im Wadi Araba stammen muß – auf einer runden Basis aus Quadersteinen. Es ist nicht ganz sicher, ob diese Mühle noch nabatäisch oder bereits byzantinisch ist.

Die ungewöhnlich großen Steine, die für den Unterbau des Turmes verwendet wurden, ließen die Vermutung aufkommen, daß dieser Gebäudeteil bereits früher als in der spätnabatäischen Periode entstand. Leider gab es keine weiteren Anhaltspunkte, die eine sichere Datierung ermöglichten. Die großen Steine waren typisch für die Bauten der mittelnabatäischen Zeit sowie auch der herodianischen Epoche in Judäa. In der Spätphase ging man, wahrscheinlich aus praktischen Gründen, zu kleineren Bausteinen über. Um unsere Zweifel bei der Datierung zu erhellen, kehrten wir nochmals zu Gebäude I zurück und machten unter dem gestampften Erdboden der Bedienstetenzimmer eine genaue Bodenuntersuchung. Zu unserer großen Überraschung entdeckten wir eine Schicht aus einer früheren Besiedelungsphase mit beachtlichen Mengen von Silber- und Bronzemünzen aus der Zeit von Aretas IV. und Malichus II. zusammen mit zahlreichen bemalten oder sonst typischen Gefäßen der mittelnabatäischen Periode. In einer Stadt wie Mampsis, die in der Spätzeit einen vollständigen Wiederaufbau erlebte, ist es eine schwierige Aufgabe, Überreste aus früheren Perioden zu identifizieren.

In dem gleichen westlichen Stadtteil liegt auch Gebäude XI, mit einer Ausdehnung von 700 m² das kleinste Privathaus, das wir in Mampsis ausgegraben haben. Ein Teil wurde dadurch zerstört, daß er mit einer Kirche überbaut wurde, ein anderer wurde in den Kirchenbau mit einbezogen. Etwa die Hälfte blieb erhalten und war noch bis zum Ende des Bestehens der Stadt bewohnt. Ursprünglich muß das Gebäude genau quadratisch gewesen sein. Der Eingang auf der Ostseite führte in eine Vorhalle. Von dort betrat man den Hof mit einer Zisterne in der Mitte. Der Wohntrakt lag an der Nordseite, wie üblich mit Türen und Fenstern zum Hof. In Richtung Osten steht ein Treppenturm mit einem massiven

Mampsis, Gebäude XI; das Steinrelief ist eine seltene Darstellung nabatäischer Volkskunst: ein Löwe jagt eine Gazelle

Mittelpfeiler und zwei Treppenfluchten, die am oberen Stockwerk enden. Dieser Treppenhaustyp wurde sehr gern von den Römern benutzt. Der gesamte süd-östliche Gebäudeteil wurde von einem Stall eingenommen. Im Südflügel befindet sich ein kleiner, nur zum Teil überdachter Raum mit einer großen Wandnische, in der vermutlich eine Götterfigur stand. Zur Hälfte ist der Raum mit einem wunderschönen Tonnengewölbe überspannt. Es ist möglich, daß auf dem Dach des Gewölbes Gottesdienste mit Trankopfern und Weihrauchverbrennungen stattfanden. Abgesehen von der teilweisen Zerstörung ist erkennbar, daß der Aufbau des Hauses fast symmetrisch war. In den Ruinen fanden wir ein Relief mit der Darstellung eines Löwen, der eine Gazelle angreift.

Um das vierte Haus, nämlich Gebäude XII, ausgraben zu können, bedurfte es einiger Diplomatie. Wie schon in Oboda wurden unsere Arbeiten auch hier in Mampsis von der National Parks Authority finanziert, deren Ziel die touristische Erschließung des Ortes war, wobei ich die wissenschaftliche Überwachung im Auftrag der Hebräischen Universität übernommen hatte. Der National Parks Authority genügten die drei Häuser und zwei Kirchen bereits, aber ich wollte natürlich auch gern den Aufbau im Ostteil der Stadt kennenlernen. Ich wandte mich an die Behörde mit der Bitte, im Gebäude XII einige Versuchsgrabungen durchführen zu lassen, da dies nur ein paar Wochen Mehrarbeit bedeute und wir dabei vielleicht auf weitere touristische Attraktionen stoßen könnten. Wenn nicht, so versprach ich, die Arbeiten sofort einzustellen. Zum Glück begannen wir im Innenhof des Gebäudes und stießen schon nach einigen Tagen auf einzigartige Fresken. Dies beschwichtigte unsere Gönner natürlich sehr. Wenige Tage später kam ein Hort von 10 500 römischen Silbermünzen zutage. Nun war die behördliche Phantasie entbrannt. Man fragte mich, ob dieser Fund sehr wertvoll sei und ob die Münzen verkauft werden könnten. Beides bejahte ich. Tatsache ist jedoch, daß der Münzschatz noch immer in der Hebräischen Universität aufbewahrt wird, wo er noch lange bleiben wird. Durch die glücklichen Umstände konnten wir die Ausgrabungen des Bauwerks fast vollenden. Es handelt sich um das größte Wohnhaus am Ort mit einer Grundfläche von etwa 2 000 m^2.

Man betritt das Gebäude an der Nordseite durch eine geräumige Vorhalle. Zwei kleine Räume neben dem Eingang waren vermutlich ein Pförtnerzimmer und ein Empfangsraum für Besucher. Ein breiter Torbogen führte vom Vestibül in einen weiten Hof. Links von der Vorhalle befand sich noch ein kleinerer Vorraum mit zwei dahinter gelegenen Zimmern, die mit hoher Wahrscheinlichkeit der Unterbringung von Gästen dienten. Die Türpfosten am Durchgang zu dem kleinen Vorraum haben typisch nabatäische Kapitelle des klassischen Stils mit einigen Ornamenten an der Vorderseite: ein menschlicher Kopf, ein Stierkopf und eine Amphore.

Die Wohnräume waren an der Nord- und Ostseite des Hofes angeordnet. Der nördliche Trakt bestand aus drei Räumen mit Verbindungstüren, der östliche aus zwei solcher Räume. Das bedeutet meiner Meinung nach, daß diese Gebäudeteile von zwei Familien bewohnt wurden. In einem Eckraum zwischen den beiden Wohntrakten ist eine 6 m tiefe Zisterne mit einem Fassungsvermögen von 300 Kubikmetern ausgehoben. Diese Zisterne muß noch vor der Errichtung der Gebäude angelegt worden sein, so daß man gleichzeitig Wasser für die Bauarbeiten zur Verfügung hatte. Im Hof selbst befand sich wiederum eine Reihe von Pfeilern in der Form eines kopfstehenden L als Stützen für einen Balkon, der über einen Treppenturm erreichbar war. Die Fußböden im oberen Stockwerk waren mit vielfarbigen Mosaiksteinen ausgelegt, die wir zu tausenden in den Trümmern wiederfanden. Diese Ausstattung ist für den palästinensischen Raum sehr unüblich. Man kann nicht mit Sicherheit sagen, ob diese Fußböden schon beim Bau oder erst zu einem späteren Zeitpunkt verlegt wurden.

An der Südseite des Hofes stand ein weiterer Treppenturm, der zu dem am schärfsten bewachten Gebäudeteil, nämlich der Schatzkammer, führte. Man betrat das Treppenhaus durch einen kleinen, mit drei Bogen

Mampsis, Gebäude XII;
Türpfosten-Kapitell *des Haupteingangs, der zum Wohnflügel führt. Es ist mit einem Stierkopf verziert.*

Mampsis, Gebäude XII; der bronzene Schatzkrug

überdachten Vorraum, dessen Wände im oberen Bereich mit Fresken geschmückt waren. Auch die anderen Gebäude waren mit schönen Wandmalereien verziert, von denen jedoch leider nur noch wenig zu sehen ist.

An der rechten Seite des Vorraums zum Treppenturm hin befindet sich eine sehr niedrige Bogentür, die mit fünf Bolzen verriegelt werden konnte. Dahinter liegt ein kleiner Raum mit extrem starken Wänden, der an einen Panzerschrank erinnert. Die wertvollsten Gegenstände wurden jedoch wahrscheinlich im oberen Stockwerk aufbewahrt. Es scheint, daß der größte Schatz in diesem Haus ein Behälter war, der Ersparnisse aus einem Zeitraum von mehr als hundert Jahren enthielt. Dieser »Safe« hatte die Form eines stattlichen Bronzekruges von fast 1 m Höhe. Darin lagen, säuberlich aufgehäuft, 10 500 Silbermünzen, zumeist Tetradrachmen aus der Zeit von etwa 100 bis 220 n. Chr. Es hat den Anschein, als ob das Geheimnis des versteckten Schatzes einmal durchgesickert sei oder sogar ein Einbruchversuch gemacht wurde, was die Bewohner veranlaßte, ein neues sichereres Versteck zu suchen. Hierzu eignete sich natürlich ein Platz, an dem man zuallerletzt nach Geld suchen würde! Man entfernte einige Steine auf dem zweiten Treppenabsatz, hub ein großes Loch aus und versenkte den Bronzekrug darin. Dann fügte man die Steine wieder ein, und zwar so perfekt, daß niemand etwas von diesem Versteck ahnen konnte, nicht einmal die Menschen, die in den folgenden Jahrhunderten in dem Haus lebten.

Entdeckt wurde das Versteck erst im Jahre 1966: eines Tages kam mein geschätzter Vorarbeiter Michael plötzlich atemlos gerannt, die Hände voller Münzen, und schrie: »Da ist noch viel mehr, Tausende!« Es dauerte eine ganze Woche, bis wir die Erde durchsiebt hatten, in der der Inhalt des Kruges inzwischen verstreut lag.

Auf dem Weg zu dem großen Außenhof der Anlage kommt man noch an zwei weiteren Gebäudeflügeln mit einem Treppenturm vorbei. Hier wurde nur teilweise ausgegraben. Meiner Meinung nach waren dies Unterkünfte für Diener und Knechte sowie Werkstätten. Am östlichen Ende des Hofes liegt ein großer Stall, der Stolz des Hauses und Quelle allen Reichtums. Vor dem Stall befindet sich ein weiterer L-förmiger Stylobat, auf dem Rundsäulen mit klassisch-nabatäischen Kapitellen standen. Getreu dem Stil des 2. Jh. n. Chr. hat der Künstler bei der Bearbeitung der Säulentrommeln jeden Stein durch Einritzungen in vier Felder unterteilt, so als ob die Säulentrommeln aus vier kleineren Steinen zusammengesetzt wären. Dieses Stilelement wurde in Mampsis mehrfach verwendet und konnte auch in Oboda beobachtet werden. Es ist auch eine Datierungshilfe, charakteristisch für das 2. Jh. n. Chr. Der L-förmige Säulenunterbau trug einen Balkon, der den Wohntrakt mit dem Dach der Stallungen sowie mit einem sehr sinnvoll geplanten Waschraum und einer Toilette verband.

Das Dach der Ställe trug eine Reihe von Säulen mit wunderschönen Rosettenverzierungen. Die zwei der Mittelhalle zugewandten Ställe waren untereinander durch einen engen Durchgang mit Doppelbogen auf schweren Pfeilern verbunden. Als wir bei unseren Ausgrabungen auf einen dieser Pfeiler stießen, konnten wir nur die Kühnheit des Erbauers bewundern: In Kenntnis der Eigenschaften einer Bogenkonstruktion hat er sich nicht einmal die Mühe gemacht, den Boden unter dem Pfeiler zu begradigen, sondern einfach einen kleinen Stein untergeschoben. Offenbar wußte er genau, daß keine Macht der Welt den Pfeiler von seinem Platz bewegen konnte, solange der Bogen darauf ruhte.

Die recht komfortable Toilette, in der entferntesten Ecke gelegen, erreichte man entweder über den Treppenturm, in dem der Silberschatz verborgen war, oder über eine vierte Treppe. Ich stelle mir lebhaft vor, wie die Leute mitten in der Nacht atemlos aus ihren Zimmern in diese Richtung rannten... Von einem anderen Aspekt dieser Toilette soll später noch die Rede sein. Es gab einen großen Vorraum und dahinter

Mampsis, Gebäude VII; öffentliches Wasserreservoir der spätnabatäischen Zeit

die Toilette selbst. Sie bestand aus einem Steinbassin, auf dem ein Holzsitz angebracht war. Das Becken entleerte sich durch ein Loch in einen irdenen Krug. Dieser wiederum steckte in einer Bodenvertiefung und war austauschbar. An der Außenwand hinter dem Toilettenbecken befand sich ein weiteres Becken, welches mit dem inneren durch ein Bleirohr verbunden war. Ganz offensichtlich war dies eine Vorrichtung zur Toilettenspülung. Eine so fortschrittliche sanitäre Anlage aus jenen Tagen ist im ganzen Bereich des Heiligen Landes nicht noch einmal gefunden worden.

Zu einer der Türen der um den Stall liegenden Räume gehört ein großer Türsturz mit der Skulptur einer männlichen Gottheit in einem Schrein, flankiert von einem Hörneraltar und anderen Symbolen. Es muß sich demnach um den Hausaltar-Raum gehandelt haben, den wir jedoch nicht ausfindig machen konnten.

Westlich des Gebäudes XII liegt das Marktgebäude (IV). Er besteht aus zwei kurzen Straßen, an denen allseits Reihen von kleinen Geschäften verlaufen.

Die östlichste Ladenreihe lehnt sich teilweise an die Mauern von Gebäude XII an. Es gab insgesamt etwa 20 Läden, in denen wir nur Probegrabungen durchführten. Angesichts der relativ wenigen Haushalte in Mampsis muß dieser Markt das ganze Stadtgebiet und wahrscheinlich auch vorbeiziehende oder in der Umgebung ansässige Nomaden versorgt haben. In der Umgebung von Mampsis lagen einige Bauerngehöfte, die die Stadt mit frischem Obst und Gemüse beliefert haben könnten.

Der letzte Komplex aus der spätnabatäischen Periode, den wir untersuchten, liegt nördlich des Gebäudes XII. Es handelt sich hier bei um ein großes öffentliches Wasserreservoir (VII) und ein Badehaus (V). Zunächst bemerkten wir nur die Westmauer des Reservoirs aus großen sehr schönen Quadersteinen und glaubten, eine Tempelmauer vor uns zu haben. Das Vorratsbecken ist 10 × 18 m groß und 3 m tief für eine Wasseraufnahme von mehr als 500 Kubikmetern. Überdacht war es durch Bogen, die sowohl von den Außenmauern als auch durch eine mitten durch das Becken verlaufende Pfeilerreihe gestützt wurden. Die Bogenansätze sind noch erhalten. Das ganze Becken war mit einem starken wasserfesten Putz ausgestrichen. Die Einfüllung erfolgte über ein Zulauf- und Absetzbecken direkt neben der Zisterne. Um eine Beschädigung des Putzes durch das einströmende Wasser zu vermeiden, war ein großer flacher Stein an der Einlaufstelle plaziert, der den Wasseraufprall abfing. In späteren Jahren baute man noch eine Wasserleitung bis in das Absetzbecken hinzu. In einer Ecke führten Stufen bis auf den Beckenboden, damit man auch bei niedrigem Wasserstand ohne Mühe schöpfen konnte. Dieser Wasserspeicher wurde in der spätnabatäischen Phase gebaut, wobei man die Fundamente in ein Haus der mittelnabatäischen Zeit versenkte.

Dieses frühere Gebäude bestand aus einem großen Hof mit Wohnräumen an zwei Seiten und Lagerräumen an der dritten Seite (Gebäude XIX). Dieser Komplex und der westlich davon gelegene (Gebäude V a) konnten aufgrund der typisch mittelnabatäischen Keramik datiert werden und waren daher als Bezugspunkt für die Aufstellung einer Gesamtchronologie in Mampsis von großer Bedeutung. Direkt neben der großen Zisterne lag das öffentliche Bad (Gebäude V). Es hatte einen geräumigen An- und Auskleideraum (Apodyterium) mit Steinbänken entlang der Wände und vier typisch nabatäischen Pfeilern in der Mitte, die ein Dach über dem zentralen Teil der Halle trugen. Der Besucher betrat zuerst das Kaltbad (Frigidarium) mit zwei Sitzbecken, eines achteckig und das andere halbmondförmig. Die Sitzbänke waren mit Marmor verkleidet. Der Körper eines ausgewachsenen, sitzenden Mannes war bis zu den Schultern unter Wasser. Durch unterirdische Röhren wurde das Schmutzwasser in ein großes Bassin außerhalb des Baues abgeleitet. Ver-

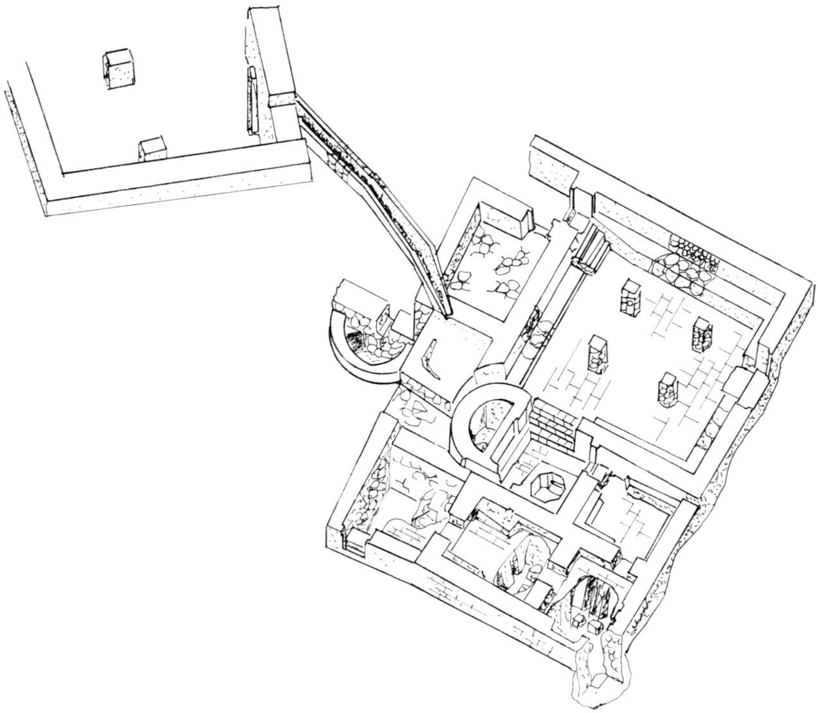

Mampsis, Gebäude V; das öffentliche Bad; Gebäude VII; die Zisterne
Das Wasser wurde vom nahegelegenen Damm im Wadi in Krügen heraufgeholt. Eine kurze Wasserleitung versorgte dann das Bad mit Wasser. Von dem großen Umkleideraum (Apodyterium), teilweise ohne Dach, mit Bänken für die Kleiderablage an den Wänden, kommt man zu den zwei Kaltwasserbecken (Frigidarium). Von da gelangt man in das Lauwarmbad (Tepidarium). Der ganze Nordflügel diente der Heizung und hatte zwei heiße Räume mit dem Warmbad (Caldarium).

mutlich fand es dann noch anderweitige Verwendung. Irgendwann zu einem späteren Zeitpunkt, wahrscheinlich kurz vor Ende des Bestehens der Stadt, wurde das halbmondförmige Becken – vielleicht aus Gründen der Wasserersparnis – durch zusätzliches Mauerwerk verkleinert. Vom Frigidarium ging man in das Lauwarmbad (Tepidarium). Dies war ein kleiner Raum, in dem der Fußboden und der untere Teil der Wände mit wasserfestem Putz versiegelt waren. In dieses Bad legte man sich flach hinein, so daß der Körper mit dem lauwarmen Wasser bedeckt war. Danach kam der wichtigste Teil des Badevorganges, das Warmbad (Caldarium), welches den ganzen Nordflügel des Hauses einnahm. Um die Temperatur stabil zu halten –, Brennmaterial war rar und teuer –, war dieser Teil des Gebäudes mit sehr dicken Mauern umgeben und tief in den Boden eingelassen. In der östlichen Ecke des Hauses gab es einen großen Herd aus gebrannten Ziegeln, auf dem man einen Metallkessel erhitzen konnte. Die Heißluft wurde durch einen unter dem Boden verlegten Kanal in die zwei Hypocaust-Räume geleitet. Ein Hypocaust (Fußbodenheizung) ist ein Hohlraum unter dem Fußboden. Letzterer wird von kleinen mit Bogen überspannten Ziegelsäulen getragen und durch die in den Hohlraum geleitete Heißluft erwärmt. Die oberen Räume waren mit Heizkörpern in Form von Tonröhren mit etwa 12 cm Durchmesser versehen, die die Wärme vom Hypocaust ansaugten. Ein großer aus Ziegeln errichteter Kamin am äußersten Ende des Bauwerkes sorgte für den erforderlichen Luftzug. Das Bad entspricht in allen Einzelheiten dem üblichen römischen Plan.

Es gab noch ein zweites Bad in Mampsis, jedoch wurde dieses fast völlig zerstört.

Die Existenz von Badeanstalten in Mampsis und den anderen Negev-Städten hat viele Wissenschaftler in Erstaunen versetzt. Diese römische Erfindung ist die wassersparendste Badeeinrichtung, die es je gab. Im Kaltbad brauchte man nicht mehr als 200 bis 250 Liter und im Lauwarmbad bis etwa 2 500 Liter. Die Wassermengen reichten für viele Menschen. Im Warmbad setzte man das Wasser mit einer sehr ökonomischen Methode ein, nämlich in Form von Dampf. Angenommen, daß das Bad an einem Tag pro Woche in Betrieb war, verbrauchte man im ganzen Jahr nicht mehr als 170–200 Kubikmeter Wasser, was nicht einmal die Hälfte des Fassungsvermögens der Zisterne ist, aus der man das Badewasser bezog.

Im Nordwesten der Stadt, gerade außerhalb der Wohngegend, lag eine große Karawanserei (Gebäude VIII) von 40 × 20 m Ausmaß. Hier gab es drei weite Höfe mit zweiseitig angeordneten Räumen. In der Nähe des Eingangs befand sich eine Kochstelle und ein Wasserbehälter. Mindestens ein Teil des Komplexes bestand bereits in der mittelnabatäischen Zeit. Damals muß Mampsis eine Karawanenstation an einer Ausweichroute gewesen sein, die aus der Gegend von Petra über das Wadi Araba nach Judäa und an das Mittelmeer führte. Die Strecke muß über Thamara verlaufen sein (identisch mit Ain Hisb/Hatzeva), wo es eine wasserreiche Quelle gibt, an der man Spuren einer nabatäisch-römischen Wegestation gefunden hat. Die Schwierigkeit dieser Route war der Steilanstieg aus dem Wadi Araba in die Berge des Zentral-Negev, wo auch Mampsis liegt. Dieses Problem wurde in der spätnabatäischen Periode mit dem Bau der Neuen Straße (Via Nova) durch die Römer unter Trajan überwunden. Sie führte vom Roten Meer entlang des transjordanischen Tafellandes bis nach Damaskus. Wahrscheinlich zur gleichen Zeit wurde dann die Via Nova mit der Straße Petra – Mampsis durch erstklassig

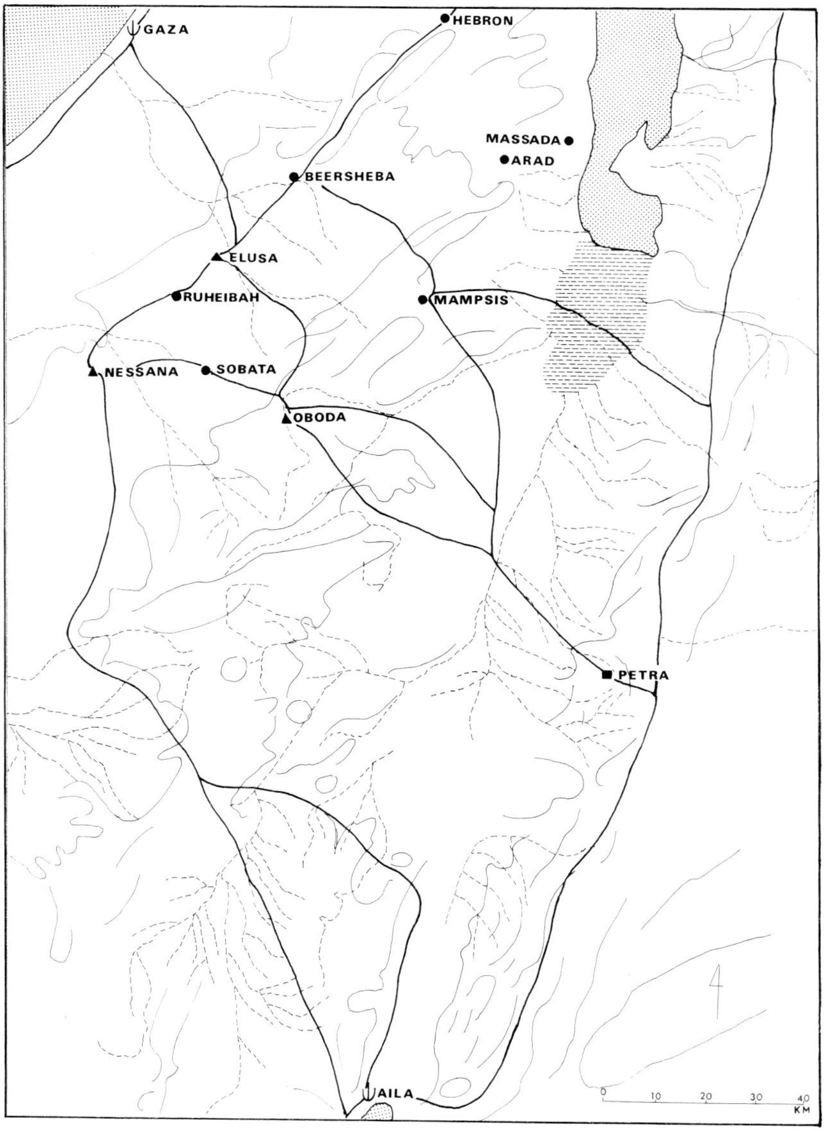

Der nabatäische Negev

In der früh- und mittelnabatäischen Periode war der Negev die Drehscheibe des nabatäischen Handelssystems. Ohne sie dürften die Gewürze und Duftstoffe aus dem Fernen Osten wohl kaum die Häfen der Mittelmeerküste erreicht haben. Zu Beginn bestand das nabatäische System im Negev aus drei Stützpunkten: Oboda, Nessana und Elusa. Die kostbare Fracht mußte entweder über Aila (Eilat) – Petra, oder Aila – Nessana – Elusa nach Gaza kommen. Später wurde dieses System durch die Gründungen von Mampsis, Sobata und Ruheiba verstärkt. Die Via Trajana (Via Nova) wurde nach der Annektierung des nabatäischen Reiches durch das römische Imperium 106 n. Chr. gebaut. Die Petra-Oboda-Straße kam außer Gebrauch und wurde durch die neue Linie Petra–Mampsis ersetzt, die zunehmend auch militärische Bedeutung erhielt. Auf diese Weise wurden die Grundlagen für den zukünftigen Wohlstand in der späteren römischen und byzantinischen Periode geschaffen.

Mampsis, die Staudämme im Nahal Mamshit im Winter
Der Damm im Vordergrund wurde von einer britischen Gesellschaft errichtet, die in der Umgebung der antiken Stadt nach Öl bohrte.

ausgebaute Serpentinen verbunden – eine kühne technische Leistung! Dieses Straßenstück ist heute unter dem Namen »Skorpionsteige« bekannt. Vermutlich meint Eusebius mit der in seinem Onomasticon erwähnten Straße zwischen Hebron und Aila über Mampsis und Thamara eben diese Skorpionsteige, die nach seiner Beschreibung einen Tagesmarsch von Mampsis entfernt liegt. In die gleiche Zeit fällt auch die Erweiterung der Karawanserei von Mampsis: es galt, die Leute zu versorgen, die nun die bessere Straße benutzen statt der alten und schwierigeren zwischen Petra und Oboda.

Wie erfolgte nun die Wasserversorgung von Mampsis? In der ganzen Umgebung gibt es keine ständig fließende Quelle, daher war man ganz auf das Sammeln des Regenwassers angewiesen. Da das Stadtgebiet selbst viel zu klein und für diesen Zweck ungeeignet ist, mußte man andere Methoden ersinnen. Drei gewaltige Dämme wurden hintereinander in dem nahen Wadi errichtet. Auf diese Weise erhielt man zwei große Bekken von je 10000 Kubikmeter Fassungsvermögen. Von hier wurde das Wasser in Krügen zu den verschiedenen Zisternen und der öffentlichen

Mampsis, die Straße zu den drei nabatäischen Staudämmen ins Nahal Mamshit

Schöpfstelle gebracht. Um leichter an die Dämme heranzukommen, schlug man Treppenstufen in den Bergabhang. Heute ist alles außer dem niedrigsten Damm mit einer dicken Schlammschicht bedeckt. Eine weitere Wassergewinnungsanlage wurde in einem Nebental des Hauptwadis angelegt. Am Unterlauf dieses Seitentales baute man einen einzigen Damm, der das kleine Wadi in ein großes Staubecken verwandelte. Ein drittes Wasserspeichersystem lag etwa 2 km westlich der Stadt, wo man in einem recht weiten Tal ein Auffangbecken baute. Das Wasser wurde hier mit Hilfe eines 2000 m langen Kanals gesammelt. Auf diese Weise gab es immer Hoffnung, daß selbst in Dürrejahren wenigstens eines der Wassergewinnungssysteme genügend Trinkwasser lieferte, auch wenn ein anderes leer bleiben sollte.

Auf den ersten Blick scheint es, daß die Existenz der Stadt sehr unsicher war und es viel Mut bedeutete, sie an einer solchen Stelle zu gründen. Tatsächlich ist die Situation nicht ganz so schwierig. Man kann fast sicher sein, daß Anfang Dezember die Wadis überflutet werden, auch Fluten im Oktober oder November sind nicht selten. Die Regenzeit im Zentral-Negev dauert bis Ende April und gelegentliche Wolkenbrüche gibt es auch noch im Mai.

Eine Flut geringster Stärke bringt genug Wasser, um wenigstens ein Sammelbecken aufzufüllen. Die kritische Zeit, der die Bevölkerung allein auf die Zisternen angewiesen ist, erstreckt sich über die sechs Sommermonate von Mai bis Oktober. Etwa 2000 Einwohner, was meine höchste Schätzung bezüglich Mampsis ist, benötigen zusammen mindestens 1 Kubikmeter Wasser pro Trag oder 180 Kubikmeter insgesamt während der entscheidenden Monate. Dies ist weniger als das Fassungsvermögen der einzelnen Zisternen in den Häusern der Stadt. Das heißt also, selbst während der Sommermonate konnten die Bewohner mehr als nur das errechnete Minimum an Wasser verbrauchen und hatten dann immer noch eine angemessene Reserve für den Fall einer totalen Dürre.

Chronologie in Mampsis

Bei der Beschreibung der spätnabatäischen Epoche in Mampsis habe ich für die der wunderbaren Architektur der Wohnhäuser nur wenige Superlative benutzt. Die Feinheit der Bauweise spricht für sich selbst und man würde ihr mit Worten kaum gerecht. Jedoch bleibt noch ein Problem zu besprechen, nämlich die Chronologie. In Mampsis wurde keine Inschrift gefunden. Aus diesem Grunde kann man nur aus den architektonischen Merkmalen eine relative Chronologie erstellen. Die archäologische Schicht der mittelnabatäischen Periode konnte anhand von Münzen und Keramik und durch Vergleiche mit ähnlichen Funden in Oboda bestimmt werden. Da zwischen mittelnabatäischen und spätnabatäischen Bauwerken keine Beziehung besteht, ist anzunehmen, daß zwischen Aufgabe bzw. Zerstörung der früheren Stadt und dem Wiederaufbau der neueren eine Lücke von mehreren Generationen gelegen hat. Im ganzen Stadtgebiet gibt es keine Anhaltspunkte, die eine genaue Datierung des Wiederaufbaues des spätnabatäischen Mampsis ermöglichen. Es ist lediglich sicher, daß dieser Neuaufbau nabatäisch ist und vor Erscheinen des Christentums erfolgte. Da die Gebäude bis zum Ende des Bestehens von Mampsis in Benutzung waren, können wir uns auch nicht auf die Funde am Boden der Häuser verlassen; diese Funde gehören mit ziemlicher Sicherheit zur spätesten Phase der Stadtbesiedelung.

Wiederum müssen wir Oboda als Beispiel zu Hilfe nehmen. Ich erwähnte bereits die Inschriften zu Ehren von Rabel II. aus den Jahren 88 bis 98 n. Chr. Dies müssen Jahre hektischer wirtschaftlicher Aktivität gewesen sein, wofür auch unsere Währungskurve spricht. Die 20 Jahre vor Rabels Thronbesteigung waren von einer wirtschaftlichen Rezession gekennzeichnet. Um 73 n. Chr., drei Jahre nach seiner Krönung, erhöhte Rabel den Silbergehalt der Münzen von 20 auf 40,5 bis 42 %. Diese drastische Aufwertung dauerte bis 78 n. Chr., in den 80er Jahren fällt der Silbergehalt wieder auf den Tiefstand von 20 %, von dem er sich nicht wieder erholte. Offenbar hat Rabel in den Jahren 73–78 n. Chr. die Verbesserung der Wirtschaftslage geplant und für seine Ziele Geldmittel zusammengetragen. Wenn die Eröffnung des ersten landwirtschaftlichen

Betriebes in Oboda im Jahre 88 n. Chr. stattfand, kann man davon ausgehen, daß die Erbauung einige Jahre früher begann, was uns bis etwa 80 n. Chr. zurückbringt, den Zeitpunkt des Beginns der neuen Inflation. Es wäre nicht überraschend, wenn wirtschaftliche Entwicklungsprojekte größeren Stils eine Inflation heraufbeschworen hätten.

Die Geldabwertung dauerte, wie gesagt, bis zum Ende des nabatäischen Münzwesens, genauer bis zum 22. März 106 n. Chr., als das Nabatäerreich Teil des Römischen Imperiums und Kern der neu gegründeten Provincia Arabia wurde.

Dieses schicksalsschwere Ereignis hat in weiten Kreisen der Wissenschaft zu Diskussionen geführt. Einige glauben, daß die Einnahme des Nabatäerreiches durch Krieg und Zerstörung erfolgte, andere sind überzeugt, der Vorgang sei friedlich abgelaufen. Ich wurde von einem bekannten amerikanischen Wissenschaftler beschuldigt, ein und dasselbe Material aus Oboda einmal als Beweismittel für die gewaltsame Zerstörung der Stadt im Jahre 106 und ein anderes Mal für die Zerstörung des Ortes im Jahre 50 n. Chr. benutzt zu haben. Dies bedarf einer Aufklärung. Während meiner Arbeit in Oboda, zusammen mit meinem Lehrmeister und Kollegen M. Avi-Yonah, dessen Interesse sehr stark historisch orientiert war, hat dieser das Datum der Zerstörung des Tempels von Oboda mit dem Jahr 106 n. Chr. angesetzt. Etwa ein Jahr später, nachdem die Töpferwerkstatt und weitere mittelnabatäische Stätten in Oboda ausgegraben waren, wobei Zerstörungsspuren durch Brand entdeckt wurden, habe ich die Vernichtung des Tempels und der ganzen Stadt neu datiert: sie muß im Jahr 50 n. Chr. erfolgt sein. Ich halte es für durchaus legitim, meine Meinung zu ändern, wenn sich neue Erkenntnisse ergeben, besonders wenn es um eine so wenig bekannte Kultur wie die der Nabatäer, geht. Die friedliche Einnahme von Oboda im Jahre 106 n. Chr. bzw. die Fortdauer der Bautätigkeit wird durch Schriftfunde erhärtet. In einer Höhle im Westabhang des Stadthügels wurde ein Steinblock mit folgender nabatäischer Inschrift gefunden: »Gebaut im Jahr 2 der Eparchie.«

Mit dem Tod von Rabel endete das alte Datierungssystem nach den Regierungsjahren der Könige. Die neue Ära der Provincia Arabia brach an, die die Nabatäer – nach dem Griechischen – »Eparcheia« nannten. Diese begann 106 n. Chr. und somit ist das Jahr 2 aus der Inschrift 107/108 n. Chr.

Es ist unvorstellbar, daß in einer Stadt, die gerade durch einen Brand zerstört wurde, die Bautätigkeit sofort weitergeht.

Eine zweite Inschrift in Oboda stammt aus der gleichen Generation. Sie bezieht sich auf die Errichtung eines Heiligtums im »Jahr 20 der Eparchie«, d. h. 126/127 n. Chr.

Es ist noch nicht lange her, daß ich den Teil des Hügels lokalisieren konnte, auf dem das spätnabatäische Oboda errichtet wurde, aber dort gab es noch keine sorgfältigen Untersuchungen.

Um auf Mampsis zurückzukommen – man liegt sicher richtig, wenn man die Erbauung der spätnabatäischen Stadt mit etwa 100 n. Chr. annimmt. Diese Datierung wird durch die folgende Beschreibung der nabatäischen Nekropole von Mampsis untermauert.

Die Nekropole von Mampsis

Obgleich die Nekropole von Mampsis mit den prächtigen Gräbern von Petra und Egra (Hegra) nicht zu vergleichen ist, ist sie doch fast die einzige Quelle, aus der wir Kenntnis über die Begräbnissitten der Nabatäer gewinnen können, da die Gräber in Petra und Egra alle ausgeraubt wurden. Die Nekropole wurde nördlich der Stadt in etwa 1 km Entfernung durch zwei britische Archäologen Mitte der 30er Jahre entdeckt. P. L. O. Guy und G. E. Kirk machten damals eine Ortsbesichtigung in Mampsis und Umgebung.

In ihrem Bericht beschreiben sie die genaue Lage und erwähnen schwarzglasierte hellenistische Keramik an der Oberfläche. Dies machte mich hellhörig und bei Wideraufnahme der Grabungen in Mampsis im September 1965 war mein erstes Ziel, den Friedhof zu finden und auszugraben. Bald stellten wir fest, daß die Keramik weder hellenistisch noch schwarz glasiert war, sondern es handelte sich um römische rote Sigillata, durch Feuer geschwärzt.

Der nabatäische Friedhof von Mampsis liegt in einem weiten Tal mit einer dicken Lößbodenschicht, die nur von ein wenig Flugsand bedeckt ist. Die Bodenbeschaffenheit machte daher das Ausheben von Gräbern leicht. Ursprünglich hatte jedes Grab ein Denkmal in Form einer Stufenpyramide aus feinen Quadersteinen. Diese wurden jedoch bereits im Altertum als »Steinbruch« benutzt. Die eigentlichen Gräber wurden dadurch vor Grabräubern verschont. Nur eines der Monumente war in den Grabschacht gesunken, seine Steine wurden deshalb nicht entfernt. Durch diesen Fund ließ sich die Form einer nabatäischen Stufenpyramide rekonstruieren. Einige Grabstellen konnte man an zurückgebliebenen Grundsteinen der Denkmäler erkennen, andere an großen Wacholderbüschen, die die nötige Feuchtigkeit aus der darunterliegenden Gruft

Mampsis, nabatäische Nekropole (Gesamtansicht)

Mampsis, nabatäische Nekropole. Grab Nr. 119
Dies ist eines der seltenen erhaltenen Monumente. Es war aus sehr schön geglätteten Steinen in Form einer Stufenpyramide aufgebaut.

Mampsis, nabatäische Nekropole. Grab Nr. 100
Wohlhabende Bürger wurden in kunstvoll gearbeiteten Gräbern beigesetzt. Der Sarg aus Zedernholz stand auf einem mit Quadersteinen ausgelegten Boden.

bezogen. Eine weitere Erkennungshilfe waren die Steinsplitter, die der Steinmetz nach seiner Arbeit neben dem Grabmal liegen ließ. Immer wenn wir eine Ansammlung von Absplitterungen entdeckten, wußten wir, daß das Grab nicht weit sein konnte. Insgesamt fanden wir etwa 30 Begräbnisstätten auf diesem Friedhof.

Die Nabatäer praktizierten in Mampsis zwei Arten der Beisetzung: die direkte und die sekundäre Bestattung. Bei der direkten Bestattung wurde ein Grab bis zu einer Tiefe von 2 bis 4 m ausgehoben. Der Leichnam wurde auf verschiedene Arten niedergelegt: in einem Holzsarg, einem Steinsarg oder einem Holzsarg, der in einen Steinsarg eingesetzt wurde. Bei einer Bestattung im Steinsarg allein war dieser stets ohne Boden, so daß der Tote in direkten Kontakt mit dem Erdreich kam, ganz wie es das zeitgenössische Ritual der Juden vorschrieb, mit denen die Nabatäer vieles gemeinsam hatten. Nach der Beisetzung wurde der Sarg mit 4 bis 5 schweren Steinen abgedeckt und der restliche Schacht mit einer Mischung aus großen Steinen und Erdreich zugeschüttet, um eine Grabschändung möglichst zu erschweren. Über der Grabstelle wurde das Monument errichtet. In einem Fall fand sich zusätzlich zu der Stufenpyramide noch eine Stele ohne Inschrift, die auf das Monument aufgesetzt war. Auf die hier beschriebene Weise wurden meist Frauen bestattet und in diesen Gräbern gelangen uns die bemerkenswertesten Funde.

Mampsis, Grab Nr. 105

Dieses Grab war eines der ersten, das auf dem nabatäischen Friedhof entdeckt wurde. Eine Stele ohne Inschrift ragte aus dem Boden und erwies sich als die Spitze eines Grabmals. Vom Monument selbst sind nur die ursprünglich unter der Erde liegenden, roh behauenen Grundquader erhalten. Beigesetzt war eine Urne (Ossuarie) jüdischer Art, in der sich eingehüllte Knochenreste und zwei Glasfläschchen befanden.

Mampsis, Das Ossuarium aus Grab Nr. 105

In jüdischen Quellen aus der Zeit der Mishna wird eine Bestattungs-Sitte erwähnt, bei der Knochenbündel, in Leinen eingehüllt, bestattet wurden. Dieser Fund ist der erste archäologische Beweis für diese schriftliche Überlieferung.

Mampsis, nabatäische Nekropole. Grab Nr. 110
Eines der Ossuariengräber, in der die Knochen gesammelt bestattet wurden (Zweitbestattung).

Bei der Sekundär-Bestattung handelt es sich um die Beisetzung der Gebeine, nachdem der Körper verwest ist. Diese Art war noch vielfältiger. Zwei Gräber z. B. waren einfache steinerne Kästen, oberirdisch aufgestellt, in denen ein Teil des Skelettes lag. Ein drittes Grab war ein großes Gebeinhaus von 5 × 5 m Größe. Darin befand sich ein schön gebauter, über 2 m langer Steinbehälter mit gepflastertem Boden, in dem stark fragmentierte Knochen, Zähne, zahlreiche Steinperlen, eine halbe bemalte Schale, eine Öllampe und eine Münze gefunden wurden. Wahrscheinlich waren hier mehrere Personen zu verschiedenen Zeiten beigesetzt worden.

Eine weitere Form der Skelettbestattung erfolgte in einem Ossuarium (Knochenkiste) aus weichem Kalkstein von einem Typus, wie er in Judäa zur Zeit des Zweiten Tempels verbreitet war. Von außen unterschied sich ein solches Grab nicht von den anderen. Es hatte auch eine Pyramide und eine Stele.

Wir entdeckten ein derartiges Grab zu Beginn unserer Arbeiten und gaben ihm die Nummer 105. Es war uns auffällig erschienen und deshalb gruben wir es von allen Seiten aus, um die Füllung freizulegen, die das eigentliche Grab abdeckte. Ich konnte mich lange nicht dazu entschließen, weiterzugraben, denn die Aushebung einer Grabstätte bedeutet zugleich ihre Zerstörung. Erst am Vorabend des »Sechstagekrieges« 1967

Mampsis, nabatäische Nekropole
Die Silbermünze wurde im Grab Nr. 108 gefunden. Auf der Vorderseite (links) ist der nabatäische König Rabel II. (70–106 n. Chr.) zu sehen. Auf der Rückseite (rechts) ist Königin Gamilat abgebildet. Die Münze wird auf das Jahr 74 n. Chr. datiert.

kam diese Arbeit an die Reihe. Nach dem Entfernen der Steinfüllung waren wir über die Entdeckung eines Ossuariums anstelle des regulären Grabes sehr überrascht. Nach Abheben der runden Abdeckung fanden wir ein intaktes Bündel fragmentierter Knochen, die in Leinen eingeschlagen waren. An beiden Enden dieser Hülle lagen winzige Flaschen aus Glas für Parfüm – wiederum ganz im Einklang mit den jüdischen Vorschriften für die Zweitbestattung zur Zeit des Zweiten Tempels und der Mischna. Man konnte nur schwer der Versuchung widerstehen, dieses Grab zu »judaisieren«, denn in der nabatäischen Nekropole von Egra in Nordarabien ist ein Jude namens Shubitu, Sohn von Eliu, beigesetzt, aber es gibt keine Anzeichen für die Bestattung von Juden in Mampsis.

Offenbar haben die Nabatäer in Mampsis (und verschiedenen Fundumständen nach zu urteilen, auch an anderen Orten ihres Reiches) alle, die in der Heimat starben – zumeist Frauen – gleich in einem endgültigen Grab beerdigt. Personen, die fern der Heimat starben – wie Karawanenbegleiter oder Soldaten – wurden zunächst an Ort und Stelle begraben, erst bei späterer Gelegenheit sammelte man die Gebeine und überführte sie an den Heimatort, um sie dort endgültig zu bestatten. Die Sekundärbestattung wurde als große Ehrung des Toten angesehen, sie war wichtiger als die Erstbestattung des Leichnams.

In Judäa wurde versucht, die Entstehung der Sekundärbestattung mit ökonomischen Gründen zu erklären, wie zum Beispiel den hohen Kosten für das Aushauen eines Grabes in dieser felsigen Landschaft. Dies trifft mit Gewißheit nicht auf die Nabatäer zu, deren Friedhöfe in weichem Sandstein angelegt wurden, und schon gar nicht auf Mampsis, wo die Gräber im weichen Lößboden liegen. Der Gedanke, der dieser Sitte bei den Nabatäern zugrunde lag, muß die Überzeugung gewesen sein, daß der Tote niemals seine wirkliche Ruhe findet, solange seine Gebeine nicht in heimatlichem Boden beigesetzt sind.

Die Nabatäer glaubten nicht, daß die Toten Essen und Trinken brauchten, daher wurden keine entsprechenden Gaben in die Gruft gelegt. Nur die Frauen wurden mit ihrem persönlichen Schmuck zur Ruhe gebettet. In einem einzigen Fall fand sich in einem Grab eine Alabastervase, möglicherweise für Parfüm, und in einem weiteren Fall ein hölzernes Kästchen mit den persönlichen Dokumenten (Papyrusrollen) der Verstorbenen. Warum diese Dokumente mit in das Grab gelegt und im Verlauf der Beisetzungsfeier verbrannt wurden, ist mir nicht erklärlich. Demgegenüber war es eine durchaus verbreitete Sitte, dem Toten eine Münze – in Mampsis eine Silbermünze – mitzugeben, die unter seine Zunge gelegt wurde, wohl als Bezahlung für den Wächter am Tor zur Unterwelt, wie es auch bei anderen Völkern Brauch war.

Ein wesentlicher Bestandteil des Bestattungsrituals war das Totenmahl. Hierzu wurden »Tische« (aus Steinen) am Rande des Friedhofs aufgebaut. Das Essen wurde im Friedhof auf einem offenen Feuer zubereitet und auf den Tischen dargereicht oder einfach im Sand abgestellt. Die Speisen bestanden aus Schaf- und Ziegenfleisch sowie einigen Früchten, besonders Oliven und Datteln. Getränke, möglicherweise Wein, wurden ebenfalls gereicht. Zu Ehren des Toten zündete man Tonlampen an. Wenn die Totenfeier vorüber war, wurden die Gefäße eingesammelt, ins Feuer geworfen und durch einen Steinwurf zertrümmert, um sie dadurch unbrauchbar zu machen. Diese Gewohnheit ruft wiederum jüdische Bestattungssitten ins Gedächtnis, wo Tonwaren – wie bei den Nabatäern – als »unrein« angesehen wurden, nachdem sie im Totenkult benutzt worden waren.

Wenn hier auf Ähnlichkeiten in den religiösen Praktiken bei diesen beiden Nachbarvölkern hingewiesen wird, so sollen damit keine tiefergehenden Beziehungen unterstellt werden, wie einige Gelehrte es tun. Um hierüber etwas aussagen zu können, müßten wir Überreste religiösen Schrifttums der Nabatäer besitzen, was leider nicht der Fall ist. Die Funde in der Nekropole von Mampsis können jedoch vielleicht helfen, eine Aussage von Strabo zu widerlegen, der in seiner Beschreibung von Petra angibt: »Die Leichname achten sie dem Mist gleich; wie Heraklitus sagt ›Leichen sind verwerflicher als Mist‹. Deshalb verscharren sie sogar die Könige neben den Misthaufen.« (Geographie XVI, 4,26). In Kenntnis

Mampsis, nabatäische Nekropole
Diese seltene Schale wurde direkt unter der Oberfläche gefunden. Der Rand ist mit einer regelmäßigen Girlande bemalt, darunter schwimmende Delphine.

des großen Aufwandes der Nabatäer für ihre Gräber und des komplexen Totenrituals ist diese Feststellung äußerst befremdend.

Bestenfalls zeigt es die geringe Achtung an, die die Nabatäer für das vergängliche Fleisch hatten. Aus diesem Grunde ließen sie wohl die Toten liegen, um den körperlichen Verfall zu beschleunigen und so die Knochen (und die Seele?) für die Ewigkeit zu erhalten.

Der Friedhof von Mampsis muß über einen langen Zeitraum in Benutzung gewesen sein, denn die Münzen aus den verschiedenen Gräbern stammen aus dem 1., 2. und frühen 4. Jh. n. Chr. Während dieser langen Zeit spielte sich ein gewisser Entwicklungsprozeß in den Bestattungsbräuchen und in der Gestaltung der Gräber ab. Die eingangs geschilderten Methoden treffen auf die ersten 2 Jahrhunderte der Benutzung der Nekropole zu. Im Laufe des 3. Jh. jedoch kam es zu einer Änderung. In zwei Gräbern aus dieser späteren Periode war der Steinsarg wie ein geschlossener Kasten gebaut, der Leichnam lag nicht direkt auf den Erdboden.

Die Sekundärbestattung setzte sich bis in das 4. Jh. n. Chr. fort. Das große Gebeinhaus (Grab Nr. 108), das aus dem 1. Jh. n. Chr. stammt, wurde später erneut benutzt. Über den Abdecksteinen des unteren Behälters fanden wir an einer Stelle zwei getrennte Haufen von Totenköpfen und an einer anderen Stelle die übrigen Gebeine. Ein großer Krug und eine Tonlampe wurden ebenfalls mit in das Grab gelegt und eine große

Zahl von Münzen fand sich über die gesamte Gruft verstreut. Diese Münzen waren alle aus der ersten Dekade des 4. Jh. n. Chr. und lieferten damit die Datierung für das späteste Grab dieses Friedhofes. Die zuletzt genannte Bestattung verbirgt vielleicht eine Tragödie. Bei der Beschreibung von Gebäude XII war bereits von dem Münzhort die Rede, dessen Anhäufung etwa um 220 n. Chr. endete, sowie von dem Umstand, daß in diesem Gebäude Jahrhunderte danach noch Menschen lebten, die nichts von dem Schatz unter ihren Füßen ahnten. Auch die aufwendige Toilette wurde beschrieben und ich glaube, daß diese Einrichtung den Schlüssel zu den Ereignissen darstellt. Sie kann so lange gefahrlos benutzt werden, wie keine ansteckende Krankheit auftritt, doch sobald eine der recht häufigen Seuchen ausbricht, wird sie zwangsläufig zur Todesfalle. Es könnte also sein, daß nach 220 n. Chr. eine derartige Epidemie herrschte und alle Benutzer dieser Toilettenanlage hinwegraffte. Dieses Gebäude und vielleicht auch andere waren für den Rest des Jahrhunderts verlassen. Doch dann um 300 n. Chr. entschlossen sich die Nachkommen oder irgendwelche Neuankömmlinge in der Stadt, das Haus wieder in Besitz zu nehmen. Es wurde gründlich gesäubert, die Gebeine wurden eingesammelt und ehrenvoll in einem Grab beigesetzt, vielleicht im Grab derselben Familie, der es ursprünglich zur Sekundärbestattung diente, und das Haus konnte wieder sicher bewohnt werden – ohne Furcht vor den Geistern der Verstorbenen.

Die Überreste der Totenmähler auf dem Friedhof von Mampsis lieferten reiches Material von chronologischem Wert und halfen dadurch mit, die schwer datierbaren Bauperioden der Stadt zu bestimmen. Die früheste Phase der Benutzung des Friedhofes ist die mittelnabatäische Periode. Hierzu gehört eine große Anzahl bemalter Gefäße, Eastern Sigillata, Lampen und andere Keramiktypen, die auch in der Töpferei von Oboda häufig vorkamen. Die zweite Phase fällt in die spätnabatäische Periode, durch Münzen von Trajan sicher datierbar. In diesem Zeitraum wird das Repertoire an Keramik ärmer. Von der bemalten Ware wird nur noch ein Typ fortgeführt, nämlich Schalen mit großen Palmetten als Dekor. Auch die meisten Sigillata-Typen verschwinden.

Die dritte Phase, die in das frühe 4. Jh. n. Chr. fällt, gibt sich durch das Auftreten ganz neuer Typen von Keramik und Tonlampen zu erkennen, die für Nord-Palästina und Phönizien typisch sind. Lediglich einige Tassen zeigen noch eine entfernte Ähnlichkeit zu den älteren nabatäischen Erzeugnissen. Diese Periode ist durch Münzen von Diocletian datierbar.

Schmuck und Siegel

Diese Gegenstände sind neu in der Geschichte nabatäischer Kunst. Bei den Publikationen über die Funde von Petra oder anderen Gräbern, die vor Grabräubern verschont geblieben waren, kann ich mich immer nur wundern, wie wenig wertvolle Gegenstände gefunden wurden. Da ich weiß, wie reich bestückt nabatäische Gräber sein können, habe ich den Verdacht, daß an Ausgrabungen beteiligte Arbeiter Fundstücke verschwinden ließen, da sie klein und leicht zu verbergen sind. Das Rockefeller-Museum in Jerusalem besitzt eine große Sammlung nabatäicher Schmuckstücke, die aus dem Antikenmarkt stammen, über deren Geschichte und Fundumstände man also nichts weiß. Daher kann man wohl mit Fug und Recht behaupten, daß die in Mampsis gefundenen Schmuckstücke ein neues Wissensgebiet der nabatäischen Kunst eröffnen. Ich will zuerst die Stücke beschreiben, die unverkennbar nabatäische Merkmale haben.

Das zuerst freigelegte Grab in Mampsis (Nr. 100) enthielt einen Trajanischen Dinar, 2 Paar Ohrringe (von denen ein Stück bereits im Altertum verlorengegangen sein muß) und einen Halskettenanhänger in Form eines Delphins. Alle Schmuckteile in Mampsis wurden aus Gold hergestellt. Ein Ohrringpaar war aus einer einfachen Hohlform. Diese Art kam in Mampsis stets zusammen mit mehreren anderen, sehr viel feiner gearbeiteten Ohrringpaaren vor.

Der qualitativ bessere Ohrring aus Grab 100 war aus einer runden Plakette gemacht mit Stanz- und Lötverzierungen. In der Mitte des Medaillons steht eine Göttin mit bis zu ihrem langen Haar hochgestreckten Händen. Hierin können wir Venus-Aphrodite-Allat erkennen. In gleicher Haltung wurde sie auch als Bronzefigur und auf einer Tonlampe aus dem Tempel von Oboda dargestellt. Sie ist umrahmt von einem Schrein, der oben wie ein Giebel zusammenläuft und aus winzigen Goldkügelchen gemacht ist. An jeder Seite sitzt ein Rubin in einer Fassung, die einem spitzwinkligen Dreieck ähnlich ist. Auf der einen Seite weist die Spitze nach oben, auf der anderen nach unten. Diese Rubinfassungen erinnern an kleine Stelen. In der nabatäischen Religion wurden Stelen oder kleine

Mampsis, nabatäische Nekropole. Grab Nr. 100
Durch den römischen Dinar läßt sich der Fund etwa auf 100 n. Chr. datieren. Die einzigartige Darstellung einer Allat im Schrein und eines Delphins eröffnete ein bis dahin unbekanntes Gebiet der nabatäischen Kunst.

Mampsis, nabatäische Nekropole. Der Ohrring aus Grab Nr. 100. Allat im Schrein (Vergrößerung)

Mampsis, nabatäische Nekropole. Der Delphin aus Grab Nr. 100. (Vergrößerung)

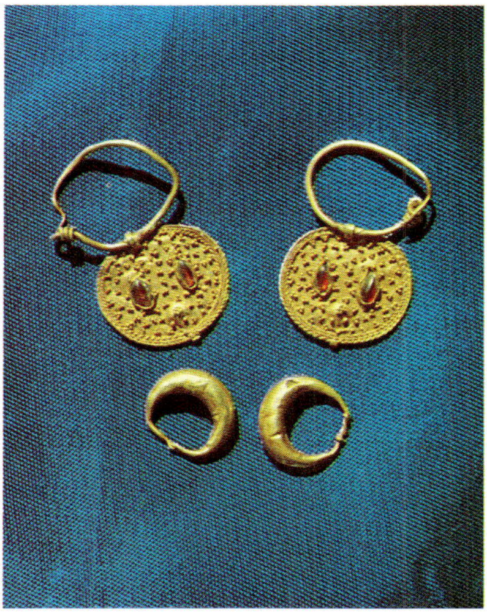

Mampsis, nabatäische Nekropole. Grab Nr. 119

Meistens erhielten Frauen zwei Paar Ohrringe mit ins Grab, wovon ein Paar einfach, das andere kunstvoller war. Manchmal war auch noch ein Nasenring oder ein Anhänger beigegeben.

Mampsis, nabatäische Nekropole. Grab Nr. 107

Dieser kleine Ohr- oder Nasenring ist einzigartig in seiner feinen Filigranarbeit.

Mampsis, nabatäische Nekropole. Grab Nr. 112

Das größere Paar Ohrringe ist mit Mustern verziert, die auch in der nabatäischen Keramik öfter vorkommen. Die Rubine sind nur für die Kunst in Mampsis charakteristisch.

Betyle als Verkörperung des Hauptgottes Dushara aufgestellt. Das restliche Feld des Medaillons ist mit Goldkügelchen versehen. Um den Rand verläuft ein Doppelkranz aus Olivenblättern, von dem über den Rand hinaus kleine Bündel aus Goldkügelchen herabhängen, möglicherweise sollen sie Trauben darstellen. Der Blätterkranz, die »Trauben« und die kleinen Kugeln sind auch bei der bemalten Keramik sehr beliebte Schmuckelemente. Den doppelten Olivenblätterkranz findet man außerdem an zwei Kapitellen des Tempels von Oboda.

Ein delphinförmiger Anhänger wurde außer in Grab 100 noch in zwei weiteren Gräbern von Mampsis gefunden. Er ist in zwei Hälften gegossen und in der Mitte zusammengelötet. Mit einer kleinen Öse, die ebenfalls durch winzige Kugeln verziert ist, konnte man ihn an eine Kette hängen. Auf einem bemalten Becher vom Friedhof in Mampsis und ähnlichen Gefäßen aus Oboda tritt ebenfalls der Delphin als Dekor auf. Ferner gibt es Reliefs mit Delphindarstellungen am nabatäischen Tempel von Khirbet et-Tannur im nördlichen Edom. In wissenschaftlichen Kreisen herrscht die Meinung vor, daß die Nabatäer das Symbol des Delphins von den Römern und Griechen übernommen haben. Dies ist nicht unbedingt überzeugend. Delphine gibt es auch im Roten Meer, das man gewissermaßen als nabatäisches Gewässer ansehen kann.

Eines der Gräber enthielt neben dem üblichen Paar einfacher Ohrringe ein schöner gearbeitetes Paar aus flachen runden Scheiben, ähnlich dem vorher beschriebenen Allat-Ohrring. Die Hauptverzierung bilden zwei ovale Rubine und ein Feld mit Trauben aus kleinen Kügelchen. Es ist sehr gut möglich, daß beide Ohrringpaare vom gleichen Juwelier stammen.

Ein drittes Ohrringpaar ist für die Datierung von Bedeutung. Es hat die Form eines Halbmondes und wurde in einer anderen Technik hergestellt. Als Verzierung dienen geometrische Figuren mit angelöteten winzigen Goldkugeln. Am Rand befinden sich zahlreiche kleine Kelche, vielleicht zum Einsetzen von Edelsteinen oder sogar für Duftstoffe. Zwei Paar ähnlicher Ohrringe wurden vor langer Zeit in Alexandria erworben und befinden sich jetzt im Benaki-Museum von Athen. Im dortigen Katalog wurde der Schmuck mit der Datierung 5. oder 6. Jahrhundert n. Chr. veröffentlicht, was meines Erachtens mit Sicherheit falsch ist.

Ein viertes Paar Ohrringe könnte aus jeder beliebigen Goldschmiede der römischen Welt stammen. Es sind kleine runde Platten mit einer Vorrichtung zur Ohrbefestigung. An dem Plättchen hängt eine recht kräftige Spirale aus Golddraht, davon hängt wiederum ein kurzes Stück Draht herab. Hieran wurde ein organischer Stoff, wahrscheinlich Duft absonderndes Material, befestigt. Die Anbringung von Aroma- bzw. Parfüm-

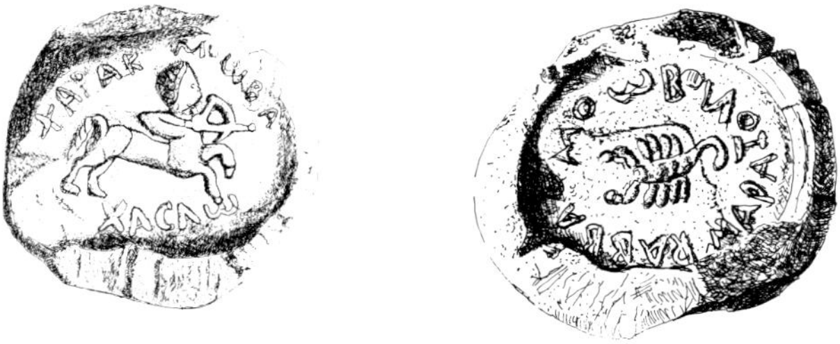

Mampsis, Siegelabdrucke aus Grab Nr. 107
Die Abdrucke stammen von offiziellen Siegeln aus den Städten Petra, Rabbathmoba und Characmoba. Sie gehören zu einer Serie von Siegeln, die die Tierkreiszeichen abbilden. Das linke zeigt den (Bogen-)Schützen als Zentaur, der den Bogen spannt. Darüber steht der Name der Stadt Characmoba, unter der Figur der Name des hebräischen Monats Kislew in der griechischen Form Chasleu. Der rechte Abdruck mit dem Skorpion trägt den Namen der Stadt Rabbathmoba, und den hebräischen Monat Marcheschwan in der griechischen Übersetzung Maraxon.

stoffen war in Mampsis vermutlich auch bei anderen Schmuckstücken üblich.

Wir fanden noch mehr Schmuck in den Gräbern, der entweder ganz schlichte Formen hatte oder den oben beschriebenen Mustern entsprach.

Ferner fanden wir eine Reihe von Tonsiegeln in den Gräbern, z. B. in Grab Nr. 107, welches durch reinen Zufall entdeckt wurde. Es liegt zwischen Grab 105 (einer Knochenurne) und Grab 106, das aus sehr schönen Steinen errichtet wurde, aber sonst keine nennenswerten Funde enthielt. Bei unserem Versuch, Grab Nr. 105 von allen Seiten freizulegen, stießen wir auf den Abdeckstein eines einfachen Schachtgrabes ohne Aufbau, das regelrecht zwischen die beiden vorgenannten Gräber gequetscht war. Es enthielt das schönste Schmuckstück, das wir überhaupt in dieser Nekropole gefunden haben. Die Form ähnelt einer kleinen Glocke an einem Ring aus Golddraht. Ganz unten hing eine Perle. Das konisch geformte Glöckchen ist mit abwechselnden Streifen aus Goldkügelchen und winzigen Blumen verziert. Das Blumenornament findet man auch an nabatäischen Kapitellen in Petra.

Im übrigen enthielt dieses Grab etwa 20 Tonsiegelabdrucke. Ursprünglich waren sie in einem Holzkasten, der während der Bestattung zu Füßen der toten Frau verbrannt wurde. Zurückgeblieben sind nur die Bronzescharniere und das Schloß sowie Stücke verkohlten Holzes. Offenbar enthielt dieser Kasten persönliche Dokumente dieser Frau, die ihr – aus unbekannten Gründen – mit ins Grab gegeben wurden. Das Feuer, das die Dokumente vernichtete, hat gleichzeitig die mürbe Siegelmasse in harten Ton verwandelt und für die Ewigkeit erhalten. Die

Mampsis, Siegelabdrucke aus dem nabatäischen Grab Nr. 106
Die Abdrucke stammen von Originalsiegeln der Städte Rabbathmoba und Characmoba in Moab, einem Teil des nabatäischen Königreichs. Dargestellt sind Sternkreiszeichen: Waage, Schütze, Skorpion und Wassermann. Die Monatsnamen erscheinen jeweils am unteren Rand.

Abdrucke stammen von amtlichen Siegeln aus drei arabischen Städten: Petra, Rabbathmoba und Characmoba (Kir Moab). Zwei der Siegel sind Nachbildungen von Münzen, so daß sie uns einen Schlüssel zur Datierung liefern. Die Münzen waren zu Ehren von Kaiser Hadrian bei seinem Besuch in Petra im Jahre 130 n. Chr. geprägt worden. Die Stadt erhielt aufgrund des Ereignisses den Ehrentitel »Hadriane Petra Metropolis«. Außer dieser Inschrift trägt die Münze ein Portrait der Tyche von Arabia mit einer Mauerkrone. Bei den anderen Siegeln war dem Ortsnamen noch der Titel Polis hinzugefügt. Dies ist ein höchst willkommener Zusatz für das Studium der Geschichte dieser Provinz, denn in diesem Teil Arabiens ist keine andere Polis vor dem 3. Jh. n. Chr. bekannt.

Die Städtesiegel lassen sich in verschiedene Gruppen einteilen. Eine Art zeigt Abbildungen der Sternkreiszeichen. Diese entsprechen den hebräisch-nabatäischen Monaten, sind jedoch in griechisch wiedergegeben. Zum Beispiel die Waage (libra) zeigt einen bärtigen Mann, der in der einen Hand eine Waage und in der anderen Gewichte hält. Dies gehört

Mampsis, Siegelabdrucke vom nabatäischen Friedhof
Diese Folge von Siegeln zeigt verschiedene Darstellungen der Göttin Tyche. Auf drei Abdrucken der gleichen Münze sieht man die Tyche der Provincia Arabia, eine Frau, die eine Krone trägt und zwei Kinder stillt. Der zweite Typus der Tyche-Darstellung zeigt sie als Stadtgöttin von Petra. Es handelt sich um die Kopie einer Münze, die zu Ehren des Besuchs von Kaiser Hadrian in Petra im Jahr 130 n. Chr. geprägt wurde. Die dritte Art zeigt Tyche auf einem Thron mit dem Modell einer Stadt oder eines Tempels im Schoß.

zum Monat Teserei, dem hebräischen Tishrei. Beim Sternbild Skorpion (scorpio) sieht man die Darstellung eines wunderschönen Skorpions mit aufgerichtetem Stachel. Dies steht für den Monat Maraxon (Marcheshwan). An dritter Stelle kommt der Schütze (sagittarius) als galoppieren-

Mampsis, Siegelabdruck vom nabatäischen Friedhof
Dies ist der einzige Abdruck mit der Darstellung einer männlichen Gottheit, Ares Panebalos, des Schutzpatrons der Stadt Rabbathmoba, später umbenannt in Areopolis.

der Centaur mit gespanntem Bogen für den Monat Chaseleu (Kislev). Der Steinbock (capricornus) ist eher einem Lamm ähnlich und die Inschrift ist leider nicht mehr vorhanden. Am fünften Platz der »Wassermann« (aquarius), eine unbekleidete junge Frau mit Krug, bezieht sich auf den Monat Sebat (Shevat).

Bemerkenswert ist, daß alle Siegel nur das Winterhalbjahr zeigen. Wir wissen nicht, ob dies Zufall oder Absicht ist. Interessanterweise hat ein beim nabatäischen Tempel von Khirbet et-Tannur gefundener Tierkreis eine ähnliche Unterteilung in Winter- und Sommerhalbjahr. Es ist möglich, daß die Nabatäer wie die Juden zwei Neujahrsfeste feierten, eines im Sommer im Monat Nisan und eines im Winter im Monat Tishrei.

Eine andere Gruppe bilden Siegel mit Darstellungen von Stadtgöttinnen. Ein Siegel, das wir in dreifacher Ausführung fanden, zeigt Tyche von Arabia als junge Frau mit einer Mauerkrone, einem wehenden Schleier, zwei Säuglinge an der Brust haltend. Solche Tyche-Portraits waren bisher nur von Münzen aus der Provinzhauptstadt Bostra bekannt, geprägt im 3. Jh. n. Chr., diese Siegel stammen jedoch aus Characmoba Polis. In Petra wurde Tyche als Stadtgöttin verehrt. Eine andere, hier nicht abgebildete Darstellungsart zeigt Tyche in voller Größe auf einem Fels sitzend mit einem personifizierten Flußgott zu ihren Füßen. Dieses Siegel wurde nach dem Vorbild einer Statue aus Antiochia am Euphrat gemacht, bekannt durch Münzen aus dieser Stadt. Die dritte Version ist eine recht grobe Darstellung von Tyche, auf einem Stuhl sitzend und auf dem Schoß das Modell einer Stadt oder eines Tempels haltend.

Männliche Gottheiten werden als Kriegsgötter dargestellt mit Uniform und hohen Stiefeln, in der einen Hand ein Schwert und in der anderen einen Speer und einen runden Schild. Es handelt sich wohl um den Gott Ares, nach dem die Stadt Rabbathmoba umbenannt wurde in Areopolis. Eigenartigerweise kommt unser Siegel jedoch aus Characmoba. Die Schmuckstücke und Siegel aus der Nekropole von Mampsis sind nicht nur interessante Neuentdeckungen in der spätnabatäischen Kunst, sondern eröffnen ein bislang unbekanntes Forschungsgebiet.

Ein römischer Militärfriedhof in Mampsis

Etwa 800 m vom nabatäischen Friedhof und nur 200 m von der Stadt entfernt liegt ein weiterer Friedhof von völlig anderer Art. Als wir ihn entdeckten, glaubten wir zunächst, es handle sich auch um ein nabatäisches Gräberfeld, da zwei fast vollständig erhaltene Grabsteine sich kaum von denen auf dem ersten Friedhof unterschieden. In einem kleinen Tal verlaufen zwei Gräberreihen in gerader Anordnung und mit einer steinernen Einfriedung. Mit Ausnahme der zwei oben erwähnten Monumente sind die übrigen Gräber sehr viel einfacher, im allgemeinen nur ein länglicher Steinhaufen. Wir gruben eines dieser einfachen Gräber aus, um die schönen Grabsteine nicht zu zerstören. Zu unserer größten Überraschung fanden wir keine Grabstätte im üblichen Sinne, sondern einen flach behauenen Felsen mit Brandspuren und veraschten Knochen. Bei einem zweiten Grab kam das Gleiche zum Vorschein. Hier wurden offenbar Menschen begraben, die die Leichenverbrennung der Erdbestattung vorzogen. Während unserer Arbeiten besuchte mich meine Tochter Eilat an der Grabungsstelle. Plötzlich stolperte sie über einen Stein an einem der gut erhaltenen Monumente. Das arme Ding entschuldigte sich vielmals, dabei hatte sie uns allen im gleichen Augenblick eine große Freude bereitet, denn an der Unterseite des umgestoßenen Steines kam eine lateinische Inschrift zum Vorschein. Sie galt einem Diogenes, Sohn des Alexander, ein »eques« in der »Cohors I Augusta Thracum«. Nun suchten wir natürlich eifrig nach weiteren Inschriften und fanden auch tatsächlich einen noch viel größeren Stein mit der Grabinschrift für einen Mann der als »centurion« in der »Legio III Cyrenaica« und der »Legio II Traiana Fortis« gedient hat.

Die erstgenannte Legion war seit ihrer Gründung in Arabia stationiert, während die andere zur Niederschlagung des Aufstandes unter Bar Kochba (132–135 n. Chr.) von Ägypten nach Judäa verlegt wurde.

Diese beiden Inschriften waren der einzige Beweis für die Anwesenheit römischer Militäreinheiten im Negev nach der Eingliederung des Nabatäerreiches in das Römische Imperium. Der Vergleich zwischen den Bestattungsbräuchen der semitischen Nabatäer und denen der Thrakier

Mampsis, der Militärfriedhof
Einige Gräber sahen aus, als wären sie von Nabatäern; aber anstelle eines Grabes wurde ein Scheiterhaufen gefunden, der mit Steinen bedeckt war.

oder anderer Volksgruppen innerhalb der römischen Armee, bei denen die Feuerbestattung üblich war, ist aufschlußreich. In Mampsis wurde die Verbrennung der Toten auf dem Friedhof vorgenommen und danach der Verbrennungsort mit einem Monument als Grabstätte markiert. Bisher ist dies der einzige Friedhof solcher Art, der in der gesamten Provincia Arabia gefunden wurde.

Malerei in Mampsis

Bevor wir Mampsis verlassen, müssen wir uns noch einer anderen künstlerischen Ausdrucksform, nämlich der Malerei, zuwenden. Das meiste auf diesem Gebiet entdeckten wir in Gebäude XII. Ich habe zwar schon die Fundumstände geschildert, aber es bleibt noch die Beschreibung der Malereien selbst. Die Wandgemälde im Innenhof des Hauses, die leider sehr schlecht erhalten sind, zeigen hauptsächlich geometrische Formen und sind vielfach Nachahmungen von Marmorplatten mit Spuren von Pflanzenornamenten. Interessanter sind die Malereien im Vorraum des Treppenturmes und der Schatzkammer. Der Raum war völlig weiß getüncht, jedoch in den oberen Wandbereichen und an den drei tragenden Bogen waren Fresken angebracht. Die Tatsache, daß das Gebäude seit seiner Errichtung im frühen 2. Jh. n. Chr. bis zum Untergang der Stadt um 500 n. Chr. ununterbrochen bewohnt war, hat mit zu seiner guten Erhaltung beigetragen.

Aber auch danach hat es keinen ernsten Schaden genommen. Nachdem Beduinen die Holztüren als Brennmaterial entfernt hatten, füllte sich der Raum langsam mit feinem Flugsand. Erst als der größte Teil versandet war, brach das Dach und zwei Bogen zusammen. Die bemalten Teile der Bogen fielen mit der Schauseite nach unten auf den Sand und waren dadurch gut geschützt.

Die Wandgemälde verlaufen in zwei Bändern, einem schmalen von etwa 40 cm und einem breiteren von etwa 1,20 m Höhe. Der untere Teil zeigt im wesentlichen Ornamente wie vielblättrige Rosetten und »teppichartige« Muster, aber es gibt auch einige symbolisch-mythologische Darstellungen, bei denen in einem Fall nur die griechische Inschrift erhal-

Mampsis, Gebäude XII; der bemalte Vorhof
Der untere Teil der Fresken zeigt geometrische Felder, rätselhafte Teppichmuster und mythologische Szenen wie diese mit Eros und Psyche.

Mampsis, Gebäude XII; der bemalte Vorhof
Die drei Bogen, die das Dach tragen, sind mit bekleideten und unbekleideten Menschen bemalt. Dieser Kopf gehört zu einer als Frau gekleideten Nike.

ten ist: agathos daemon – ein guter Geist. Die andere zeigt Eros und Psyche auf einem Sofa sitzend und sich ansehend. Er trägt Flügel wie die eines Engels und sie die eines Schmetterlings. Beide werden durch griechische Inschriften eindeutig benannt.

Die höhere und größere Bildreihe war der Witterung stärker ausgesetzt, so daß wenig von den ursprünglichen Farben erhalten geblieben ist. Sie zeigt Menschen in verschiedenster Haltung, z. B. einen laufenden Neger, der einen langen Schatten wirft, eine Frau, möglicherweise Leda mit dem Schwan, oder einen Trompeter. Am besten erhalten sind die Malereien an den Bogensegmenten. Auf der einen Seite war jeweils ein Mann und auf der anderen eine Frau dargestellt. Am Scheitelpunkt befand sich, jeweils die Büste eines jungen Mannes auf einer runden Scheibe, ähnlich einem Medaillon. Die Männer sind nackt, die Frauen dagegen bekleidet, mit Flügeln und in der Hand Palmzweige haltend. Die Gestalten sind von unterschiedlicher Qualität und wurden wahrscheinlich von zwei Künstlern angefertigt. Einer signierte mit seinem Namen Absalamos.

Die Übergangszeit

Die Geschichte des spätnabatäischen Mampsis kann man folgendermaßen zusammenfassen:

Um 100 n. Chr. wurde eine Stadt gegründet, deren Existenzgrundlage die Pferdezucht war. Man erlebte eine ununterbrochene Blütezeit während des 2. und 3. Jh. n. Chr. Gegen Ende dieser Periode wurde zumindest ein Teil der Stadt durch eine Seuche hart getroffen, erwachte jedoch nach einiger Zeit zu neuem Leben.

Um diese Phase besser zu verstehen, müssen wir noch einmal nach Oboda zurückkehren.

Die späteste nabatäische Inschrift in Oboda stammt aus dem Jahre 126 n. Chr. Obwohl die Datierung bereits nach dem System der römischen Provinzen angegeben wurde, war die verwendete Sprache noch immer nabatäisch-aramäisch. Es folgt eine Spanne von etwa 100 Jahren, über die wir praktisch überhaupt nichts wissen. Nach dieser Zeitlücke erscheint eine Flut von Inschriften auf dem Akropolishügel, und zwar in einer Grabhöhle am Südende des Bergabhangs in einem neu angebauten Stadtteil. Während des Jahrhunderts der »Inschriftenpause« vollzog sich ein grundsätzlicher Wandel in der Kultur von Oboda, hauptsächlich durch den Übergang von der nabatäischen auf die griechische Sprache. Gleichzeitig erfolgte ein Religionswechsel: viele der neueren Inschriften erwähnen Zeus-Oboda, den neuen Hauptgott der Stadt, und Aphrodite, die den Thron mit ihm teilte.

Das Phänomen der lokalen Zeus-Figuren zur Römerzeit ist in dieser Region wohlbekannt, aber im Falle von Zeus-Oboda könnte es sich auch um einen neuen Beinamen für den alten vergöttlichten König Obodas handeln.

Vor kurzem wurde nämlich eine neue nabatäische Inschrift in der Nähe der Stadt gefunden, die zwar noch nicht vollständig entziffert und datiert ist, sich aber auf den »Göttlichen Obodas« bezieht. Dies mag auch die Behauptung des Stephanus von Byzanz unterstützen, welcher sagt, daß in Oboda der vergötterte König Obodas angebetet wurde.

Oboda, Aurelia-Moulche-Inschrift

Eine der längeren Inschriften auf der Akropolis sagt: »Aus Ergebenheit und durch die Voraussicht des Ausoebdos, Sohn des Erasos, wurde die Front dieses ... (Hauses?) der Aphrodite aus Marmor gemacht mit seinen eigenen Mitteln. Abdaisei und Ameos, die Erbauer.«

Die zeitliche Einordnung dieser und zahlreicher anderer Inschriften aus der gleichen Periode geht aus einem Türsturz mit acht eingravierten Widmungen in griechischer Sprache hervor, den wir am Boden des Einganges zum nabatäischen Tempel fanden. Eine dieser Inschriften ist zwar sehr kurz, jedoch von großer Bedeutung: »In Erinnerung an Zamnos, den Erbauer, im Jahre 162.« Wie bei den anderen Inschriften ist hier die Zeitrechnung der Provinz angegeben. Das Datum entspricht dem Jahr 268/269 n. Chr. Eine weitere Inschrift führt sogar den Namen der Stadt an: »allen Freunden von Oboda«. Außer der Bedeutung für die Datierung vermitteln diese Inschriften noch eine wichtige Erkenntnis: trotz der sprachlichen und religiösen Veränderungen tragen alle am Bau des neuen

Tempels Beteiligten rein nabatäische Namen. Es taucht kein Fremder darunter auf.

Auch eine Inschrift aus der Grabhöhle ist datiert: »Aurelia Moulche, Tochter des Abdomanos, auch unter dem Namen Amlaiphos bekannt, lebte 81 Jahre und starb am 4. des Monats Ab im Jahre 136«. Dieses Jahr 136 nach der Provinzialrechnung entspricht 242 n. Chr. Aurelia Moulche wurde demnach im Jahr 161 n. Chr. geboren, als Mark Aurelius römischer Kaiser wurde.

Daher wurde Aurelia ihrem semitischen Namen hinzugefügt. Diese Widmung für Aurelia ist die früheste datierte Inschrift aus dieser Epoche. Auch vier andere an gleicher Stelle gefundene Inschriften gelten weiblichen Verstorbenen. Da sich jedoch in der Grabhöhle mehr als 20 Begräbnisstätten befinden, möchte ich diesem Tatbestand nicht unbedingt besondere Bedeutung beimessen. Allerdings wissen wir aus Schriftfunden von Egra (Hagra), daß einige Gräber von oder für Frauen erbaut wurden, d. h. ausschließlich für die Bestattung von weiblichen Familienmitgliedern. Die späteste griechische Inschrift stammt aus dem neuen Stadtteil südlich der Akropolis. Dort heißt es: »Viel Glück! Zeus-Oboda stehe Eirenaios bei, der diesen Turm von Grund auf erbauen ließ im Jahre 188 durch Uaelos, den Baumeister aus Petra, und Eutychos«. Diese Inschrift entstand im Jahre 293 / 294 n. Chr.

Oboda, Inneres der spätrömischen Bestattungs-Höhle mit Blick auf die offenen Begräbnisplätze

Wir wollen versuchen, die Geschichte Obodas im 3. nachchristlichen Jahrhundert zu rekonstruieren.

Die spätnabatäischen Pferdezüchter bauten ihre Häuser auf einem terrassenartigen Vorsprung am Westabhang (bisher fanden dort noch keine nennenswerten Untersuchungen statt). Einige von ihnen wohnten auch in den umliegenden Tälern. Mit ihrer neuen Beschäftigung waren sie sicher nicht weniger erfolgreich als ihre Brüder in Mampsis. Nachdem sie ausreichende Geldmittel erworben hatten, beschlossen sie, ein neues Stadtviertel zu gründen und den alten Tempel ihrer Vorfahren wieder aufzubauen. Wir wissen natürlich nicht, in welchem Zustand sich der alte Tempel befand, nachdem er Mitte des 1. Jh. n. Chr. zerstört worden war. Auch wissen wir nicht genau, wie er in der spätnabatäischen Periode aussah, aber den Inschriften können wir mit Sicherheit entnehmen, daß ein neues Dach errichtet und eine Marmorverkleidung angebracht wurde.

Auch der Türsturz mit den vielen eingravierten Widmungen ist neu. An dem Tempelneubau war offenbar die geamte Gemeinde von Oboda beteiligt, wie aus der großen Zahl der Namen hervorgeht. In dem neuen Tempel verehrte man Zeus-Oboda, den alten Gott in neuer Verkleidung, und Aphrodite, die von den Nabatäern stets mit Allat gleichgestellt wurde. Erstaunlicherweise erscheint in einer Inschrift: »Gedenke, oh Apis«; dieser ägyptische Gott scheint ebenfalls mit in den Kult aufgenommen worden zu sein. Die Griechen identifizierten jedoch mit Sicherheit den ägyptischen Gott mit Zeus. Die kleine Neustadt entstand südlich der Akropolis. Der Baubeginn muß im frühen 3. Jh. stattgefunden haben, jedoch nennt die Weihinschrift des einzigen bisher ausgegrabenen Hauses das Jahr 293/294 n. Chr.

An dem neuen Stadtviertel mit etwa 20 bis 30 Häusern erkennt man einen bemerkenswerten Umschwung in der nabatäischen Stadtplanung. Das spätnabatäische Mampsis war einfach eine Ansammlung von Gebäuden ohne erkennbare Anordnung. Im Gegensatz dazu galten bei dem ein Jahrhundert später erbauten Oboda römische Vorbilder. Die kleine Stadt ist durch den Verlauf eines »cardo« (Achse) von Norden nach Süden und von zwei kurzen »decumani« von Osten nach Westen unterteilt. An der Kreuzung von einer der decumani mit dem cardo befindet sich ein kleiner Platz, wo zwei große Zisternen ausgegraben wurden, die den ganzen Ort mit Wasser versorgten. Ferner fand man eine kleine Höhle mit einem Salpeterlager, einem Mittel, mit dem man Fleisch zur Haltbarmachung pökelte bzw. räucherte. Es bestand aus Pottasche vom Toten Meer, vermischt mit menschlichem Urin als Stickstofflieferant.

Am südlichen Ende des »cardo« steht das einzige Gebäude, das wir in diesem Teil der Stadt ausgegraben haben. Eine Inschrift, die über dem

Oboda, gewölbter Eingang zur Bestattungs-Höhle (spätrömisch)

Türsturz entdeckt wurde, bezeichnet das Bauwerk als »pyrgos«, Turm; es ist in der Tat nach der traditionellen Bauweise nabatäischer Türme errichtet.

Das Gebäude mißt 10×10 m und umfaßt drei Räume und einen Treppenturm zum 2. und 3. Stockwerk genau wie frühere Türme in Mampsis. Es ist der späteste aller bekannten Treppentürme im Negev und das letzte Beispiel für den Höhepunkt nabatäischer Architektur, bevor in den folgenden Jahrhunderten ein Niedergang der Baukunst und der wirtschaftlichen Lage einsetzt.

Die zu diesem Stadtteil gehörende Grabhöhle (es gab noch mehrere, die jedoch noch nicht erforscht wurden) hat einen großen Vorraum, Wände und Gewölbe sind aus Quadersteinen. Der Türsturz des Höhleneingangs ist mit religiösen Symbolen geschmückt, einem Hörneraltar mit der Sonnenscheibe zur einen und einem Halbmond zur anderen Seite. Zwei Säulen mit nabatäischen Kapitellen, die den Türrahmen bilden, symbolisieren möglicherweise einen Tempel. Ein anderer verzierter Stein trägt eine große »tabula ansata« (Votivtafel) mit drei schwach erkennbaren weiblichen Büsten, jedoch ohne Inschrift. Die Fassade ist also reich geschmückt, während das Innere der Höhle kahl ist. Es gab 22 in den weichen Kalkstein gegrabene loculi, jeder für die Bestattung von zwei Körpern bestimmt. Die Höhle wurde Anfang dieses Jahrhunderts von den französischen Dominikaner-Patern Jaussen, Savignac und Vincent freigelegt. Die gefundene Keramik sammelten die Wissenschaftler und ließen sie in einer versteckten Ecke der Höhle liegen, wo ich sie 50 Jahre später fand. Den feinen Sand, den die Forscher aus der Höhle entfernten, häuften sie im Vorraum auf.

Offenbar in dem Wunsch, die Höhle der Vergessenheit zu entreißen, bezeichneten sie sie als mutmaßliche Grabstätte des Gottkönigs Obodas. Allerdings ließen sie dabei außer acht, daß die Höhle für die Bestattung vieler Menschen eingerichtet und daher keineswegs der Würde eines königlichen Mausoleums entsprach. Die Keramik konnte nur aus dem 3. Jh. n. Chr. stammen. Nachdem die Höhle bereits gesäubert war, brauchte ich mich lediglich auf die Ausgrabung des Vorraumes zu konzentrieren. Ich fand dort vier Grabsteine, wovon einer das Datum 242 n. Chr. trug.

Über die Situation der anderen Negev-Städte im 3. Jh. n. Chr. wissen wir nur wenig, aber anhand der Beispiele von Mampsis und Oboda ist anzunehmen, daß es überall Jahre hektischer Betriebsamkeiten waren. Ein Wendepunkt in der Geschichte des Zentral-Negev scheint die Regierungszeit von Diocletian (293–316 n. Chr.) gewesen zu sein. Noch vor seiner Thronbesteigung bekämpfte er im Jahre 292 die Sarazenen; im Jahr 297 war er in die Unterdrückung eines Aufstandes in Ägypten verwickelt. Das persönliche Interesse Diocletians an der Ost-Politik brachte diesen Teil der Welt um seine »glückliche Verborgenheit«, die ihn so lange eingehüllt hatte.

Sinai und Negev unter Diocletian

Bevor wir uns den Negev-Städten zur Zeit Diocletians zuwenden, sollten wir einen Blick auf den Sinai werfen, dem südlichen und südwestlichen Nachbarland des Negev. Es ist unmöglich, den Negev völlig unabhängig vom Sinai zu sehen, denn beide sind die am besten bekannten Gebiete nabatäischen Territoriums.

Meine eigenen Forschungen im Süd-Sinai und die meines Kollegen E. Oren im nördlichen Teil zeigen ohne Einschränkung, daß die gesamte Sinai-Halbinsel fest in nabatäischer Hand war.

Den nördlichen und zentralen Bereich durchzogen einige wichtige Handelsrouten von Nordarabien sowie vom südlichen Edom und Negev nach Ägypten. Im Süd-Sinai lebten hauptsächlich Schafhirten und Dattelpalmenbauern, deren Früchte ein Hauptnahrungsmittel für die Karawanenbegleiter und das gesamte nabatäische Volk waren. Der Überschuß an Datteln wurde sogar bis nach Europa ausgeführt, wo sie als Trockenfrüchte sehr geschätzt waren. Diodorus, dessen Schriften eine unschätzbare Informationsquelle zur frühen nabatäischen Geschichte im Zentral-Negev sind, benutzt auch den Ausdruck »Barbaren« für die Bewohner im Süd-Sinai, die einen »heiligen Palmenhain kultivieren«. Mit aller Wahrscheinlichkeit ist hiermit der Ort gemeint, der später als Pharan bekannt wurde. Die frühesten archäologischen Hinterlassenschaften, die man mit Sicherheit den Nabatäern zuschreiben kann, sind typisch nabatäische Keramiken aus Feiran (= Pharan) und dem Wadi Haggag (»Das Tal der Pilger«) im östlichen Teil des Süd-Sinai sowie an einigen kleineren Orten, wo geringe Mengen dieser Keramik gefunden wurden.

Aus dem 1. und 2. Jh. n. Chr. stammen Karawanenhalteplätze mit einem nabatäischen Tempel und Gräbern im Norden der Halbinsel. Inschriften, die sonst überall im Nabatäerreich verbreitet waren, scheinen im Sinai erst relativ spät aufzutreten. Keine dort gefundene Inschrift ist älter als aus der Zeit der Eingliederung Nabatäas in das Römische Reich. Durch die große geographische Entfernung von den anderen nabatäischen Zentren waren die Bewohner des Sinai fremden Einflüssen nicht so stark ausgesetzt wie zum Beispiel ihre Brüder im Negev. Dadurch bewahrten sie ihre Sprache und Religion bis zum Ende des 3. Jh. n. Chr. Bei meinem letzten Sinai-Besuch im Sommer 1979 sah ich eine nabatäische Inschrift zusammen mit Kreuzen und anderen christlichen Symbolen, jedoch bedarf die Beziehung der Nabatäer zum aufkommenden Christentum noch genauerer Untersuchungen.

Im Süd-Sinai hinterließen uns die Nabatäer einen unvergleichlichen Schatz, nämlich etwa 4000 Felsinschriften und eine recht große Zahl von Felszeichnungen. Die Wissenschaft hat das Schicksal dieser Inschriften durch die Einstufung als »uninteressant« bedroht. Fast alle enthalten nur Namen, üblicherweise den des Schreibers und dessen Vaters, Bruders, manchmal auch des Großvaters oder der Tochter. Selten ist ein Titel oder ein Ortsname angegeben. Alle Inschriften beginnen und schließen mit einer kurzen Segensformel. Nur acht von den etwa 4000 Schriften sind datiert. Hinsichtlich ihres Zweckes wurden von verschiedenen Wissenschaftlern die abenteuerlichsten Mutmaßungen angestellt, z. B. daß sie die Grenzen des Weidelandes markierten – obgleich weit und breit kein Weideland zu finden ist – oder daß sie Gräber kennzeichnen, obwohl in der gesamten Umgebung kein Grab festgestellt werden konnte. Nicht weniger phantasievoll ist die Theorie, daß die Inschriften von Pilgern eingeritzt wurden, die aus dem Hedjas (Nordarabien) kamen, um heilige Plätze im Sinai zu besuchen.

Ich habe versucht, die Inschriften nach ihrem Inhalt zu deuten, der für »uninteressant« befunden wurde. Obgleich diese Forschungsarbeit noch am Anfang steht, haben sich bereits erstaunliche Erkenntnisse gezeigt. Um des enormen Schriftmaterials Herr zu werden, habe ich alle Personennamen (etwa 1150) in alphabetischer Ordnung in einer Tabelle erfaßt. Außerdem wurden sie aufgrund ihres Auftretens an anderen Orten nach Herkunftsgebieten geordnet, und zwar Nordarabien, Sinai und Negev, Edom und Moab sowie Hauran. In jeder Spalte wird das zahlenmäßige Vorkommen jeden Namens angegeben. Nach diesen vier Spalten folgen acht Rubriken mit Angaben von Parallelen aus verschiedenen süd-, mittel- und nordarabischen Sprachen sowie eine zusätzliche Kolumne für die palmyrenische Sprache. Weiterhin folgen Namensübersetzungen und Anmerkungen.

Es ergab sich, daß mit Ausnahme sehr weniger Namen, die in allen Nabatäerregionen vorkommen, die meisten für ein oder höchstens zwei Gebiete typisch sind. Da kaum ein Hinweis auf eine Stammeszugehörigkeit gegeben wird, ist anzunehmen, daß zur Zeit der Felsbeschriftung, also ab dem frühen 2. Jh. n. Chr., das Bewußtsein einer Stammesverbundenheit weithin verlorengegangen war. Daraus folgt, daß die Nabatäer das ganze Gebiet schon in sehr frühen Zeiten und über einen so langen

Zeitraum hin bewohnt hatten, daß die Beziehung zu den verschiedenen Stämmen in Vergessenheit geraten war.

Da ich die Identität und Hintergründe der Nabatäer des Sinai erkunden wollte, konzentrierte ich mich auf die Namen, die einen Bezug zur Region haben. Ich unterteilte sie nach ihrer wörtlichen Bedeutung und bildete kleinere Gruppen, z. B. Namen, die die geistigen Qualitäten des Trägers kennzeichneten, solche mit körperlichen Eigenschaften, Namen aus der Pflanzen- und Tierwelt, geographische Namen, Namen mit Beschreibungen von Tätigkeiten sowie verschiedene andere kleine Gruppen.

Aus der Gruppe der theophoren Namen (Namen, in denen Götterbezeichnungen vorkommen) kann man erkennen, daß die Nabatäer des Sinai ihre eigene Götterwelt hatten mit Göttern, die sonst nirgendwo verehrt wurden. Am auffälligsten unter den geographischen Namen war Pharan; zahlreiche Nabatäer trugen diesen Namen.

Es ist offensichtlich, daß nur Menschen, die auch im Süd-Sinai geboren waren, diesen Namen bekamen. Aus dem Pflanzenbereich kommt der Name Shimrah, was soviel wie Dattelstaude heißt und wahrscheinlich auf den Anbau dieser Palme hinweist. Berufsbezeichnungen sind in Namen wie Qain enthalten, das heißt Kupferschmied. Tatsächlich gab es Kupfer- und Türkisbergwerke im Sinai. Eine andere Tätigkeit beinhaltet der Name Nasigu = Weber. Das Weben mit Garn aus Schaf-, Ziegen- und Kamelwolle ist nur natürlich in einer Gesellschaft, die zum großen Teil von der Tierzucht lebte. Alle Namen stellen das Bild einer Gemeinschaft dar, die von den natürlichen Quellen ihres Wohngebietes lebte. Mit Hilfe dieser Inschriften wurden auch zwei Heiligtümer der Nabatäer im Gebirge um die große Oase von Pharan ausfindig gemacht.

Ein bisher noch nicht erwähnter Personenname führt uns zurück zu Diocletian, mit dem dieses Kapitel eingeleitet wurde. In dem Namen Sharqui erkennt man die Bezeichnung »Sarazene«, ein Volk, das von Diocletian so erbittert bekämpft wurde. Als Teil seiner allgemeinen Politik und aufgrund der Ereignisse im Osten nahm Diocletian ein Projekt zur Verstärkung der Festungen entlang der östlichen Grenzen des Römischen Reiches in Angriff. Die Hauptfestungskette in der Provincia Arabia zog sich entlang der Via Nova, die Trajan im Jahre 108 n. Chr. durch die transjordanischen Berge hatte bauen lassen. Dort wurde eine Reihe von Militärlagern und Hilfsfestungen, Türme, Wasserstellen und andere militärische Einrichtungen angelegt. Unbekannt war jedoch, wie der Sinai in diesen Plan eingepaßt wurde.

Die letzte Woche des Jahres 1971 verbrachte ich an der genannten Stätte Wadi Haggag. Dort führte eine der bedeutenden Routen vom Golf von

Eilat über die Oase Pharan an den Golf von Suez vorbei. Ich fotografierte an diesem Ort mit Unterstützung einer kleinen Studentengruppe etwa 400 Inschriften, von denen einige nabatäisch, aramäisch und hebräisch, die meisten jedoch griechisch waren. Diese stammten im wesentlichen von Pilgern auf dem Weg zum Berg Sinai, einige waren aber auch aus vorchristlicher Zeit. Die vorchristlichen Inschriften befinden sich auf einem Felsen, der von den übrigen völlig abgesondert liegt und außer den griechischen nur noch nabatäische Inschriften trägt. Die vollständigste griechische Inschrift lautet: »Der einzige Gott hilft Valerius, dem Strategos, Sohn des Antigonus. Drittes Jahr der Indiktion«.

An der rechten oberen Ecke sind zusätzlich drei Buchstaben eingeritzt, Theta und Ypsilon sowie der semitische Buchstabe Dalet dazwischen. Während die griechischen Buchstaben vermutlich eine Abkürzung für Theos Ypsistos (Höchster Gott) darstellen, steht der hebräische Buchstabe für Ehad (eins oder der Eine). Auf diese Weise brachte der Schreiber seine tiefsten religiösen Gefühle zum Ausdruck. Neben der Inschrift befanden sich noch zwei Symbole, nämlich ein siebenarmiger Leuchter (Menorah) – sehr häufiges Motiv in der synagogalen Kunst – und ein Palmzweig. Eine zweite Inschrift auf dem gleichen Felsen lautet: »Gnade! Gedacht sei des Theodotos, des Eparchos, Sohn von Claudius«. Ähnliche Formulierungen erscheinen in verschiedenen anderen Inschriften, die nur teilweise erhalten sind. Das Datum der ersten Inschrift ist wahrscheinlich 299/300 n. Chr. Die Zeitrechnung nach »indictiones«, d. h. nach Steuerperioden von je 15 Jahren, wurde von Diocletian im Jahre 297 n. Chr. eingeführt, was gleichzeitig das erste Jahr der ersten Indiktion war.

Diese Inschriftengruppe wurde von höheren Beamten aus der zivilen und militärischen Verwaltung Ägyptens eingraviert, von denen mindestens einer ein Jude war. Es waren die Jahre, in denen Diocletian die Befestigung der Südgrenzen des Römischen Reiches anordnete. Die Gruppe von Offizieren war entweder im Süd-Sinai mit dieser Aufgabe betraut oder in anderer Weise in militärische Aktionen gegen die Sarazenen verwickelt.

Die Zeit unter Diocletian ging auch an den Städten des Negev nicht spurlos vorüber. Bei Strabo finden wir die Anmerkung: »Ihre Häuser sind kostbar; aber aus Gründen des Friedens sind ihre Städte nicht ummauert.« (Geographie XVI, 4, 26) Strabo bezieht sich dabei zwar auf eine frühere Periode, aber die Situation hat sich in den nabatäischen Städten auch in den folgenden Jahrhunderten wenig geändert. Erst um 300 n. Chr. begann man auch im Negev mit Befestigungsanlagen. Mampsis, seit seiner Gründung ohne Stadtmauer, wurde nun mit einer Einfriedung

Oboda, das Haupttor der spätrömisch-byzantinischen Zitadelle

Oboda, der Hofraum der spätrömisch-byzantinischen Zitadelle
In der Mitte sind zwei Zisternen zu erkennen. Der freie Platz diente in Zeiten der Gefahr den Einwohnern der Stadt und ihren Herden als Zuflucht.

Oboda, der Autor in einem Haus aus spätrömischer Zeit

versehen. Sie war nur 1 m stark und bestand wie bei den Privathäusern aus einer doppelten, untereinander nur mangelhaft verbundenen Mauer. Es sieht so aus, als ob die Stadt den erhaltenen Befehl zum Bau dieser Stadtmauer gezwungenermaßen ausführte, ohne von der Notwendigkeit überzeugt zu sein. Die Datierung wurde durch den Fund von Münzen des Diocletian am Mauersockel ermöglicht. Der Schutzwall mit drei Toren, eines nach Westen zur Wasserstelle, ein Haupttor nach Norden und ein schmales in Richtung des südlichen Wadis, nützte der Stadt wenig, als sie kaum 200 Jahre später gestürmt wurde. Die Mauer erwies sich eher als Hindernis bei der späteren Stadtentwicklung.

Die Städte Oboda und Nessana wurden auf andere Weise befestigt. In Oboda baute man östlich der Akropolis ein Fort mit 61 × 40 m Ausdehnung. Zur Verstärkung gab es noch Türme unterschiedlicher Größe. Zugang zu den Türmen erfolgte über eine neuartige Treppenkonstruktion, bei der eine einzige Treppenflucht von unten bis oben führte.

Die Zitadelle hatte mindestens vier Tore. Vom Haupttor ist ein wunderschöner Bogen erhalten. Es wurde von zwei Türmen bewacht, von denen einer noch aus der spätnabatäischen Periode stammte und in den Neubau einbezogen wurde. Das nördliche Tor ist mit christlichen Symbolen verziert. Das dritte, westliche Tor verbindet die Festung mit der Akropolis und das vierte Tor führt auf das Bergplateau in Richtung Osten. Es gibt noch ein fünftes, ganz einfaches Tor im nordwestlichen Eckturm, das gleichfalls in die Akropolis führt. Die Außenmauern der Anlage sind aus Quadersteinen errichtet, die man von Häusern der spätnabatäischen Periode genommen hat. Viele der Steine zeigen noch die typischen Spuren nabatäischer Bearbeitung. Auf einem dieser Steine entdeckten wir auch die nabatäische Inschrift aus dem Jahre 126/127 n. Chr. Er war mit dem Schriftbild nach unten in die östliche Mauer eingesetzt. Für den Bau der inneren Mauer wurden große Steine aus den Wänden der Türme des nabatäischen Militärlagers verwendet. Der 2000 m^2 große Festungsinnenhof war praktisch frei von Gebäuden mit Ausnahme eines Raumes in der Nähe des Südtores und einer kleinen Kapelle in der nordöstlichen Ecke. Die Kapelle mit zwei angrenzenden Räumen war aus wunderschön behauenen, großen Steinen gebaut, die mit hoher Wahrscheinlichkeit vom nabatäischen Tempel stammten. Außerdem waren in der Mitte des Hofes zwei große Zisternen angelegt, die eine faßte 200 Kubikmeter, die andere war etwas kleiner. Das Wasser wurde durch Kanäle aus dem umliegenden Terrain abgeleitet und in der großen Zisterne gesammelt. Ein Kanal verlief auch außen entlang der südlichen Festungsmauer, um den hier aufprallenden Regen aufzufangen.

Eine dritte Zisterne befand sich unmittelbar westlich der Burg. Sie fing das Wasser vom Burghof auf, mit dem sie über einen Kanal durch eine Maueröffnung verbunden war. Als wir das Verbindungstor zwischen Festung und Akropolis ausgruben, stellten wir fest, daß es mit einem großen Mühlstein von einer Ölpresse und mit zahlreichen Säulentrommeln verbarrikadiert war. Auf diese Weise haben sich vermutlich die Bewohner von Oboda bei der Verteidigung gegen den Ansturm der Araber im Jahre 636 n. Chr. geschützt, eine Maßnahme, die sich als nutzlos erwiesen hat.

Bei der Ausgrabung der Festung im Jahr 1958/1959 habe ich sie der byzantinischen Epoche bzw. ganz einfach dem 5. und 6. Jh. n. Chr. zugeordnet, da mir eine genauere Datierung nicht möglich war. Erst bei den neuerlichen Ausgrabungen 1975 im nabatäischen Heerlager erhielten wir Anhaltspunkte für eine präzisere Datierung. Wie gesagt, wurde für den Bau der Festung das Militärlager als Steinbruch benutzt. In dem Abbauschutt des Lagers fanden wir zwei Münzen, eine von Diocletian und die andere von Konstantin I. (306–337 n. Chr.). Dies legt die Vermutung nahe, daß der Festungsbau während der Regierungszeit des letztgenannten Kaisers bereits im Gange war. Hierdurch erklären sich auch die christlichen Symbole einfacher. Wenn diese Datierung stimmt, fanden der Festungsbau von Oboda und die Errichtung der Stadtmauer von Mampsis gleichzeitig statt. Geschichtlich ergibt dies Sinn. Wie Mampsis erlebte die spätnabatäische Stadt Oboda im 2. und 3. Jh. n. Chr. eine Blütezeit, und es wäre nicht verwunderlich, wenn zu Beginn des 4. Jh. die Verwaltungsbehörden der römischen Provinz eine Befestigung der Stadt Oboda veranlaßt hätten. Dies stünde im Einklang mit ihrer Politik der verstärkten Verteidigungsbereitschaft der isolierten Negev-Städte, so daß sich diese selbst – und damit auch das Imperium – gegen mögliche Angriffe nomadischer »Sarazenen« schützen konnten.

Die Festung von Oboda jedoch war keineswegs für die Stationierung von Garnisonen ausgelegt. Die Planung zeigt deutlich, daß die Anlage lediglich zum Selbstschutz der Bewohner der Stadt sowie der umliegenden Dörfer und Gehöfte bestimmt war, und zwar vor allem gegen Überfälle von Beduinen auf die Siedlungen und Herden. Diese Angriffe erfolgten jährlich. Die Menschen dieser armen Stämme beschafften sich so ein Minimum an Lebensunterhalt, entweder durch Raub von Lebensmitteln oder durch Lösegelder.

In Nessana, der westlichsten Stadt im Zentral-Negev, ist der Grundriß der Festungsanlage ganz anders. Sie mißt 35 × 85 m, liegt auf dem höchsten Punkt der Akropolis und überdeckt teilweise ein früheres nabatäisches Fort. Die große Anlage hatte ein gut geschütztes Tor auf der Süd-

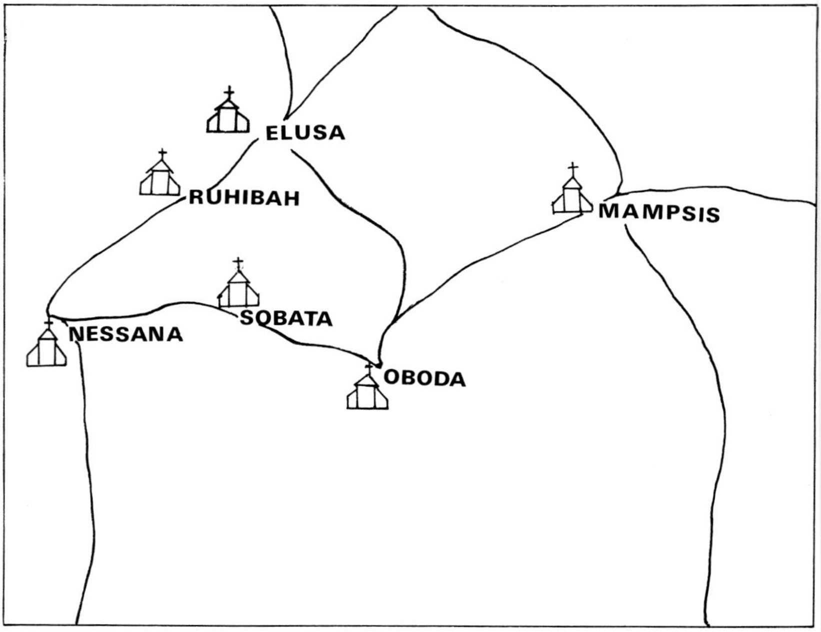

Der christliche Zentral-Negev
Jede der sechs Städte hatte mindestens zwei Kirchen, manche sogar drei oder vier. Der Regional-Bischof hatte seinen Sitz in Elusa, vielleicht gab es sogar in Mampsis einige Zeit einen Bischof. Die Bischöfe von Elusa, die zugleich die christlichen Nomaden repräsentierten, nahmen an den großen Konzilen der frühen Kirche teil.

seite und ein zweites mit einem Wachtturm gegen Osten in Richtung der Stadt. Entlang der gesamten Westmauer und etwa der halben Ostmauer befanden sich nicht weniger als 28 Räume für die Unterbringung der Soldaten. In der Mitte der Burganlage ist eine große, mit Bogen überdachte Zisterne, die wahrscheinlich noch in die Nabatäerzeit gehört.

Die Festung wurde von der Colt-Expedition ausgegraben, wobei leider kein relevantes Datierungsmaterial gefunden wurde. Aufgrund einiger Anhaltspunkte aus der Umgebung des Komplexes wurde die Entstehung in der 1. Hälfte des 5. Jh. n. Chr. angenommen.

Diese Datierung stützt sich hauptsächlich auf eine in der angrenzenden Kirche gefundene Inschrift aus dem Jahre 464 n. Chr. und auf den Namen der Heereseinheit, die dort im 5. und 6. Jh. n. Chr. stationiert war. In den Papyri von Nessana wurde sie »die sehr getreuen Theodosianer« genannt. Aus unerklärlichen Gründen schreiben die Verfasser dieser

Papyri die Mobilisierung dieser Armeeinheit Theodosius II. (402–450 n. Chr.) zu. Hierfür gibt es keine Anhaltspunkte.

Viel eher käme Theodosius I (378–395 n. Chr) in Betracht, der sehr viel militanter war und viele Kriege im Osten ausfocht. Ferner zeigt die Münzgeschichte von Nessana, daß von dieser Stadt umfangreiche Aktivitäten seit Beginn der Herrschaft Konstantins I. ausgingen. Dieser Zeit wird in dem Bericht über die architektonischen Merkmale in Mampsis überhaupt keine Rechnung getragen.

Die archäologische Geschichte Nessanas ist anders als die von Oboda und Mampsis. Ungleich den beiden letzteren wurde Nessana nach dem Unheil, das die Städte gegen Ende der mittelnabatäischen Periode traf, nicht neu besiedelt. Nach den Münzen von Nessana zu urteilen, war der Ort von 50 bis 300 n. Chr. unbewohnt. Daher ist es möglich, daß die Wiederbesetzung auf das Betreiben von Diocletian oder eines seiner unmittelbaren Nachfolger zurückgeht und zur gleichen Zeit erfolgte, als die Besiedelung der anderen Negev-Städte forciert wurde.

Die Ära Diocletians war nicht nur eine Zeit der Stabilisierung, Bautätigkeit und Stadtbefestigungen; in diesen Jahrzehnten kämpfte das Heidentum seinen letzten, erbitterten Kampf gegen die christliche Religion, die immer mehr an Boden gewann. In den Spätjahren der Herrschaft Diocletians wurden mindestens vier Gesetze gegen das Christentum erlassen und besonders im Osten starben viele Christen den Märtyrertod.

Wie wir später sehen werden, hatten diese Ereignisse einen großen Einfluß auf die Konzipierung und den Bau der frühchristlichen Kirchen im Zentral-Negev.

Einzug des Christentums in den Negev – Christliche Städteplanung und Architektur

Am besten beginnen wir dieses Thema mit Mampsis. Wie gesagt, wurde die Stadt gegen 300 n. Chr. mit einer Mauer umgeben. Diese umfaßte alle älteren Gebäude mit Ausnahme der vielleicht nicht mehr benutzten Karawanserei, die möglicherweise damals bereits in Trümmern lag. Die Errichtung der Mauer, schwach und von geringem Verteidigungswert, hatte bedeutende Auswirkungen auf die nachfolgende Stadtplanung. Nachdem die Städter sich einmal an die Umfriedung gewöhnt hatten, war es für sie nicht mehr leicht, ohne diese auszukommen. Die Bevölkerungszahl wuchs jedoch rasch und man mußte sich ernsthaft Gedanken machen, die damit verbundenen Probleme zu lösen. Alle Gebäude der spätnabatäischen Periode waren noch in ausgezeichnetem Zustand, so daß zum Beispiel Gebäude I und II unverändert in Benutzung genommen wurden. Um jedoch mehr Lebensraum zu schaffen, wurden die breiten Straßen verschmälert. Ursprünglich standen die beiden vorerwähnten Gebäude in rechtem Winkel zueinander, so daß ein recht großer offener Platz entstand. Hier baute man nun im 4. und 5. Jh. zwei neue Häuser hinzu. Sie waren, besonders im Vergleich mit der spätnabatäischen Architektur, schlecht geplant, nicht viel mehr als eine simple Anhäufung von Räumen. Gebäude XI, das Haus eines reichen Pferdezüchters, war nun im Besitz eines Mannes mit Namen Nilus, der in die Tür des alten Stalles einen Sturz mit christlichen Symbolen einsetzen ließ. Da die Nachfrage nach Rennpferden im Heiligen Land zur Zeit der großen Inflation zurückging und die Hippodrome ihre Tore schlossen, wurde der Stall in Wohnräume umgebaut. Alle Bogentore und Fenster wurden zugemauert und der Hauptraum des Stalles durch eine dünne Wand, teils aus Steinen und teils aus Lehmziegeln, in zwei Bereiche unterteilt.

Auf diese Weise wurde ein neues vierräumiges Haus geschaffen, das mindestens einer weiteren Familie Wohnraum bot. Gleichermaßen wurde auf dem freien Platz hinter diesem Gebäude ein neues Haus errichtet. Wegen der größeren Ausdehnungsmöglichkeit war dieses Haus besser geplant. Es hatte einen kleinen rechteckigen Hof, an drei Seiten von ins-

Mampsis, Ost-Kirche
Der Türsturz ist mit zwei Kreuzen geschmückt. In der Mitte ein Sonnensymbol.

gesamt acht Räumen gesäumt. Mindestens teilweise war der Hof von einem Dach überspannt, das auf vier Pfeilern ruhte, eine traditionelle nabatäische Bauweise. In einer Hofecke führte eine Treppenflucht in den zweiten Stock. Auch an Gebäude XII wurden Veränderungen vorgenommen. Das Haus wurde möglicherweise die Wohnung des örtlichen Bischofs. Die augenfälligsten Änderungen erfolgten im Wohntrakt. An zwei Türen wurden neue Stürze mit wunderschön gemeißelten Kreuzen eingesetzt und in die Kapitelle anderer Türpfosten wurden ebenfalls Kreuze eingeschlagen. Die Verbindungstüren zwischen den Räumen im Erdgeschoß wurden alle zugemauert, stattdessen verlegte man alle Ausgänge zum Hof hin. Auf diese Weise konnten mehr Familien untergebracht werden, während früher nur eine Familie die untereinander verbundenen Räume bewohnte. Die Stallungen müssen zu dem Zeitpunkt nicht mehr in Benutzung gewesen sein, jedenfalls gab es hierfür keine Spuren.

Die drastischsten Veränderungen erfolgten jedoch durch den Bau zweier Kirchen. Das spätnabatäische Mampsis war eine Stadt von Privat-

Mampsis, Ost-Kirche
Diese Sonnenuhr wurde in den Trümmern des Glockenturms gefunden. Die Gebetsstunden morgens, mittags und abends sind gekennzeichnet.

leuten, außer der öffentlichen Wasserschöpfstelle und der Badeanstalt gab es keine öffentlichen Gebäude. Durch die Nutzung der freien Plätze und breiten Straßen zur Einrichtung neuer Wohnungen wurde der Freiraum stark beschränkt, weshalb dann auch ausreichend Platz für die neuen Kirchenbauten fehlte.

Ferner bestand das Problem eines geeigneten Bauplanes für die Kirchen. Bisher war in der christlichen Welt die Bauform der Basilika mit einem Hauptschiff und zwei oder mehr Seitenschiffen allgemein gebräuchlich. Dies erforderte jedoch, besonders für das große Giebeldach, die Verwendung von viel Holz. Nun war im Negev nicht nur Holz äußerst knapp, sondern die Basilika-Bauweise selbst war den Nabatäern fremd. In Umm el-Jimal im Hauran versuchte man, den Plan einer Basilika mit herkömmlichen Methoden der Überdachung durch weite Bogen zu verknüpfen. Die inneren Unterteilungswände wurden durch schwere Pfeiler ersetzt, die die Bogenkonstruktion stützten, auf der wiederum das

Mampsis, Ost-Kirche; Apsis

flache Gebäudedach lag. Kirchen dieser Bauweise entstanden im 4. Jh. n. Chr., aber noch vor Ende des gleichen Jahrhunderts wurde der Plan als ungeeignet aufgegeben, da die schweren Pfeiler die Gemeinde beim Sehen und Hören des Gottesdienstes behinderten. Wahrscheinlich aus diesem Grund wurde den Bauherren in Mampsis von einer zentralen Verwaltungsstelle ein fertiger Plan für eine Basilika vorgelegt, wobei es ihnen überlassen blieb, wie sie die Arbeit bewältigen würden.

Der einzig verfügbare Platz für den Bau dieses riesigen Komplexes von 55 × 22 m für Kathedrale und Nebengebäude befand sich an der höchsten Stelle am südöstlichen Stadtausläufer, gerade über der Schlucht des Wadis, wo einst die mittelnabatäische Festung lag. Die Stadtmauer wurde abgetragen und der steile felsige Hang aufgeschüttet. Die Ausdehnung des Gebäudes nach Westen war begrenzt durch einen Nebenfluß des Hauptwadis. Deshalb mußte die große Treppe hinauf zum Atrium (Vorplatz) nicht an der Westseite, wie sonst vorgeschrieben, sondern im Norden angelegt werden. Dadurch ging die wünschenswerte Wirkung auf den Betrachter beim Zugang entlang der Längsachse des Gebäudes verloren.

Oberhalb der Treppe führten drei Tore auf das 15 × 18 m große Atrium. In dessen Mitte lag eine Zisterne von 6 × 5 × 4 m, also mit einem Fassungsvermögen von 120 Kubikmetern. Die Überdachung der Zisterne war gleichzeitig Teil des Atriumbodens. An allen vier Seiten des

Mampsis, Ost-Kirche; Mosaiken im Hauptschiff
Das Kreuz liegt am Zugang zum Altar.

Atriums verliefen Säulenreihen und an allen vier Ecken befanden sich Rinnen, die das Regenwasser vom Giebeldach der Basilika auffingen und durch unterirdische Verbindungskanäle in die Zisterne leiteten. Südlich des Atriums gibt es umfangreiche Überreste eines Glockenturmes, in dessen Trümmern eine Sonnenuhr gefunden wurde, die die Gebetsstunden anzeigte. Der Schatten zur Mittagsstunde fällt in einen Schlitz am Querbalken eines Kreuzes. Auf der gleichen Seite des Vorplatzes befinden sich auch verschiedene Räume, vermutlich zu einem Kloster gehörig. In einem der Räume gab es ein Sitzbad ohne Beheizmöglichkeit. Andere Räume, einschließlich eines Refektoriums, lagen an der Südseite des Atriums.

Vom Vorplatz aus führten drei Eingänge in die Basilika. Die Innenmaße dieses Gebäudes betrugen 27 × 15 m. Zur Errichtung der zwei Säulenreihen, die die Holzdachkonstruktionen stützten, wurde eine Stützsäule gebaut, die bis auf den natürlichen Felsen hinunterreicht. Jedoch wurden die Säulen schließlich nicht – wie geplant – auf die Säule gesetzt, sondern auf Steinsockel im Mosaikboden des Mittelschiffes, wodurch dieses verschmälert wurde. Der Grund für diese unvorhergesehene Änderung ist wahrscheinlich in den Holzbalken zu suchen, die aus Syrien importiert wurden und sich für die geplante Breite des Kirchenschiffes als um 1 m zu kurz erwiesen. Der Altarraum liegt zwei Stufen höher als das

Niveau des Hauptschiffes. Unmittelbar vor der nordwestlichen Ecke des Altarraumes (»bema«) steht die Predigtkanzel. Hiervon blieben Teile des Marmorsockels übrig, auf dem eine Holzkonstruktion angebracht war. Im Negev liegt die Kanzel (»ambo«) immer an dieser Stelle und nicht gegenüber dem Altar, wie es in anderen Kirchen Palästinas und Syriens üblich war.

Der Altarraum selbst war zwei Säulen lang und nur so breit wie das Hauptkirchenschiff, von wo der einzige Zugang möglich war. Von den Seitenschiffen war der Raum völlig getrennt. Der Altar, von dem nur noch die Basis übrig ist, lag in der Mitte der bema westlich der einzigen Apsis. In der Apsis waren die Sitzreihen für den Klerus (Synthronon) in drei Stufen eingebaut und ein erhöhter Sitz für den Bischof. Der Altarraum wurde durch einen Marmor-Chor umgeben. Hierdurch gab es keinen Platz für Ausgänge zu den Räumen seitlich der Apsis. Über die ganze Länge der südlichen Mauer des Südflügels, wo sich die Frauen während des Gottesdienstes aufhielten, verlief eine Bank. Spuren von Holzbänken wurden auch entlang der unbenutzten Säule gefunden.

Der Platz zwischen der Basilika und der neuen Stadtmauer, die nun von der südlichen Kirchenwand gebildet wurde, ließ noch Raum für eine unregelmäßig geformte Kapelle mit erhöhtem Altarraum, für eine Taufkapelle und einen Lagerraum.

Der Taufstein im Baptisterium, mit einem kleinen Weihwasserbecken in einer Ecke, war in den Boden eingebaut. Er hatte die Form eines Kreuzes und in den Verputz der Seitenarme waren Nischen – wohl für die Aufstellung von Lampen – eingelassen, was die Annahme zuläßt, daß Taufzeremonien auch nachts stattfanden. Der Taufstein war mit einem durch vier dünne Kalksteinsäulen gestützten Baldachin überdacht. Die Säulenkapitelle trugen Kreuzornamente.

Während die Fußböden der seitlichen Kirchenschiffe und einiger anderer Räume mit Steinplatten ausgelegt waren, hatte das Hauptschiff einen Mosaikfußboden. Das Dekor war sehr einfach und bestand im wesentlichen aus roten Rhomben auf weißem Untergrund. Die schmuckreichsten Teile des Bodens bilden zwei Kreuze, und zwar ein »Malteserkreuz« vor dem Haupteingang zum Kirchenschiff und ein geradbalkiges Kreuz vor den Stufen zum Altarraum.

Architektonisch ist dieses Bauwerk großartig. Die beiden Langmauern, jede 50 m, waren mit flachen Pilastern geschmückt, deren Schlußsteine große Rosetten trugen, entweder in erhabenem oder tiefliegendem Relief. Da die Pilaster hoch über dem Bodenniveau angebracht sind, können sie nur dekorativen Zwecken gedient haben. Dieses Schmuckelement, das in der religiösen, zivilen und in der Grabarchitektur der Römer

a

b

c

d

e

Mampsis, Bodenmosaik in der West-Kirche

a) Einer von zwei Pfauen mit einer Amphore zwischen sich (vor dem Altar)

b) Borten-Mosaik: Übersicht

c) Vögel und Körbe vom Früchte-Mosaik; hier im Detail: junger Pfau

d) Borten-Mosaik: mit Granatäpfeln

e) Borten-Mosaik: eine Pflaume

f

g

h

i

k

f) *Das Mosaik im Kirchenschiff*

g) *Eine der fünf Stifter-Inschriften. In drei von ihnen ist Nilus erwähnt. Diese hier lautet: »Gott schütze deinen Diener Nilus, den Begründer dieses (heiligen) Platzes. Amen!« (am Altar)*

h) *Der Altar ist von einem Teppich-Mosaik mit strengen Mustern umgeben*

i) *Detail des Altar-Mosaiks mit verschlungenen Kreisen, die sich zu Kreuzen verbinden*

k) *Borten-Mosaik: Granatäpfel*

Mampsis, Ost-Kirche; in einen Baustein gemeißelte Kreuze

sehr verbreitet war, fand außer bei diesem Gebäude in Mampsis nirgendwo in Palästina zur byzantinischen Epoche Verwendung. Die Akuratesse der Bauweise, die Qualität der Quadersteine und die zahlreiche Verwendung von Rosetten zeigen die »Handschrift« erstklassiger nabatäischer Handwerker, die ihrer Tradition noch nicht untreu geworden waren.

Als meine Grabungen im Negev 1958 begannen, wurden die Seitenräume der Apsis noch als »Prothesis« und »Diaconicon« bezeichnet, wodurch zum Ausdruck kam, daß sie zum kirchlichen Ritual gehörten wie damals und noch heute in der griechisch-orthodoxen Kirche. Ich hatte meine Zweifel an dieser These, aber Gegenbeweise ließen sich nur sehr langsam beibringen.

Erst bei einem Besuch in Mampsis 1971, also Jahre nach Beendigung der Grabungen, fand Dr. Renate Rosenthal, meine damalige Assistentin, einen endgültigen Hinweis. In den beiden rechteckigen Räumen neben der Apsis konnte man nahe der Rückwand kleine, in den Boden versenkte Behälter erkennen, offenbar zur Aufnahme von Reliquienschreinen. Fer-

Mampsis, West-Kirche; Altarraum und Kanzel

ner gab es Löcher im Boden für die Beine eines kleinen Altartisches über den Reliquaren. Das war noch nicht alles. In einer Ecke des Raumes entdeckte Renate Rosenthal ein Loch in einer Bodenplatte mit einem Hohlraum darunter. Unmittelbar unter dem Loch fanden wir ein kleines Stück menschlichen Knochens. Es handelte sich offensichtlich um die symbolische Ruhestätte eines Heiligen und das Loch war dazu gedacht, Gegenstände hineinzuhalten und sie durch die Berührung mit dem Knochen zu weihen. Nach Abschluß der Beschreibung der anderen Kirchenbauten in diesem Gebiet habe ich zum Heiligen- und Märtyrer-Kult im Negev noch einiges mehr zu sagen.

In byzantinischer Zeit war die Kathedrale von Mampsis dann Teil eines noch größeren Gebäudekomplexes, der eine eigene Umfassungsmauer hatte. Der Gesamtkomplex schloß Gebäude XII, von mir als Bischofssitz bezeichnet, sowie Gebäude IV, den ehemaligen Markt, ein. Eingang fand man entweder durch ein Markttor oder durch eine schmale Passage zwischen dem Glockenturm und einem der Marktläden, der auch zu einem Turm umgebaut worden war.

Die zweite, die sogenannte West-Kirche von Mampsis (die Kathedrale läuft auch unter der Bezeichnung Ost-Kirche) liegt an der südwestlichen Stadtecke. Auch hier bestanden beträchtliche Schwierigkeiten, das neue Gebäude in den bestehenden Stadtplan einzupassen. Nilus, der das Nachbargebäude XI bewohnte, nahm sich auch der Errichtung der West-Kirche an. Zu diesem Zweck mußte er etwa die Hälfte seines Hauses opfern und drei seiner Räume in die neue Kirche einbauen. Zur Gewinnung des notwendigen Baumaterials wurde ein Teil der Stadtmauer eingerissen. Die West-Kirche ist eine getreue Kopie der Ost-Kirche, lediglich um etwa ein Drittel kleiner. Wegen der Stadtmauer, an die sich die Kirche anlehnt, befanden sich die Eingänge zur Vorhalle an der südlichen und nördlichen Wand. Im Atrium gab es die üblichen vier Säulenreihen und eine kleine Zisterne. In einer Ecke stand eine erhöhte Plattform als Sockel für einen »naqus«, einen großen Holzblock, der in vielen Kirchen des Ostens die Glocke ersetzte und noch heute bei den Armeniern verbreitet ist.

Unmittelbar außerhalb des Atriums gab es zwei Öfen einer kleinen Bäckerei. Hier wurde wahrscheinlich das Brot für das Heilige Abendmahl gebacken. In Oboda haben wir ein Tonsiegel gefunden, mit dem ein solches »heiliges Brot« markiert wurde.

Die kleine West-Kirche ist ein architektonischer Juwel. Die drei Türen vom Atrium in die Basilika waren mit einem durchgehenden Fries geschmückt, genau wie in den besseren Kirchen Süd-Syriens. Sehr interessant sind die großen Pilasterkapitelle im Innern der Basilika. Sie tragen Rosetten oder Blätterdekors, ähnlich korinthischen Säulen, als sehr tiefliegende Reliefs, so als ob man die Muster in weichen Lehm geschnitten hätte, obgleich das Material mittelharter Kalkstein ist. In gleicher Weise war der Scheitelbogen in der Halbkuppel der Apsis sowie deren Vorderfront reich dekoriert.

Außergewöhnlich ist der prächtige Mosaikboden im Altarraum, im Hauptschiff und zwischen den Säulen. Mosaikfußböden, die im Norden des Landes sehr häufig sind, sind im Negev selten. Darüber hinaus ist dieser Boden in Mampsis wegen seiner Schönheit besonders bemerkenswert. Der Boden im Altarraum zeigt in sich verschlungene Kreise, die ein großes Kreuz bilden, sowie geometrische »Teppichmuster«. Vor dem Altar ist eine der fünf Inschriften (drei davon nennen Nilus als Erbauer der Kirche). Unterhalb der Stufen vom Altar in das Mittelschiff befinden sich drei weitere Inschriften, eine davon für besagten Nilus, eine andere nennt den Kirchenwächter. Im Boden des Kirchenschiffs ist zunächst eine schmale Tafel mit der Darstellung zweier Pfauen, die sich einer Amphore zuwenden, aus der ein Weinstock mit schwer herabhängenden Reben wächst. Den zentralen Teil bildet ein großer »Teppich« aus verwobenen Kreisen mit kleinen Blüten in der Mitte. Hier ist die fünfte Inschrift eingesetzt, die wiederum Nilus mit der Bezeichnung »Christus Liebender« nennt.

Die westliche Hälfte des Bodens besteht aus geometrischen Formen, umgeben von Körben mit Früchten und diversen Vogelarten, die alle in dieser Negevregion heimisch sind. Diese drei Hauptmotivgruppen des Kirchenschiffes sind eingefaßt mit schmalen Bändern aus Granatapfelknospen und Früchten, die zum Teil schwer erkennbar sind, aber vermutlich alle in diesem Gebiet wuchsen.

Ungewöhnlich gut erhalten ist die Marmorverkleidung im Altarraum, die in den Trümmern geborgen war. Eine Chorwand ist mit einem großen Kreuz geschmückt. Einige der Pfosten mit quasi-korinthischen Kapitellen sind mehr als 2 m hoch. Sie haben die Rekonstruktion dieser Kirche ermöglicht, die das am besten erhaltene christliche Heiligtum in ganz Palästina darstellt.

Ohne datierte Inschrift war die zeitliche Einordnung der beiden Kirchen in Mampsis nicht einfach. Die Stadt hörte etwa 450 n. Chr. auf zu bestehen, viel früher als andere Negev-Städte. Dies wird durch die hier gefundenen Münzen belegt. Andererseits deuten die an den Kirchenbauten vorgenommenen Veränderungen und Reparaturen auf ein relativ langes Bestehen derselben hin. Der Mosaikfußboden in der West-Kirche z. B. erlitt einige Abnutzungsschäden, die durch Einsetzen von Flickstellen aus größeren weißen Mosaiksteinen behoben wurden. Das Vorkommen von Kreuzen im Boden beider Kirchen weist wiederum darauf hin, daß die Mosaiken vor 427 n. Chr. verlegt wurden, denn in diesem Jahr verbot Theodosius I. die Darstellung von Kreuzen dort, wo die Menschen sie mit Füßen traten. Die in den Kirchen gefundenen Münzen und besonders die, die zufällig in den Verputz eingebettet wurden, weisen bei beiden Bauwerken auf die Entstehung in der zweiten Hälfte des 4. Jh. n. Chr. hin. Nach meiner Meinung steht dies im Einklang mit der aus Münzen und Keramik abgeleiteten allgemeinen Geschichte von Mampsis.

Diese frühe Datierung hat Zweifler auf den Plan gerufen, aber vor kurzem fand sich ein endgültiger Beweis: Einer meiner Kollegen, Dr. D. Chen, hat die Meßmethoden der antiken Baumeister bei der Errichtung der Kirchen von Mampsis untersucht. Die Ergebnisse sind erstaunlich! Während die Kathedrale nach einer Maßeinheit von einem Fuß zu 32 cm geplant und gebaut wurde – dieses Maß war eine Neueinführung unter Konstantin I. – entstand die kleinere West-Kirche mit einem kürzeren römischen Fußmaß von 29,5 cm. Dr. Chen fand ebenfalls heraus, daß der Plan dieser Kirche bis ins letzte Detail mit der sogenannten »Synagoge« von Masada übereinstimmt, die zur Zeit Herodes d. Gr. erbaut wurde. Ich könnte mir vorstellen, daß die Baupläne für die Kathedrale von einer kirchlichen Oberbehörde nach Mampsis gesandt wurden und daher mit dem neu eingeführten Fußmaß abgefaßt waren. Die West-Kirche dagegen wurde vermutlich in Eigeninitiative der Bürger erbaut, wobei der Architekt den Plan der größeren Kirche auf das seit Generationen übliche kürzere Fußmaß »übersetzte«. Ich glaube, dies ließe eine Datierung in die Zeit Konstantins für beide Kirchen zu.

Beide Kirchen von Mampsis wurden durch Brand zerstört. In die Wände der Apsis der Kathedrale wurden früharabische Inschriften eingemeißelt, die das Gebäude entweihen (schänden). Die West-Kirche wurde in Brand gesetzt, aber als die schweren Dachbalken einstürzten, wurde alles unter den Dachziegeln begraben und das Feuer erstickt. Es hinterließ schwarze Flecken auf dem Mosaikboden.

Oboda – Kirchen auf der heidnischen Akropolis

Die Planung im Oboda der byzantinischen Zeit war nicht so schwierig wie in Mampsis. Oboda besaß ja eine Akropolis aus der mittelnabatäischen Periode, so gab es genügend Raum für die Errichtung der kirchlichen Gebäude: sie entstanden an der Stelle des alten mittelnabatäischen und späterer Tempel. Die früheste Kirche ist die sogenannte Nord-Kirche an der nordöstlichen Ecke des Bergplateaus. Der angrenzende nabatäische Treppenturm muß damals bereits in Trümmern gelegen haben und wurde nun in byzantinischem Stil durch eine lange Treppenflucht ersetzt. Am Ende des Aufganges betrat man direkt das Atrium mit nur zwei Säulenreihen. Ein kleiner Raum mit Steinbänken entlang der Wände und mit Blick auf die Treppe war vermutlich für einen Wächter. Im Zentrum der Vorhalle befand sich wie üblich eine Zisterne und an der Südseite einige Diensträume sowie eine schmale Treppe zu einem Glokkenturm. Drei nicht sehr glücklich plazierte Eingänge führten vom Atrium in die Basilika, die ebenfalls keine vollkommene Planung aufweist. Da das Gebäude auf den Fundamenten eines älteren Bauwerks steht, ist es nicht klar nach Osten, ausgerichtet. Um dies wett zu machen, wurde der Altarraum auf etwas ungeschickte Weise schräg angelegt. In der Apsis stand der steinerne Thron des Bischofs, während die Bänke für die Priesterschaft aus Holz und in der Apsiswand verankert waren. Die rechteckige Steinbasis der Kanzel steht an der für die Negev-Kirchen typischen Stelle. Merkwürdig ist auch der Chor, der etwa die Form eines T hatte. Der größere Raum lag vor der Apsis, die beiden kleineren Seitenarme ragten teilweise bis in die Seitenschiffe der Kirche hinein. Diese Seitennischen waren vom Altarraum durch eine Chorwand abgetrennt.

Eine nähere Untersuchung der Seitennischen ergab, daß sie der Aufnahme von Heiligen-Reliquien dienten. Im Boden befand sich jeweils eine Vertiefung für das Einsetzen eines einbeinigen Altartisches. Ein solches Tischbein mit den Namen Elias und Johannes sowie einen kleinen Reliquienschrein in Form eines Sarkophages fanden wir in den Trümmern der Kirche.

Oboda, eine Trägersäule für das Dach der Nordkirche

Bei der Errichtung des Bauwerkes wurden die schönen Steine des nabatäischen Tempels verarbeitet, wobei jedoch die Schmuckseiten tief in die Wände und den Boden eingelassen wurden. Die mangelhafte Bauweise der Basilika hängt entweder mit der Verwendung alten Baumaterials oder mit der Unerfahrenheit des Architekten im Kirchenbau zusammen.

Wie die christlichen Bauten von Mampsis wurde auch dieses Gebäude von den arabischen Eroberern verwüstet. Die Kapitelle und Säulen wurden in die Zisterne auf dem Vorplatz geworfen und die Kirche in einen Pferch für Ziegenherden verwandelt. Unter den in der Zisterne aufgeschichteten Bauteilen fanden wir Säulentrommeln mit angesetzten Konsolen, die an der Unterseite mit Tieren, Pflanzen und geometrischen Mustern geschmückt waren. Aller Wahrscheinlichkeit nach trugen sie die hölzernen Dachbalken der Seitenschiffe.

Oboda, Gesamtansicht der Süd-Kirche. Erbaut ca. 450 n. Chr.

Wie bei allen frühen Kirchen des Negev gab es auch bei der Nord-Kirche in Oboda eine Taufkapelle. Der kreuzförmige Taufstein war aus kleinen mit Mörtel verbundenen Steinen über dem Bodenniveau errichtet und trug eine Marmorverkleidung. Auch gibt es das zusätzliche kleine Weihwasserbecken und eine große Nische für die im Ritus verwendeten Geräte.

Irgendwann in der ersten Hälfte des 5. Jh. n. Chr. wurde der Negev von einem schweren Erdbeben heimgesucht, so wie der gesamte Nahe Osten in jener Zeit mehrere schwere Beben erlebte. In Oboda war hauptsächlich die Südmauer des alten Plateaus gefährdet, sie wurde daher durch starke, abgeschrägte Mauern gestützt. Diese Reparatur gibt uns einen Hinweis auf den Zeitpunkt der Errichtung der neuen Süd-Kirche im südöstlichen Teil der Akropolis.

Obgleich wie die Nord-Kirche auch nicht genau nach Osten orientiert, ist das Gebäude sonst außerordentlich gut konzipiert, wenn auch die Außenwände nicht die Perfektion der Ost-Kirche von Mampsis erreichen. Die Süd-Kirche von Oboda ist ein großer Komplex mit einem Kloster und einer Basilika. Das Kloster bestand aus zahlreichen, um das Atrium angeordneten Räumen und einem Glockenturm. In dem weiten Atrium gab es vier Säulenreihen und im Zentrum eine große Zisterne mit einem Fassungsvermögen von etwa 300 Kubikmetern. Diese Zisterne ist einschließlich der Überdachung vollständig erhalten. Ihre Wände waren

Oboda, Haupteingang zur Süd-Kirche
Er gehörte ursprünglich zu einem nabatäischen Gebäude des 1. Jh. n. Chr.

verputzt und trugen ein großes Kreuz aus in den Putz eingebetteten Kieselsteinen. Der mittlere der drei Eingänge in die Basilika ist aus einem nabatäischen Tor gemacht, Er trägt die »klassischen« Kapitelle und Dekorationen aus stilisierten Rosetten und Palmen an den Pfosten. Die gesamte Basilika war mit Kalksteinplatten ausgelegt. Der Altarraum ist T-förmig und schließt auch die kleinen rechteckigen Räume seitlich der Apsis ein. Der Altar stand an der üblichen Stelle. Seine marmorne Tischplatte fanden wir in kleine Stücke zerschmettert in einem der Seitenräume. Die Chorwand und die Pfosten waren zum Teil aus Marmor, zum Teil aus Kalkstein. Die an Ort und Stelle gefertigten Chorwände wurden übrigens alle an ihrem ursprünglichen Aufstellungsort gefunden. Die Dekoration bestand aus einem großen Kreuz inmitten eines Kranzes aus Ölzweigen oder stilisierten Palmen und Weinreben. Die kleinen Räume seitlich der Apsis erreicht man durch schmale Türen in der Chorwand und anschließend durch einen hohen, breiten »Triumphbogen«. In die Rückwände der beiden Räume ist jeweils eine große Nische unter einer Halbkuppel eingelassen. Am Boden der Nischen ist ein mit Marmor verkleideter Behälter zur Aufnahme eines Reliquienschreines eingelassen. Wir fanden in den Kirchenruinen ein kleines Reliquiar in Form eines Sarkophages aus Marmor und ein anderes aus Kalkstein.

Oboda, kleiner Altartisch,
der einst eine der Reliquien in der Süd-Kirche „Das Martyrium von St. Theodore", bedeckte. Er war ein Geschenk von Kassieus und Victor, Söhnen des Stephanus.

Seit 541 n. Chr. wurde die Kirche als Begräbnisstätte benutzt. Die früheste Bestattung, nämlich von Johannes, Sohn des Zacharias, nennt diese Kirche »Martyrium des Heiligen Theodor«. Dies erklärt recht gut die Nischen mit den Reliquienschreinen.

Unter den in der Kirche begrabenen Menschen ist eine Frau namens Azonaine (ein Name arabischen Ursprungs), Tochter von Germanos, die als »trismakaria« (dreifach gesegnet) bezeichnet wird. Sie muß eine Frau von hohem Stand gewesen sein, um einen solchen Ehrentitel zu erlangen. Die späteste Bestattung fand im Jahre 618 n. Chr. statt, als Erasinos, Sohn von Kapito, der Abt des Klosters, im Ostteil des Atriums beerdigt wurde.

Das Datum von 541 n. Chr. kann wohl als terminus ante quem (spätester möglicher Zeitpunkt) für die Errichtung dieser Kirche dienen. Ich habe alle datierten Inschriften in den Kirchen des Negev studiert und herausgefunden, daß keine Bestattung vor November/Dezember 541 erfolgte, mit Ausnahme von zwei Geistlichen, die in der 2. Hälfte des 5. Jh. n. Chr. in einer Grabkapelle der Nord-Kirche von Nessana beigesetzt wurden. Von 541 an werden Bestattungen in einer der Basiliken jeder Stadt üblich. Wenn man sich die byzantinische Geschichte Mitte des 6. Jh. n. Chr. genauer ansieht, leuchtet die Bedeutung des Jahres 541 sehr schnell ein. In diesem Jahr nämlich brach in Pelusium im nördlichen Sinai die schreckliche Beulenpest aus, die alle Mittelmeerländer viele Jahre in Atem hielt. Die Seuche breitete sich sowohl nach Westen in Richtung Nordafrika als auch nach Norden bis nach Byzanz aus. Dort berichtete der Hof-Geschichtsschreiber Procopius von Gaza über dieses Ereignis. Das Heilige Land wurde anscheinend als erstes von der Pest heimgesucht. Da es keine Krankenhäuser gab, boten sich natürlich die Kirchen für die Unterbringung der Opfer an. Gleichzeitig könnte dies der Grund dafür gewesen sein, daß die Menschen nun im Kirchenbereich bestattet wurden.

Einige bauliche Veränderungen in Oboda sollten meines Erachtens Verbesserungen für die Feierlichkeiten des Heiligen- und Märtyrer-Kults bringen. Wir haben bisher vier Kirchen näher beschrieben, in denen überall Märtyrer verehrt wurden. Die Bedeutung, die die Bevölkerung diesem Kult beimaß – in einer Gemeinde um 350 n. Chr. konnte es durchaus noch Leute geben, die einige der Märtyrer persönlich kannten – zwang die Kirchenverwaltungen, geeignete Wege zu finden, um die Reliquien so zur Schau zu stellen, daß die Gemeindeglieder sie besser sehen oder sogar den Schrein berühren konnten. Durch die Anhebung des Reliquiars vom Boden an einen höheren Platz, wie es im »Martyrium des Hl. Theodor« in Oboda geschah, erreichte man bereits eine solche Verbesserung.

Ich glaube, daß diese Änderung um etwa 450 n. Chr. erfolgte, ein Jahrhundert nach Erbauung der frühesten Kirchen und dem Beginn der Heiligenverehrung.

Oboda in byzantinischer Zeit

Über Oboda während der byzantinischen Epoche wissen wir sehr wenig. Allem Anschein nach hat das Stadtviertel, das im 3. Jh. südlich der Akropolis angebaut wurde, schwere Zerstörungen erlitten, vielleicht durch die Beben im 5. Jh. Aus diesem Grund haben wir hier kaum Spuren einer späten Besiedelung finden können.

Die neue byzantinische Stadt wurde nach unten an den westlichen Berghang verlegt. Sie war in ihrer Art einmalig in Palästina. Die einzelnen »Einheiten« dieser Stadt bestehen jeweils aus einem steinernen Haus und einer großen künstlichen Höhle an dessen Rückseite. Wegen der Steile des Hanges und der Weichheit des Gesteins, in das die Höhlen eingeschlagen wurden, sind viele dieser Einheiten zerstört. Möglicherweise sind einige der Höhlen bereits in der mittel- oder spätnabatäischen Zeit entstanden und für Bestattungen oder als Wasservorratsläger benutzt worden. Dies ist jedoch nicht sicher.

Ich habe in der untersten der sechs Höhlenreihen eine solche Anlage ausgegraben. Hierbei kam ein großes Haus und eine noch größere Höhle zum Vorschein. Der Eingang erfolgte über einen kleinen Hof von 10 × 4,5 m. An einer Seite des Hofes befanden sich zwei Säle mit einer dreibogigen Dachkonstruktion. Einer dieser Säle war ein Vorratsraum mit Steinbänken entlang der Wände und einigen eingebauten Schränken. Zwei Bogentüren führen vom selben Hof in einen weiteren Saal mit einer Abwasserrinne, die ins Freie geht. Es könnte sich also um eine Küche oder einen Waschraum handeln, der vermutlich später angebaut wurde. Eine Tür verbindet diesen Gebäudeteil mit dem älteren. An der Südseite des ersten Raumes befindet sich eine kleine Kammer (2,5 × 2,5 m), mit großen Bodenplatten ausgelegt. Seitlich sind Becken angebracht, die in Rinnen enden, welche wiederum durch die Hauswand ins Freie leiten. Dies ist mit aller Wahrscheinlichkeit eine sehr gut geplante Toilettenanlage. Danach kommen zwei Kammern, zum Teil aus Stein gebaut, zum Teil in den natürlichen Fels eingehauen. Diese Kammern verbinden den gebauten Teil des Hauses mit der geräumigen Höhle. An der Wand am Eingang zur Höhle sind in einer Bogennische die Gestalten von St. Georg

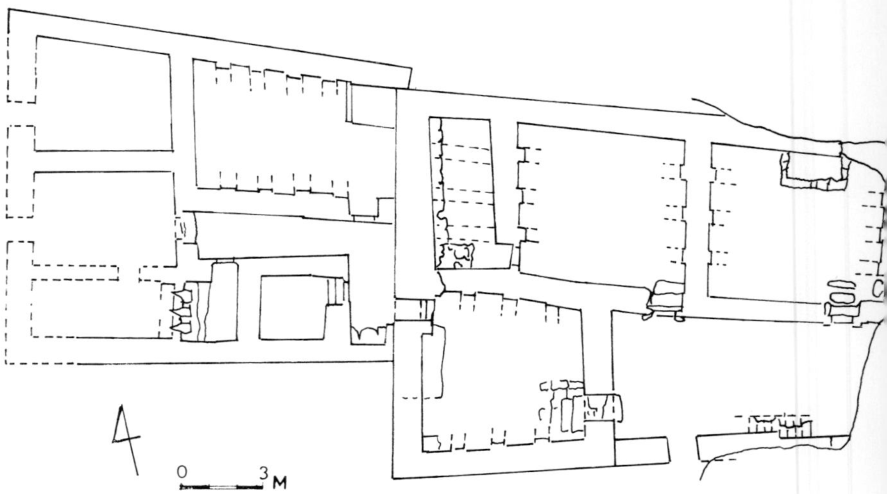

Oboda, eine Siedlung der byzantinischen Zeit
Das Einzigartige am byzantinischen Oboda besteht darin, daß hier Steinhäuser mit Höhlen kombiniert sind, die in den Steilabhang des Akropolis-Hügels gehauen wurden. Die aus Stein gebauten Häuser enthalten fast alle architektonische Elemente der nabatäischen Vorgänger, die Höhlen jedoch sind architektonisch ausnahmslos neu. Die Verbindungsbauten zwischen Häuser und Höhlen sind

und Theodor in Ocker gemalt, die als Riesen abgebildet sind im Vergleich zu einem Mann, der an der Seite eines mit Waren beladenen Kameles steht und seine Hände zum Gebet ausstreckt. Beide Heiligen sind als Krieger dargestellt. Auf der gleichen Wand gibt es eine Vielzahl von griechischen Inschriften, einige davon bitten um Hilfe für das Haus gegen Mißgunst und Hexerei. Eine Mahnung lautet »Lebe rechtschaffen!«. An der Decke dieses Eingangsraumes war ursprünglich ein großes, in roter Farbe gemaltes Kreuz. Von einem Deckenloch hing einmal eine große Lampe herab. An den oberen Zimmerecken, direkt unter der Decke, befanden sich Skulpturen von Stierköpfen und großen Weinreben, alle mit roter Farbe bemalt. In die Wände dieses Vorraumes waren Nischen verschiedener Größe eingelassen, vermutlich für die Aufnahme von Ikonen. Ein Durchgang an der Ostwand führt in eine größere Halle, in deren Wänden sich viele kleine Aushöhlungen befinden für das Aufstellen von Lampen, denn es gab keine andere Lichtquelle in diesem Teil der Höhle, der bereits tief im Bergmassiv liegt. In die Decke sind kleine Steinringe eingeschnitten für die Aufhängung getrockneter Früchte und Gemüse. Entlang einer Wand verläuft eine große aus dem Fels geschlagene Bank mit zwei Reihen von breiten, flachen Mulden für das Einsetzen großbauchiger Weinkrüge.

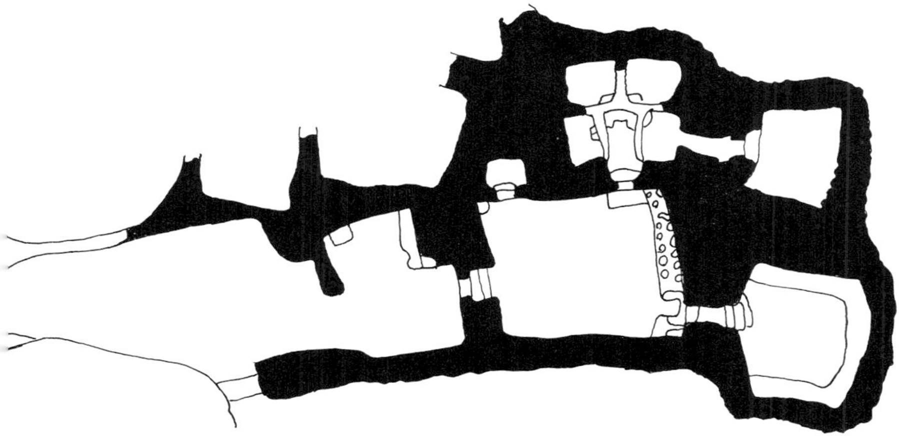

teilweise zerstört. Vollständig erhalten ist ein Vorraum mit magischen Zeichnungen an einer der Wände. Ein anderer unterirdischer Raum, der vermutlich als Hauskapelle gedient hat, verschiedene Vorratsräume mit in Stein gehauenen Vorratsbehältern, und zwei Hallen, die als Weinkeller dienten, sind hervorragend erhalten.

Oboda, Malereien und Kritzeleien am Eingang der „Höhle der Heiligen" aus byzantinischer Zeit

Die große Figur stellt St. Theodore dar. Darunter steht ein betender Mann neben einem Kamel. Die griechischen Inschriften enthalten Beschwörungsformeln gegen Mißgunst und Zauberei.

Oboda, Inneres der Höhle aus byzantinischer Zeit
Teilansicht eines Hausaltars mit einer Vertiefung für eine Lampe, verziert mit Kreuzen und Palmzweigen.

Ein ganz tiefer Durchgang am Ende dieser Bank führt in das Innerste der Höhle. Auch in diesem Raum verlaufen an drei Wänden Bänke mit ähnlichen Vorrichtungen für die Krüge. Dieser Teil muß ein großer Weinkeller gewesen sein. Im ersten Raum, wo es nur eine Bank gibt, wurde der Traubensaft gekeltert, die Krüge verschlossen und dann in dem inneren Keller zur Gärung aufgebaut. Um eine gleichbleibende Temperatur während des Gärvorganges zu gewährleisten, wurde der Eingang sehr niedrig gehalten und mit einer schweren Tür verriegelt. Die Außenseite der Tür konnte gleichzeitig als Schrank benutzt werden, denn in die Türpfosten waren Schlitze für Regale eingelassen. Gegenüber der Keltervorrichtung gab es eine weitere Öffnung in einen kleinen Raum mit vier großen Steinbecken für die Lagerung von Korn und Trokkenobst. Von einem dieser Becken führte ein Tunnel in einen weiteren Raum – einen Saal, wie sich bei den weiteren Grabungen ergab. Leider wurden diese jedoch nie zuende geführt.

Die Gesamtzahl der Höhlen wurde von Musil und den französischen Patern Jaussen, Savignac und Vincent auf etwa 350 bis 400 geschätzt. Wenn dies zutrifft, müßte man die Einwohnerzahl von Oboda zur byzantinischen Zeit mit 20000 veranschlagen, was höchst unwahrscheinlich

Oboda, Höhle aus byzantinischer Zeit, in der eine Olivenpresse stand

ist. Mir kommt die geschätzte Höhlenanzahl reichlich übertrieben vor. Von den noch vorhandenen dienten viele als Zisternen, da noch immer keine anderen Wasserquellen erschlossen waren, und andere könnten zu einer früheren Epoche gehören. Dies würde die Größe des byzantinischen Oboda beträchtlich einschränken. Wir können jedoch ohne systematische Untersuchung dieses Teiles der Stadt kein endgültiges Urteil fällen. Ich hatte leider nur wenig Zeit, mich in den Höhlen umzusehen. Die unterirdische Wanderschaft in diesen Höhlen, von denen viele wahrscheinlich durch Beduinen in älterer und neuerer Zeit durch Schlupflöcher untereinander verbunden wurden, ist ein aufregendes Erlebnis!

In der Ebene zu Füßen des Berges, für die Bauern der umliegenden Täler leichter zu erreichen, liegt eine große, vollständig erhaltene Badeanstalt. Sie wurde von einem 60 m tiefen Brunnen gespeist, der sich unmittelbar an der Ostseite des Gebäudes befindet. Dieser Brunnen, der viele Jahrhunderte lang versandet war, wurde von den britischen Mandatsbehörden in den 30er Jahren freigelegt, um die Beduinen mit Wasser zu versorgen. Nördlich des Badehauses liegt ein Hof (19 × 6 m), ursprünglich mit einem Binsendach überspannt. Ein Tor führte zu einem Becken von 4 × 4 m, das mit einem dicken Verputz ausgekleidet ist und

Oboda, Weinkeller in der »Höhle der Heiligen« (byzantinisch)

wahrscheinlich das Frigidarium (Kaltbad) war. Eine zweite Tür führt in ein Vestibül, von wo man in einen kleinen Umkleideraum mit Bänken an drei Wänden gelangte. Ein Durchgang vom Ankleideraum führte in zwei Warmbäder (Caldaria). Im ersten (4 × 4 m) sind noch 16 Ziegelsäulen des Hypocaust (Fußbodenheizung) erhalten. Der Brenner zur Beheizung des Raumes liegt gleich hinter der Wand südlich des Gebäudes. Das Gewölbedach ist komplett erhalten wie alle Dächer des Bauwerks. An der Westwand gibt es einen Durchgang zum nächsten Raum, wo zwanzig Ziegelpfeiler den Hypocaust stützen. An drei Wänden konnte man Reste von Bädern aus Ziegeln und Gips erkennen. Die Beheizung erfolgte hier durch den Hitzeüberschuß des ersten Hypocaustraumes mit Hilfe eines Kanales und durch einen zusätzlichen Ofen außerhalb der westlichen Gebäudewand. Der Raum war mit einer durch Zwickel verstärkten Kuppel überdacht. Eine Öffnung darin sorgte für Ventilation und Beleuchtung. Der obere Teil der Wände war außerdem durch ein System von Tonröhren beheizt. Es ist das besterhaltene Bad aus byzantinischer Zeit in Palästina.

Nessana – Stadt der vielen Kirchen

Hinsichtlich ihrer geschichtlichen Entwicklung unterscheidet sich diese Stadt nicht wesentlich von Oboda. Das Wiederaufleben Nessanas begann mit der Errichtung der Festung auf dem höchsten Teil des Hügels über der Ebene im Westen. Die Nord-Kirche als Teil dieser Anlage wurde über ausgedehnten Ruinen einer nabatäischen Festung errichtet, die kaum erforscht sind. Die Ausgräber der Colt-Expedition waren der Meinung, daß im ersten Viertel des 5. Jh. n. Chr. die Burg und eine Kapelle entstanden sind. Letztere nannten sie »Martyrium«. Zu einem späteren Zeitpunkt sei die Basilika hinzugefügt worden. Diese geschichtliche Interpretation basiert auf dem Mißverständnis zweier Inschriften aus einer Grabkapelle südlich der Basilika. Man erfährt, daß zwei Geistliche beerdigt wurden, und zwar der eine »im heiligen Martyrium« und der andere »am heiligen Ort«. Die Verfasser des Grabungsberichtes nahmen an, daß unter »Martyrium« und »heiligem Ort« diese Grabkapelle zu verstehen sei. Dies ist jedoch nicht richtig, vielmehr ist der gesamte Komplex, Kirche und Nebengebäude, gemeint. Aus anderen Inschriften in der Basilika und den gefundenen Papyri ist zu entnehmen, daß die Kirche den Heiligen Sergius und Bacchus geweiht war.

Wie die frühere Nord-Kirche in Oboda ist auch die Nord-Kirche von Nessana nur mangelhaft ausgeführt. Durch die beschränkte Grundfläche hatte sie kein eigentliches Atrium. Eine lange Treppenflucht führte von der Stadt aufwärts bis auf einen Hof östlich der Basilika, an den ein Säulengang als Ersatz für ein Atrium grenzte. Dies war eine sehr unübliche Anordnung. Von dem Hof steigt man zu verschiedenen Räumen hinab, einer davon war die bereits erwähnte Grabkapelle. Zwei Eingänge führten von diesen Räumen in die Basilika (ursprünglich 17 × 10,7 m und später auf 21 m verlängert). Die Seitenschiffe waren extrem schmal, so wie sie nach dem ursprünglichen Plan der Kathedrale von Mampsis sein sollten. Die einzige Apsis hatte eine merkwürdige Position ohne Verbindung zur Gebäuderückwand und mit unklar abgegrenzten Seitenräumen. Der Kirchenboden war mit bunten Marmorstücken ausgelegt, die geometrische Muster bildeten (opus sectile, eine römische Schmuckform,

Nessana, Luftaufnahme mit Blick nach Süden

die sehr häufig in der byzantinischen Epoche angewendet wurde). Westlich der Basilika befand sich eine Taufkapelle mit einem runden, in den Boden versenkten Taufstein. Dieser Gebäudeteil nahm den Raum des sonst üblichen Atriums ein.

In dieser Kirche wurden die berühmten Papyri von Nessana gefunden. Ab 541 n. Chr. wurde die Kirche auch Begräbnisstätte für weltliche Verstorbene, während Geistliche in der Grabkapelle bereits seit 464 n. Chr. bestattet wurden. Nach der Zahl der ab 541 dort begrabenen Menschen zu urteilen, war Nessana – von allen Negev-Städten am nächsten zu Pelusium gelegen – anscheinend widerstandsfähiger als die anderen. Die spätesten Begräbnisse fanden noch geraume Zeit nach der Eroberung Palästinas durch die Moslems im Jahre 636 n. Chr. statt.

Der Kirche wurde durch die Türken vor dem 1. Weltkrieg großer Schaden zugefügt, als man eine »Kaimakamlik« (Bezirksverwaltung) einrichtete. Noch größeren Schaden richteten dann die deutschen Truppen an, die dort als Alliierte der Türken stationiert waren. Obwohl die Ausgrabung durch die Colt-Expedition bereits in den Jahren 1935–1937

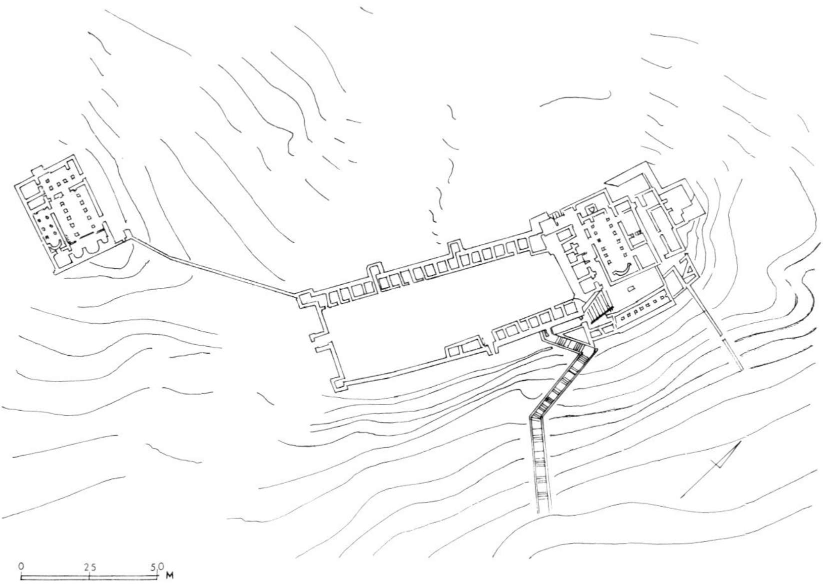

Nessana, Plan der Akropolis
Den nach Westen zur Stadt zu steil abfallenden Hügel ersteigt man auf einer imposant gebauten Treppe. Oben angelangt, erreicht man nach Norden die Vorhalle der Nord-Kirche, oder im Süden ein Tor zur großen Zitadelle. Der gesamte Hügel wurde von der Zitadelle und den beiden Kirchen beherrscht: die Nord-Kirche – die früheste hier – wurde auf den Resten der nabatäischen Festung erbaut. Die Zitadelle, erbaut im 4. Jh. n. Chr., beherbergte das hier stationierte Militär unter dem »sehr treuen Theodosian«, wie aus einem Papyrus hervorgeht, das in der Nord-Kirche gefunden wurde. Die Süd-Kirche war der Jungfrau Maria geweiht und war das späteste christliche Gebäude im Negev (erbaut Anfang des 7. Jh. n. Chr.).

stattfand, erschien der Grabungsbericht erst 20 Jahre später. Keiner der beteiligten Archäologen wirkte selbst bei der Zusammenstellung des Berichtes mit.

In einer Studie über die Forschungen in den Negev-Kirchen versuchte ich, den Beweis zu erbringen, daß die Nord-Kirche von Nessana wie auch die Kirchen von Mampsis und die Nord-Kirche von Oboda, die alle Märtyrern geweiht waren, aus dem frühen bis mittleren 4. Jh. n. Chr. stammen. Wegen des schlechten Erhaltungszustandes der Nord-Kirche von Nessana schon bei der Ausgrabung 1935 war es schwierig, den ursprünglichen Aufstellungsort der Reliquienschreine mit den sterblichen Überresten der Heiligen Sergius und Bacchus zu bestimmen. Zahlreiche Inschriften und Papyri geben darüber Auskunft, daß die Kirche in ihren Anfängen zunächst dem Heiligen Stephan geweiht war.

Die zweite Kirche auf der Akropolis von Nessana gehört zu einer völlig neuen Bauart im Negev. Sie liegt auf einer Anhöhe etwa 70 m südwestlich der Festung. Die Basilika (28,4 × 14,1 m) hat drei Apsiden, ein schmales Atrium und eine zusätzliche Kapelle. Laut einer Inschrift in einer Kapitellabdeckplatte wurde diese Kirche im Jahre 601 n. Chr. der Gottesmutter Maria geweiht. Bei Beginn der Ausgrabung waren die Außenmauern aus Quadersteinen und der Fußboden längst zerstört, so daß wir nichts über Innenausstattung und kultische Merkmale wissen.

Die Stadt Nessana dehnte sich über den Südabhang des Akropolishügels aus, der Hauptteil lag jedoch in der Ebene unterhalb des Hügels, von diesem durch ein Wadi getrennt. An den Ufern des Wadis liegen verschiedene antike Brunnen mit einer Tiefe bis zu 60 m. Einer der Brunnen wurde von den Türken freigelegt und mit einer großen Pumpe versehen. Es gab mindestens noch zwei weitere Kirchen, aber hiervon ist nach all den zurückliegenden Feindseligkeiten nichts übrig geblieben. Auf den Grundsteinen einer dieser Kirchen hatte man ein Militärkrankenhaus errichtet. Während der Ära des britischen Mandats in Palästina und insbesondere während der israelisch-ägyptischen Kriege erlitt Nessana sehr großen Schaden.

Sobata – die besterhaltene byzantinische Stadt im Negev

Hier erfolgten die intensivsten Grabungen im Negev, aber es besteht keine Hoffnung, daß die Ergebnisse jemals veröffentlicht werden. Die Stadt wurde in den Jahren 1935 bis 1938 von der Colt-Expedition freigelegt und erforscht. Gerüchten zufolge sind die Pläne der Häuser, die damals ausgegraben wurden, während eines arabischen Angriffs verbrannt, aber es kursieren noch andere phantastische Geschichten über ihren Verbleib. Auch sind die Töpferwaren, Münzen und sonstigen Funde spurlos verschwunden. Nur zahlreiche Inschriften sind im Rockefeller-Museum zu Jerusalem in Verwahrung.

Sobata, besser bekannt als Shivta oder unter dem arabischen Namen Isbeita oder Esbeita, war eine der ersten namhaften archäologischen Stätten im Negev. Sie ist auch eine der ersten, mit denen ich näher Bekanntschaft machte. Der Ort liegt etwa 30 km vom Kibbuz Revivim entfernt, wo ich ab 1943 lebte. Sowohl Revivim als auch Sobata lagen nicht weit von der Asphaltstraße, die zum Sinai hinunterführt, so daß ich mein einziges Verkehrsmittel, das Fahrrad, benutzen konnte. Üblicherweise machte ich mich nach der kürzeren Arbeitszeit an Freitagen nach Sobata auf. Mit der Zeit fand ich besonderen Gefallen an diesem Ort und auch noch in späteren Jahren, als ich, nunmehr ausgebildeter Archäologe, in den Negev zurückkehrte, behielt Sobata immer einen speziellen Platz in meinem Herzen.

Die stenographischen Berichte, die die Colt-Expedition zurückließ, zwangen mich, eigene Forschungen anzustellen. Einige Wissenschaftler benutzen den Aufbau von Sobata als Gegenbeispiel für die strenge Stadtplanung der hellenistischen und römischen Perioden. Wie Unrecht sie haben! Sobata ist von beispielhafter Planung, wenn man die Bodenbeschaffenheit und die Notwendigkeit zur Speicherung jeden Tropfen Niederschlages berücksichtigt.

Die in den Abfallhalden südöstlich der Stadt gefunden Keramikstücke belegen die Existenz des Ortes in der mittelnabatäischen Periode. Ich entdeckte verschiedene Treppentürme und andere typisch nabatäische Bauelemente, und zwar sämtlich im südlichen, südwestlichen und südöstli-

Sobata, Luftaufnahme mit Blick nach Norden
Im Vordergrund Reste der nabatäischen Stadt aus dem 2.–3. Jh. n. Chr. Sie grenzen an den großen Komplex der zwei Wasserbehälter und der Süd-Kirche an. In der Mitte sieht man die Zentral-Kirche und weiter oben den Gebäudetrakt der Nord-Kirche.

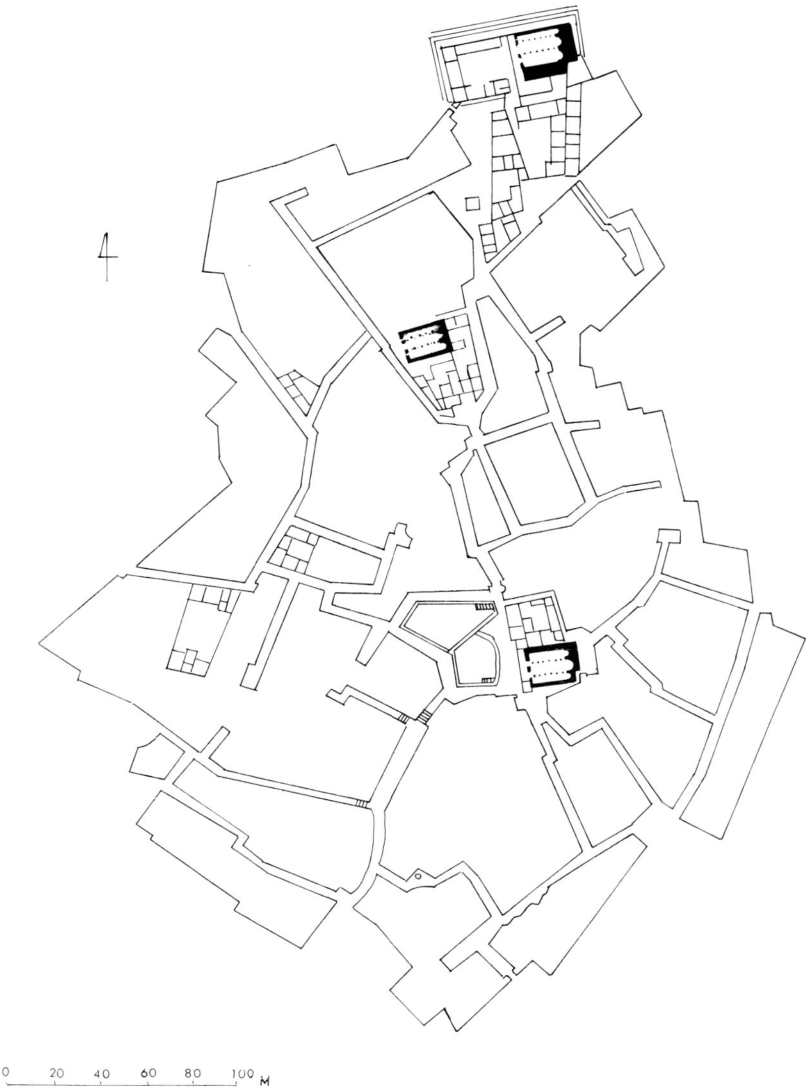

Sobata (Shivta), Übersichtsplan

Sobata ist die am besten erhaltene der sechs Städte des Zentral-Negev, aber noch wenig erforscht. Der südliche und südwestliche Teil der Stadt scheint Reste aus spätnabatäischer Zeit zu verbergen. Im nördlichen Zentrum sind zwei große Wasserspeicher, in der Nähe wahrscheinlich ein Marktplatz. In der Mitte des 4. Jh. n. Chr. wurde östlich davon die Süd-Kirche erbaut, die Nord-Kirche stand außerhalb der Nordregion der Stadt. Sie war Teil eines großen Klosters, möglicherweise ein Wallfahrtsort. In den folgenden Jahrhunderten dehnte sich die Stadt aus und die dritte, die Zentral-Kirche entstand im neuen Teil der Stadt. Sobata überstand die arabische Eroberung von Palästina und wurde erst 700 n. Chr. zerstört.

chen Bereich des Stadtgebietes. Luftaufnahmen von Sobata zeigen in diesem Teil deutlich eine gute Stadtanlage und geräumige Wohnhäuser. Die Colt-Expedition entdeckte zwei Ställe, maßen diesen jedoch keine Bedeutung bei. Stallungen vom Mampsis-Typ müssen in den nabatäischen Städten allgemein üblich gewesen sein. Mit Hilfe von Luftaufnahmen kann man leicht noch eine Reihe weiterer Ställe ausmachen. Wie es scheint, war das nabatäische Sobata größer als Mampsis, jedoch ist es schwierig zu bestimmen, welcher Teil zu welcher nabatäischen Periode gehört hat.

Die Stadt entstand am Nordufer des Wadis, welches die Hauptmöglichkeit zur Trinkwassergewinnung bot. Der Wasserüberschuß, der nicht mehr in den Zisternen der Häuser gespeichert werden konnte, wurde in einem großen Doppel-Reservoir mit einem Fassungsvermögen von mehr als 1500 Kubikmetern aufgefangen. Außer dem durch Dämme im Wadi gestauten Wasser nutzte man auch die Niederschläge in dem sanft ansteigenden Gelände, das sich über einige hundert Meter nördlich des Reservoirs erstreckt.

Das war vermutlich der Stand der Dinge um etwa 300 n. Chr. Mit der Ausdehnung aller anderen Negev-Städte muß auch Sobata, die das weiteste landwirtschaftlich genutzte Hinterland besaß, Schritt gehalten haben. Um 350 n. Chr. muß die erste Kirche gebaut worden sein, wahrscheinlich die Süd-Kirche.

Bei Untersuchung dieser Kirche sind gewisse Unregelmäßigkeiten zu bemerken. Der große Kirchenkomplex besaß überhaupt kein Atrium. Stattdessen gab es einen schmalen, länglichen Korridor, von dem aus man die verschiedenen Gebäudeteile erreichte. Im südlichen Teil des Bauwerks ist die Längsachse verschoben und die Wände verlaufen hier nicht parallel zur nördlichen Hälfte. Der Grund ist gewiß nicht in einer Nachlässigkeit des Architekten zu suchen. Für die Errichtung des Baues hatte man ein Landstück gegenüber dem Reservoir gewählt, wo sich einst die Wasserträger und ihre Tiere versammelten und das vielleicht auch als Marktplatz diente. Durch diese Beschränkung mußten sich die Bauherren mit einem schmalen Korridor statt eines Atriums begnügen. Die Unregelmäßigkeit im südlichen Gebäudeteil geht wahrscheinlich auf das Vorhandensein älterer nabatäischer Baureste zurück. Wie es aussieht, hat die Süd-Kirche die religiösen Bedürfnisse der Bevölkerung eine beträchtliche Zeit lang erfüllt.

Ungefähr zur gleichen Zeit wurde jedoch in der Umgebung der frühchristlichen Stadt eine zweite Kirche gebaut, die Nord-Kirche. Diese war mit Sicherheit keine übliche »Stadtkirche«. Sie war Teil eines großen Klosters, das sich unabhängig von der Stadt sehr gut entwickelt zu haben

Sobata, Süd-Kirche. Sanktuarium im heutigen Zustand

scheint. Ich glaube, daß die Errichtung dieser Kirche außerhalb des Stadtgebietes der Verewigung des Andenkens an einen lokalen Heiligen galt, der möglicherweise sein Leben dort verbracht hatte. Um einerseits von der Stadtnähe zu profitieren und andererseits das Wassergewinnungssystem nicht zu stören, wählte man einen Ort unmittelbar neben dem Gelände, von dem Wasser abgeleitet wurde.

Während des 5. und 6. Jh. n. Chr. dehnte sich die Stadt ständig aus. Aber auch dann trug man Sorge, die älteren Wasserkanäle nicht zu behindern. Daher ist das Straßennetz von Sobata etwas verwickelt. In der Umgebung des Wasserreservoirs kann man tatsächlich noch heute einige der alten Kanäle sehen.

Für die neu hinzugekommenen Stadtteile wurde eine weitere Kirche gebaut, die Zentral-Kirche. Es ist die einzige in Sobata, die mit drei Apsiden geplant und auch ausgeführt wurde. In dieser Form bestand die Stadt bis nach der arabischen Eroberung des Negev im Jahre 636 n. Chr.

Bevor wir uns den Kirchen Sobatas im einzelnen zuwenden, sollte ein Wort zur Geschichte der Erforschung christlicher Architektur im Negev gesagt werden. Aufgrund der Veröffentlichungen der früheren Wissenschaftler Musil, Jaussen, Savignac, Vincent, Woolley, Lawrence sowie Wiegand und seiner Mitarbeiter bekommt man den Eindruck, daß alle Negev-Kirchen mit drei Apsiden gebaut waren, mit Ausnahme der Nord-Kirche von Oboda, die laut allen Forschern die einzige mit nur einer Apsis war. Dieser Gedanke leitete auch G. M. Crowfoot, der stets als bedeutendste Autorität auf dem Gebiet der christlichen Architektur im Heiligen Land angesehen wurde. Kraft dieser Stellung war er der Lehrmeister meines Lehrmeisters Prof. M. Avi-Yonah und demzufolge letztlich mein eigener Lehrer für das Prinzip: Die Dreierapsis ist die typische Kirchenform im Negev!

Nun begann ich mit meinen eigenen Untersuchungen und fand drei von vier Kirchen in Oboda und Mampsis mit nur einer einzigen Apsis entgegen den Ausführungen früherer Forscher und Crowfoots Studien. Der Irrtum ist nicht schwer zu erklären. Alle Forschungsberichte basierten auf einer reinen Ortsbesichtigung und nicht auf archäologischen Grabungen. Dies kann zu Fehlschlüssen führen. Wie ich schon einmal bemerkte, kann ein eingestürzter rechteckiger Raum durchaus eine rundliche Form annehmen. Die Dinge verhielten sich in Sobota noch komplizierter.

Betrachten wir also die kirchlichen Gebäude von Sobata genauer, beginnend mit der Süd-Kirche, die ich als die früheste ansehe. Den schmalen Korridor erwähnte ich bereits. Die Türstürze an den Eingängen zur Basilika tragen christliche Symbole. Der Altarraum ist sehr tief mit einem T-förmigen Chor, der die Seitenräume mit einschließt, an die sich jeweils eine kleine Apsis, oder besser gesagt, eine große Nische, anschließt. In der Mitte dieser seitlichen Apsiden befindet sich jeweils eine Nische mit einem eingebauten Behälter für die Aufnahme eines Reliquienschreines. Am Nordende des Korridors liegt ein Vorraum, durch den man in eine große Taufkapelle gelangt, die vorn mit einem Vorhang abgeteilt war. In einer Apsis der Kapelle steht ein großer kreuzförmiger Taufstein, aus einem Stück gefertigt. Wie wir schon in Oboda und Mampsis gesehen haben, ist die Taufkapelle ein typischer Bestandteil der früheren christlichen Kirchen in diesem Gebiet. Das ist nur natürlich, denn in der Frühzeit des Christentums wurden viele Erwachsene durch Untertauchen getauft. Erst später ging man dazu über, hauptsächlich Neugeborene zu taufen, wofür man dann keine großen Taufbecken mehr benötigte.

Der Kirchenkomplex ist mit einem recht großen Gebäude verbunden. Dies muß die Wohnung des Bischofs oder Priesters gewesen sein (Sobata wurde nie als Bischofssitz erwähnt). Auf einem Türsturz in diesem Gebäude fand die Colt-Expedition eine Weihinschrift aus dem Jahre 415 / 435 n. Chr.

Sobata, Süd-Kirche
Das Taufbecken in Kreuzform ist aus einem Stein hergestellt

Soweit, so gut. Die Feststellung einer Dreierapsis scheint unfehlbar. Doch eine Besichtigung der Kirchenrückseite zeigt deutlich, daß wir uns irren. Dort ist ein großer Durchbruch in der äußeren südöstlichen Gebäudeecke, durch den man klar die Dachkonstruktion eines rechteckigen Raumes unmittelbar hinter der südlichen Apsis erkennen kann. Auch sieht man die typischen Fensterschlitze, durch die der Raum beleuchtet wurde. Zurück in der Basilika bemerken wir jetzt, daß beide Seitenapsiden zu einem späteren Zeitpunkt anstelle der ursprünglich rechteckigen Räume eingefügt wurden.

Die Geschichte der Süd-Kirche kann nun ziemlich sicher rekonstruiert werden. Im 4. Jh. n. Chr. wurde sie mit zwei rechteckigen Seitenräumen und einer einzigen Apsis erbaut. Wie in Mampsis und Oboda dienten die zwei Räume wahrscheinlich der Märtyrerverehrung. Wenn sie einmal vom Schutt befreit sind, läßt sich dieser Punkt sicher leicht klären. In der ersten Hälfte des 5. Jh. wurde das Bauwerk durch ein Erdbeben schwer beschädigt, woraufhin die Südwand in ihrer ganzen Länge durch eine Aufschüttung abgestützt wurde. Dies geschah vermutlich um 450 n. Chr. Zur gleichen Zeit entschlossen sich die Kirchenführer, die Reliquienschreine dem Publikum näherzubringen. Aus diesem Grunde wurden die neuen Seitenapsiden im Zuge der Reparaturen angelegt. In diesem Zustand überlebte das Bauwerk die Eroberung durch die Araber, denn im Jahre 640 n. Chr. wurde noch ein neuer Fußboden gelegt, wie aus einer Weihinschrift hervorgeht.

Die Geschichte der Nord-Kirche ist der der Süd-Kirche sehr ähnlich. Bevor ich hier in Einzelheiten gehe, muß ich noch ein Geständnis machen. Diese Kirche nimmt auf meinem Weg zur Archäologie einen besonderen Platz ein. Bei einem meiner ersten Besuche in Sobata im Jahre 1944 näherte ich mich dem gepflasterten Kirchenvorplatz. Es war ein sehr heißer Chamsintag (Chamsin = heißer Wüstenwind), aber jetzt war die erbarmungslose Sonne gerade dabei, zu sinken. Eine leichte Mittelmeerbrise erleichterte das Atmen. Tiefe Stille herrschte, nur das schwache Zirpen der Grillen war hörbar. Im Schatten der hohen Mauer sah ich ein Gekritzel auf den Pflastersteinen, schwache Linien eines Spieles, das Kinder seit urdenklichen Zeiten spielen. Mir war, als hörte ich noch die Spielsteine rollen. Plötzlich vernahm ich ein leises Schlurfen von nackten Füßen auf dem Pflaster und das Klingen von Glöckchen, ein Geruch von Weihrauch stieg mir in die Nase. Es war so wirklich, daß ich nicht wagte, meine Augen zu heben, um die langsame Prozession der weiß gekleideten Priester in die Basilika zu sehen. – Wenn es für einen Archäologen jemals eine Art »Priesterweihe« gäbe, so wäre es für mich dieser Augenblick gewesen.

Die Nord-Kirche ist eine der schönsten und besterhaltenen Kirchen im Negev. Drei Straßen, die von der Stadt heraufführen, münden in den ungewöhnlich weiten Vorplatz, auf dem die Öffnung einer unterirdischen Zisterne zu sehen ist. Östlich des Platzes lagen Werkstätten eines großen Klosters. Ein einziges Tor führt von der Piazza in ein ebenfalls ungewöhnlich großzügiges Atrium (28 × 19 m), größer als die Basilika selbst. Es hatte drei Säulenreihen, im Süden und Westen lagen Nebenräume.

Auf der westlichen Seite hinter den größeren Räumen waren in zwei Etagen zahlreiche Klosterzellen. Zugang zum oberen Geschoß erfolgte über eine Treppe an der Nordseite des Atriums. In jeder Zelle gab es einen kleinen eingebauten Schrank für die Bücher der Mönche.

Im Atrium befand sich nochmals eine große Zisterne. Etwa in der Mitte des Atriums steht ein Säulenstumpf, umgeben von einem kleinen rechteckigen Gebilde aus Quadersteinen. Die Ausgräber nahmen an, es handele sich um den Sockel eines Kantharos für Weihwasser. Aber die Säule ist für diese Art Schale viel zu groß und außerdem zu weit vom Kircheneingang entfernt, wo üblicherweise ein Kantharos stand. Diese rechteckige Konstruktion ging mir seit Jahren nicht aus dem Kopf und jedes Mal, wenn ich Sobata mit meinen Studenten besuchte, warf ich die Frage nach dem Zweck auf. Mit der Zeit und je mehr ich mir der Rolle der Heiligen- und Märtyrerverehrung in der frühen Christenheit bewußt wurde, kam ich einer plausiblen Lösung näher.

Wieder saß ich an einem milden Spätsommernachmittag im Atrium und ruhte mich von einem harten Arbeitstag aus, als mir plötzlich dämmerte, daß dieser Säulenstumpf die Stelle markieren könnte, wo einst ein Einsiedler hoch auf einer Säule in einem Korb sein Leben verbrachte, frei von den Kümmernissen der Welt, bewundert von seinen Eremitenbrüdern, wie es einst St. Simeon und andere in Syrien getan hatten. Nach seinem Tod wurde der Ort vermutlich Ziel für Wallfahrten und daher wurde die Piazza und das Atrium so weiträumig angelegt. Aus gleichem Grunde wurde wahrscheinlich eine zweite Tür in die Nordwand des Atriums gebrochen, die in die Gärten und die dahinter liegende Wüste führt. Wir können es sogar wagen, eine Vermutung zu äußern, wer dieser Heilige war. In den Papyri von Nessana ist verschiedentlich die Rede von Feierlichkeiten zu Ehren von St. Sergius, zu denen Leute von nah und fern kamen, sogar von Aila am Roten Meer. Nach diesen Dokumenten war dem heiligen Mann auch ein Kloster geweiht. Bei Durchsicht der Listen über die Spenden der Einwohner der Negev-Städte für das Kloster und die Feiern ergibt sich, daß die Bürger von Sobata die größte Spendergruppe bildeten, was darauf hindeutet, daß sich das Kloster in Sobata befand und daß auch die Feierlichkeiten dort stattfanden.

Die Basilika mit drei weiten Portalen an der Westseite war ebenfalls von ungewöhnlicher Schönheit. Der gesamte Boden, die Wände und der Altarraum waren mit hellgrauem Marmor verkleidet. Reste des Marmors und des Putzes, auf dem er befestigt war, sind noch an Ort und Stelle. Die Anordnung des Altarraumes ist die gleiche wie in der Süd-Kirche, einschließlich der Seitenapsiden und der Behältnisse für die Reliquienschreine. An der Gebäuderückwand sieht man ebenfalls Fensterschlitze an den Seiten der mittleren Apsis. Sie sorgten für den

Lichteinfall in die ursprünglich rechteckigen Räume, die anfangs offen waren, bevor sie durch die kleinen Seitenapsiden abgetrennt wurden.

Südlich der Basilika liegt noch eine Kapelle mit einer aus Quadersteinen erbauten Apsis, einem Chor und einem Mosaikfußboden mit geometrischen Mustern. Eine Weihinschrift mit der Erwähnung eines Bischofs und eines örtlichen Priesters stammt aus dem frühen 6. Jh. n. Chr. In gleicher Flucht wie diese Kapelle liegt noch eine weitere mit einem Taufstein, der wie in der Süd-Kirche aus einem Stück gemacht ist. Von hier ist ein Bleirohr mit einem Wasserbehälter an der Außenwand der Kapelle verbunden. Der übrige Teil des Raumes ist eine Begräbnisstätte unter freiem Himmel, wo Geistliche ab Mitte des 6. Jh. begraben wurden. Einer der Verstorbenen ist Benjamin, ein Mönch aus Pharan im Süd-Sinai.

Die Geschichte der Nord-Kirche stellt sich folgendermaßen dar: Sie wurde etwa um die Mitte des 4. Jh. n. Chr. als Kloster- und Wallfahrtskirche im Außenbezirk von Sobata errichtet. Die Mönche befaßten sich hauptsächlich mit Ackerbau. Der große Komplex wurde in der 1. Hälfte des 5. Jh. durch ein Erdbeben stark beschädigt, jedoch wurde er bis zum Ende des 5. Jh. wieder instandgesetzt und durch eine schwere Steinaufschüttung gestützt, die ihn wie eine Festung aussehen ließ. Die Wiederaufbauarbeiten kosteten vermutlich das Leben eines Mannes, der im Atrium im Jahre 506 n. Chr. bestattet wurde. Im gleichen Jahr wurde die Kirche mit einer großen Feier unter Teilnahme des Bischofs und einem sehr bedeutenden Vikar der Ost-Provinzen eingeweiht, wie wir aus einer Inschrift erfahren. Die Ausgräber der Colt-Expedition, die diese Inschrift entdeckten, machen keine genauen Angaben über den Fundort. Ich neige dazu, ihn in dieser Kirche zu suchen. Der Wiederaufbau schloß auch eine Neugestaltung des Altarraumes durch das Einfügen kleiner Seitenapsiden ein. Nach der großen Seuche im Jahre 541 n. Chr. wurden Atrium und Basilika auch Begräbnisstätten für weltliche Bürger höheren Standes, unter ihnen auch einige Familienangehörige des Vikars. (Die griechischen Inschriften von Sobata wurden nie veröffentlicht. Ich sicherte mir das Recht zur Publikation dieser wichtigen Dokumente. Sie sind jetzt beim Studium Biblicum Franciscanum in Jerusalem erschienen.)

Das letzte Kapitel der Kirchengeschichte von Sobata erzählt die Zentral-Kirche. Sie ist in der Mitte der Neustadt gelegen an einer Straßenkreuzung neben einem Gebäude, das möglicherweise Sitz der Stadtverwaltung war. Es ist eine Kirche von geringen Ausmaßen. Ein Grundriß wurde niemals veröffentlicht.

Ein kleines Atrium öffnet sich zu einer der Hauptstraßen hin. Die Kirche war von Anfang an mit einer Dreierapsis gebaut, ähnlich der Süd-Kirche von Nessana. Daher datierte ich sie in meiner Studie über die Kirchen des Negev in die 2. Hälfte des 6. Jh. oder in das frühe 7. Jh. n. Chr. Es sind weder klare Hinweise auf einen Heiligenkult zu finden, noch hat die Kirche ein Baptisterium oder wurde jemals für Bestattungen benutzt.

Wie die anderen Städte in diesem Gebiet überdauerte Sobata den Ansturm der Araber. In der Nord-Kirche fanden bis zum letzten Viertel des 7. Jh. Beisetzungen statt. Die Neuverlegung eines Fußbodens in der Süd-Kirche nach der arabischen Eroberung wurde bereits erwähnt. Bei dieser Süd-Kirche grenzt an die Taufkapelle eine kleine Moschee mit einer Gebetsnische (Mihrab) gen Mekka. Diese und einige früharabische Inschriften aus dem 8. oder 9. Jh. wurden von der Colt-Expedition entdeckt. In ihren Berichten versuchten die Ausgräber, ein Idealbild von gegenseitiger religiöser Toleranz zu zeichnen mit dem freitäglichen Gebetsruf »Allahu akbar« (Gott ist groß) und der sonntäglichen Heiligen Messe. Diese Idealisierung hat jedoch keinerlei Grundlage. Das Christentum war nicht nur ein unwillkommenes Glaubensbekenntnis nach 636 n. Chr., sondern zum Zeitpunkt des Entstehens der Moschee war auch längst jede Spur christlichen Lebens im Negev ausgelöscht.

Wirtschaftsleben im Negev in byzantinischer Zeit

In einem früheren Kapitel habe ich die Schwierigkeiten bei der Erforschung der Landwirtschaft im Negev zur Zeit des Altertums herausgestellt. Sicher ist, daß die Entwicklung nur langsam und schrittweise vor sich ging. Noch bei Diodorus wurde ein Nabatäer, der Wein trank, körperlich gezüchtigt. Strabo schreibt über das gleiche Volk drei Generationen später: »Der König veranstaltet viele großartige Trinkgelage, aber niemand trinkt mehr als 11 Becher, jedesmal aus einem anderen goldenen Becher«. (Geographie XVI, 4, 26)

Der Grund für das alte Weintrinkverbot ist recht offensichtlich. Wer Wein trinkt, wird ihn auch anbauen und herstellen wollen, und nichts bindet mehr als der Weinstock an Grund und Boden. Man kann sogar Land beackern oder Getreide säen und doch ein Halbnomade sein, aber das Pflanzen von Weinstöcken bindet den Winzer fest an seinen Boden. Jede Jahreszeit erfordert ihre besonderen Arbeiten, und wenn die Weinlese und die Verarbeitung der Trauben vorüber sind, beginnt bereits die neue Saison. Aus diesem Grund symbolisiert der Weinstock den Abschied des Nomaden von seiner traditionellen Lebensart.

Der Anbau von Gerste für die Fütterung der Pferde war vermutlich der erste Schritt der Nabatäer in Richtung Landwirtschaft. Es folgte die Pflanzung verschiedener Gemüsearten und Obstbäume. Anfangs wurden nur die engen Täler bewirtschaftet, dann begannen die Nabatäer, auch die breiteren Täler zu kultivieren, wofür ausgeklügeltere Bewässerungssysteme erforderlich wurden. Während die Talsohle wohl hauptsächlich für Getreide- und Gemüseanbau genutzt wurde, pflanzte man an den Hängen Wein, Oliven, Feigen, Granatäpfel, Pfirsiche und andere Obstsorten an.

Ich beschreibe dieses Thema mit sehr allgemeinen Worten; denn hierüber herrscht unter den Wissenschaftlern noch ein reger Disput. Einige sind der Meinung, daß gerade in den Tälern Obst angebaut wurde, während die Berghänge lediglich der Wassergewinnung gedient hätten. In diesem Zusammenhang gibt es ein merkwürdiges Phänomen, das hauptsächlich in den Gebieten um Sobata, Nessana und Oboda auftritt: Dort sind große Landstriche mit leichtem Gefälle von zahllosen kleinen Steinhaufen bedeckt. Die Beduinen nannten sie »Tuleilat el-anab« (Traubenhügel) und »Rujum el-kurum« (Steine des Weinberges). Die Hügel sind etwa 60 cm hoch und in geraden Reihen mit etwa 2 m Abstand angeordnet. Einige sind größer, wobei dann auch der Abstand beträchtlich größer wird. E. H. Palmer machte die Wissenschaft schon im späten 19. Jh. auf diese Erscheinung aufmerksam. Er nahm an, daß diese Hügelchen Weinstöcke stützten. Andere Wissenschaftler dagegen vermuteten, daß die Steinhügel das Sammeln des Taues förderten, der in den kalten Sommernächten der Wüste sehr reich ist.

In den letzten 30 Jahren wurden noch andere Erklärungen gefunden. Prof. Y. Kedar behauptete, daß das Wegräumen der Steine von den Hängen die Erosion verstärken sollte, damit die Erde auf die darunter liegenden Felder geschwemmt würde. Prof. M. Evenari, der sich mit der Rekonstruktion und Erforschung antiker Farmen im Negev befaßt, widerlegte diese Theorie und meinte, daß mit der Freilegung der Hänge ein anderes Ziel verfolgt wurde, nämlich ein besserer Regenabfluß von den Hängen auf die Felder. Er behauptete ferner, daß die Beduinen ihre Bezeichnungen für diese Steinhügel von westlichen Wissenschaftlern übernommen hätten.

Ich glaube, daß die moderne Wissenschaft dazu neigt, Tradition und Erinnerungsvermögen der Beduinen zu unterschätzen. Nur den Beduinen verdanken wir die Erhaltung uralter Ortsnamen, wie Abde für Oboda, Khalasa für Elusa, Isbeita für Sobata und andere. Ferner überlieferten uns die Beduinen Namen wie Wadi Zayatin (Tal der Oliven), Wadi Rammanin (Tal der Granatäpfel), Umm el-Kharuba (Mutter des Johannisbrotbaumes). Es ist ganz sicher, daß die Beduinen, nachdem die letzten Bauern des Altertums den Negev gegen 700 n. Chr. verlassen hatten, noch über viele Generationen die Plantagen weiter ausnutzen konnten. Sie gaben den Orten, wo sie die Früchte fanden, neue Namen und überlieferten uns so bis heute das Wunder der Fruchtbarkeit in der Wüste.

Erst kürzlich hat Prof. Ph. Mayerson hinsichtlich der Steinhügel die alte Theorie des Weinanbaus wiederaufleben lassen. Ich selbst habe diese Möglichkeit nie ausgeschlossen und stelle mir den Vorgang so vor: Die junge Weinrebe braucht sauberen Boden und viel Dünger, der sich langsam zersetzt. Aus diesem Grund wurde ein ziemlich tiefes Loch in den Boden des felsigen und steinreichen Hanges gegraben. Die ausgehobene und mit zahlreichen Steinen durchsetzte Erde wurde in einiger Entfernung neben dem Loch aufgehäuft. Mit der Zeit wurde das Erdreich weggewaschen und nur die Steinhügel blieben zurück. Nur auf diese Weise kann ich die Regelmäßigkeit der Hügel deuten. Der Weinstock wurde in

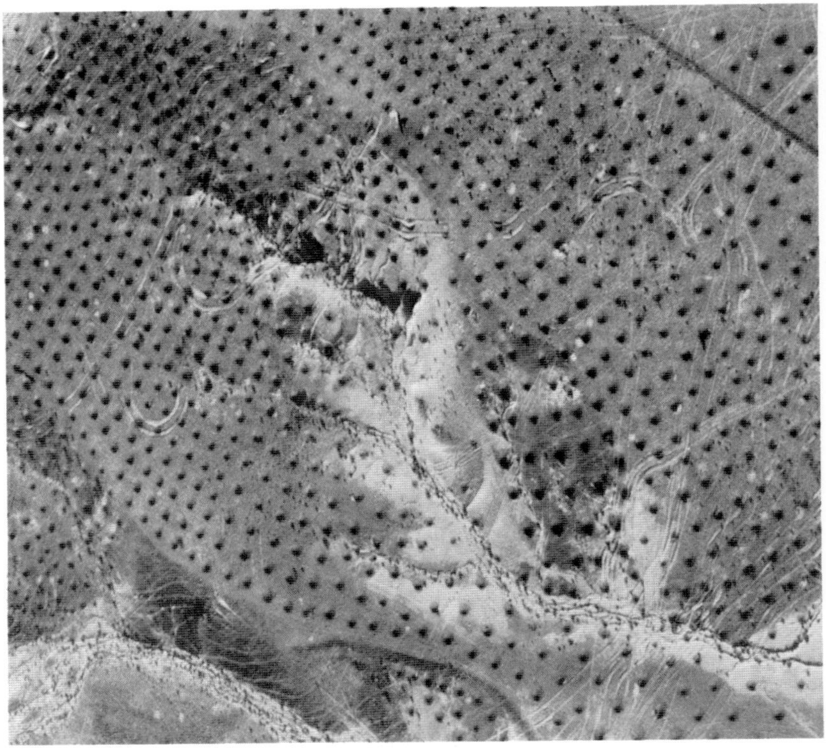

Sobata, Luftaufnahme der »Traubenhügel« (Tuleilat al-Anab)
Ein bisher noch nicht vollständig geklärtes Phänomen

das Loch gepflanzt, die herauswachsenden Reben konnten die Hügel als Stütze benutzen. Die Steinhügel sind zugleich aber auch zum Sammeln von Sommertau und Winterregen sowie von zusätzlicher Wärme geeignet. So bekam der Weinstock mehr Wasser und Wärme für sein Wachstum. Die Nächte im Sommer sind kühl, gerade der Sommer jedoch ist die Zeit des Wachstums und der Reife, in der die Trauben viel Wärme benötigen, um einen guten Wein zu ergeben.

Andererseits könnte die kalte Winterzeit die Herstellung herber Weine ermöglicht haben, an denen das Heilige Land sonst sehr arm ist. Die größeren Hügel stammen vermutlich von größeren Gruben, die zum Setzen von Obstbäumen nötig waren, weshalb sie auch in weiteren Abständen vorkommen. In den Papyri von Nessana wurde für eine solche gemischte Pflanzung ein besonderer Name genannt: »sykampelon«, was soviel wie »Feige – Weinstock« heißt.

Oboda, Teilansicht einer Weinpresse aus byzantinischer Zeit
Zwei von drei Keltern und ein kleiner Sammelbottich sind zu sehen.

Ich habe dieses Thema vorweggenommen, um eine Überleitung zu den Weinpressen zu schaffen. Fünf technisch sehr ausgereifte Weinpressen wurden in Oboda gefunden, eine in Elusa und zwei in Sobata. Jedoch kann man nach Luftaufnahmen von Sobata noch weitere solcher Einrichtungen annehmen. Einen Weinkeller habe ich in Oboda ausgegraben und ich weiß von der Existenz eines anderen.

All dies spricht eigentlich für sich selbst und zeigt, wie bedeutend der Weinbau im Negev war. Wie es scheint, herrschten im Negev klimatische Bedingungen, die die Herstellung ausgezeichneter Weine begünstigten. Die aus dem 4. Jh. n. Chr. stammende »expositio totius mundi«

Sobata, Weinpresse
Hier handelt es sich um eine der größten Einrichtungen dieser Art im Negev. Auf der Tretfläche konnte durch Stampfen eine erstaunliche Menge Trauben gepreßt werden. Zur Beschleunigung der Weinherstellung wurden zwei Auffangbecken gebaut, eines davon ist im Bild zu sehen.

spricht von Askalon-Weinen, die bis nach Europa ausgeführt wurden. Könnte es nicht sein, daß die Negev-Weine unter dem Handelsnamen der bekannteren Stadt Askalon liefen, so wie heute israelische Weine als Carmel Mizrahi vertrieben werden? Es ist schade, daß die Wissenschaftler, die sich mit der Landwirtschaft im Negev im Altertum beschäftigen, dem speziellen Thema des Weinbaus wenig Aufmerksamkeit schenken.

Mehr als in anderen Regionen Israels herrscht in den Höhenlagen des Zentral-Negev in den Winternächten verhältnismäßig starker Frost, was eine wesentliche Voraussetzung für die Erzeugung trockener Weinsorten ist. Andererseits ließ die intensive Wärme während der Reifemonate der Trauben zusammen mit der durch die Steinhügel gespeicherten Wärme sicher vorzügliche Weine reifen, die so gut bezahlt wurden, daß man die hohen Kosten decken konnte, die durch die erforderliche geniale Bewässerungstechnik entstanden. Der Wein muß damals die wirtschaftliche

Grundlage dieser Region gewesen sein, andere Pflanzungen kamen in ihrer Bedeutung erst an zweiter Stelle. Keine andere Frucht ist für den Bauern so lukrativ wie die Weintraube. Sogar die Kirchen betrieben Weinbau und Weinherstellung. Im kirchlichen Bereich wurde der Weinanbau auf Gemeinschaftsbasis organisiert, während die Bürger ihre eigenen Stöcke setzten und selbst kelterten.

Eine übliche Weinpresse hatte folgende Bestandteile: kleine Zellen, in denen jeder Winzer seine gefüllten Körbe lagern konnte, bis er an die Reihe kam. Diese Zellen waren um einen rechteckigen, sauber gepflasterten Fußboden angeordnet, auf dem die Trauben mit den Füßen gestampft wurden. In der Mitte des Fußbodens war ein Ablauf für den Saft. Der Boden war durch unterirdische Kanäle mit einem oder mehreren runden Steinbottichen verbunden, die den Saft auffingen. Wenn die groben Partikel sich gesetzt hatten, wurde der Saft in Krüge abgefüllt und in einen Weinkeller gebracht. Nun kam der nächste Winzer an die Reihe.

Die im Kloster von Sobata gefundene Weinpresse hatte alle diese Einrichtungen außer den kleinen Zellen. Daraus leiteten wir die Vermutung ab, daß die Weinherstellung der Mönche in Gemeinschaft erfolgte.

Die Existenz solcher Pressen in den Negev-Städten war auch früheren Besuchern bekannt. Wiegand und seine Mitarbeiter nannten eine solche Installation in Oboda »Grabbau mit Garten« und die Colt-Expedition, die eine große Weinpresse in Sobata ausgrub, hatte eine noch interessantere Erklärung. Diesen Forschern zufolge handelte es sich um nichts anderes als ein Bad. Die Angelegenheit wurde ausführlich beim Jahrestreffen des Palestine Exploration Fund 1934 in London diskutiert. Dies waren die Worte des Sitzungspräsidenten, The Very Reverend D. H. S. Carnage, D. D., Dean von Norwich: »Ich interessierte mich sehr für die Bäder. Die Beweisstücke aus dem Kloster von Sobata erscheinen mir vollständiger als wir sie im Westen vorliegen haben. Wir wissen, wie die Badehäuser von Canterbury im 12. Jh. ausgesehen haben, aber wir wissen auch, daß das Baden den Mönchen im Westen nicht unbedingt erlaubt war. Die These des St. Benedikt besagt, daß sie nur gut sind für Kranke. Wie es scheint, waren die Vorschriften in sub-tropischen Gegenden etwas gelockert. Ich weiß nicht, ob die Mönche von Sobata den benediktinischen Regeln oder denen von St. Basilius oder irgendwelchen orientalischen Regeln folgten«.

Einer der Ausgräber von Sobata, Colin Baly, erklärte die Funktionsweise eines Bades wie folgt: »Es ist bis auf den natürlichen Felsen ausgehoben und dann geglättet und gepflastert. In der Mitte war eine Senkgrube angelegt (nach meiner Ansicht der Ablauf für den Saft). Den Trockenraum (Boden für das Traubenstampfen) sieht man daneben sowie auch die Kanäle, die das Wasser aus dem Trockenraum zurück in die Badewannen leiteten (Bottiche zum Auffangen des Traubensaftes).«

Nach meiner Auffassung zeigt die falsche Deutung einer Weinpresse als Badeeinrichtung mehr als nur die Fehlinterpretation einer einzelnen Installation, hier tut sich vielmehr ein völliger Mangel an Verständnis dafür kund, worum es in den Wüstenstädten ging!

Ein weiterer wichtiger Zweig der Landwirtschaft muß der Anbau von Olivenbäumen gewesen sein; denn Olivenkerne wurden in großer Zahl in den Abfallhalden seit der mittelnabatäischen Periode gefunden. Die Früchte könnten natürlich auch importiert gewesen sein, aber der schwere Mühlstein in Oboda beweist, daß hier Oliven zur Ölgewinnung angebaut wurden. Der Stein ist so schwer, daß die Ölpresse nicht weit davon entfernt gelegen haben kann. Vielleicht stand sie – in unmittelbarer Nähe der Weinpresse – in der Umgebung des Südtores der Festung.

Aus den Papyri von Nessana vom Ende des 7. Jh. n. Chr. geht hervor, daß Öl – aller Wahrscheinlichkeit nach Olivenöl – durch die arabischen Truppen mehrere Male im Jahr von den Bewohnern Nessanas beschlagnahmt wurde. Dies fand offenbar in Abständen von zwei Monaten statt. Jedes Mal wurde die Stadt gezwungen, 100 sextarii Öl – dies entspricht 50 Litern – abzugeben. Das ist wahrlich keine kleine Menge. Außerdem hatte die Stadt noch Weizenlieferungen und Bargeld zu entrichten.

Erziehung und christliches Leben in Nessana (Die Nessana-Papyri)

Durch die Papyri von Nessana erfahren wir einiges über das Bildungswesen in dieser abseits gelegenen Wüstenstadt:

Umgangs- und Lehrsprache war dort seit dem 3. Jh. n. Chr. Griechisch. Wenn es überhaupt ein Schulsystem gab, so ist es von der Kirche ausgegangen, in der auch die Schriftdokumente gefunden wurden. Auf wunderbare Weise blieben dort 16 Seiten des 6. Buches von Vergils »Aeneis« erhalten. Um den griechisch sprechenden Studenten das Lesen zu erleichtern, ist der Text in zwei Spalten geschrieben, einmal im lateinischen Original, daneben steht die griechische Fassung. Ferner fand man ein lateinisch-griechisches Wörterbuch, in dem die lateinischen Ausdrücke in griechischer Sprache erklärt werden. Dies waren die einzigen literarischen Texte, die man in Nessana fand.

Die anderen Schriften waren juristischen, militärischen und vor allem religiösen Inhalts, so etwa verschiedene Kapitel des Johannes-Evangeliums und Bruchteile der Briefe des Paulus. Andere religiöse Schriften waren zum Beispiel die Taten des Heiligen Georg. In die gleiche Kategorie gehören der Brief des Abgar (Toparch von Edessa) an Christus und dessen Antwort, ferner die Zwölf Kapitel des Glaubens und einige kleinere Fragmente religiöser Schriften. Zwei Dokumente behandeln Gesetzestexte, einer davon über das Erbrecht.

Die übrigen 181 Dokumente lassen sich in verschiedene Gruppen einteilen. Die *früheste Gruppe* enthält 17 Schriften mit dem Titel »Das Archiv der Soldaten« aus dem 6. Jh. n. Chr. Es werden persönliche Angelegenheiten von Soldaten der Heereseinheit »Die getreuen Theodosianer« behandelt, die im Lager von Nessana stationiert waren.

Die *zweite Gruppe* bilden 5 Dokumente aus dem späten 6. und dem frühen 7. Jh., genannt »Das Kirchenarchiv«. Zu jeder der beiden vorgenannten Gruppen gehören noch eine große Zahl undatierter Schriften ähnlichen Inhalts.

Die *dritte Gruppe* sind Papiere des Sergius, Sohn des Georgius, Sohn des Patricius, aus dem späten 7. Jh. n. Chr. Sergius war einer der aktivsten Männer in Nessana. Er war Priester, Abt und Großgrundbesitzer. Trotz seines Kirchenamtes hatte Sergius Steuern für seinen Grundbesitz zu zahlen. Er war ein gebildeter Mann und daher oft als Schreiber und Zeuge tätig. Georgius errichtete eine Gedenksäule in der Kirche St. Sergius für sich und seine Frau. Die meisten Forderungen der neuen arabischen Machthaber richteten sich gegen Georgius.

Die *vierte* und letzte *Papyri-Gruppe* mit 40 Schriften nennt sich »Das arabische Archiv«. Viele dieser Dokumente, die alle nach der arabischen Eroberung datiert sind, wurden zweisprachig, griechisch und arabisch, abgefaßt. Etwa die Hälfte befaßt sich mit Fragen der Besteuerung, drei Schriften mit Zwangsarbeit und zwei lange Schriftstücke handeln von militärischen Angelegenheiten der arabischen Eroberer.

Nach diesem Überblick wollen wir uns ein wenig im Privatleben der Leute von Nessana umsehen:

Heiraten z. B. war eine ernste Sache, es hatte vorschriftsmäßig zu erfolgen. 532 n. Chr. wurde nachstehender Vertrag unterzeichnet:

»Im Amt des ruhmreichen Konsuls Flavius Belisarius, im 532. Jahr, im Monat Daesius, dem 15. Jahr der Indiktion, im Ort Nessana, im Bezirk Elusa. Im Namen des Ewigen Gottes: Die folgenden haben eine Vereinbarung getroffen. Flavius al-Ubbay, Sohn von Elias, wohnhaft im Ort Nessana, hat seine jüngere unmündige Tochter Aniya zum gemeinsamen Bund der Ehe an Flavius Valens, Sohn von al-Ubbay al-Ghubb ... gegeben. Der Ehemann gab seiner Frau 6 Unzen Gold und als Beweis seiner Wertschätzung zusätzlich die Summe von 6 solidi. Der Vater des Mädchens gab als Mitgift 6 Unzen Gold und 6 solidi in Gold, garantiert rein und von einwandfreiem Gewicht ... und zahlte in voller Höhe und in bar.

...Im Falle des Todes der Braut Aniya ergeht ihr Besitz nach dem kaiserlichen Erlaß ...«

Am Schluß folgen die Unterschriften der Zeugen. Bemerkenswert ist die komplizierte juristische Sprache.

Menschen wurden auch damals geschieden. Eine Reihe von Dokumenten befassen sich mit diesem Vorgang. Das vollständigste stammt vom September des Jahres 689 n. Chr. Der Scheidungsprozess machte die Anwesenheit von sieben Zeugen notwendig:

»Wir, Sergius, Sohn von Georg, Priester von Gottes Gnaden, Georg, Sohn von Viktor, Archidiakon von Gottes Gnaden, Georgius, Sohn des Pallsdius, Diakon, Johann, Sohn von Stephan, Enkel des al-Zayyat, Zacharias, Sohn von Georg, Stephan, Sohn von al-Uwaidh und Georg, Sohn von Elias, bezeugen die folgenden Tatsachen: Johannes, Sohn von Ualios, Priester, und seine Frau Nonna, Tochter von Johannes, Sohn von Quthaim, mit ihrer Mutter Tuquim führten uns zusammen. Zwischen ihnen gab es viel Kummer und Streit wegen grundsätzlicher Fragen. Wir, die vorgenannten Männer, bestanden darauf, daß

sie zusammen bleiben und redeten lange auf sie ein, sich miteinander zu versöhnen, aber sie ließen sich nicht hindern. Dann sagte der Priester Johannes zu seiner Frau: Du hast die Wahl. Wenn Du einen Richter haben willst, ob von unserem Dorf oder anderswoher, werde ich Dir einen Richter nehmen. – Darauf sagten Nonna und ihre Mutter: Wir, wollen nichts von Dir. Wir nehmen niemanden von Dir (als Richter). Wir haben von Dir überhaupt nichts genommen, weder Bewegliches noch Unbewegliches, nur laß mich frei! – Dann sagte Johannes in Gegenwart der vorgenannten Männer: Du bist frei. Wir haben gegeneinander keine Ansprüche. –

Wir, die vorgenannten Männer, bezeugen dies vor Gott.«

Nach einigen Schlußsätzen kommen wiederum die Unterschriften der Zeugen.

Außer ehelichen Angelegenheiten widmeten sich die Menschen wie üblich Geschäften, z. B. der Verteilung von Besitz. Einer war daran interessiert, seine Ländereien zu erweitern, während der andere seine Barschaft erhöhen wollte. Der Besitz, um den es in dieser Transaktion ging, bestand aus Feldern – jedes mit einem eigenen Namen – einem Garten und Weinbergen. Die beiden Männer waren Soldaten im örtlichen Heerlager.

In einer anderen Schrift geht es um die Verteilung des Besitzes von Flavius Sergius, eines Soldaten im Lager von Nessana. Flavius Sergius hatte einen Sohn aus seiner ersten Ehe mit der verstorbenen Maria und drei Söhne mit seiner derzeitigen Frau Mulaika. Der älteste dieser Söhne war 4 Jahre alt. Aus unbekannten Gründen beschloß Flavius, seinen Besitz unter seinen Erben aufzuteilen. Es ging um Ackerland, ein Haus und Gerätschaften. Was leicht teilbar war, wurde geteilt. Jedoch um die Aufteilung des Hauses unter so viele Erben und spätere Streitigkeiten zu vermeiden, bekam Elias, Marias Sohn, Bargeld anstatt seines Anteiles am Haus, wodurch dies den minderjährigen Kindern erhalten blieb, die noch die Aufsicht der Mutter brauchten. Wiederum sind die Namen der Beteiligten sehr interessant. Marias Vater hieß Thaimobodas, ein vornehmer nabatäischer Name wie auch Mulaika. Deren Vater hieß Abraamios, während einer ihrer Söhne den Namen Alolkaios trug, eine griechische Abwandlung eines semitischen Namens. Das Dokument ist vom 1. Juli 562 n. Chr. datiert.

Einfacher war die Aufteilung eines Hauses, die am 2. Dezember 566 vorgenommen wurde:

»Dies sind die Bedingungen des Vertrages zwischen Flavius Anmos, Sohn von Stephan und Enkel von Valens, Soldat im hiesigen Lager, erste Partei –

und seiner vollblütigen Schwester Aniya, Tochter von Stephan und Witwe des verstorbenen Phanes, Sohn von Abraamios, zweite Partei –

über die Aufteilung von Wohnräumen, die ihnen gehören und aus dem Erbe des verstorbenen Anmos, Sohn des Waelos, ihres Großvaters mütterlicherseits stammen. Nun, nachdem eine Verteilung und das Werfen eines Würfels in Gegenwart von Freunden und Verwandten stattgefunden hat, die sich ihretwegen versammelt haben, schwören sie sich gegenseitig bei der Heiligen Dreifaltigkeit und der Gesundheit des Kaisers, daß sie sich mit der Verteilung zufriedengeben und die getroffenen Vereinbarungen nicht brechen werden. Demnach erhält der getreue Anmos als sein halbes Erbteil die zwei miteinander verbundenen Räume an der Nordseite mit allen damit verbundenen Rechten. Die Grenzen sind: im Norden die öffentliche Straße, im Westen das Anwesen der Erben des verstorbenen Arztes Alafallas, Sohn von Zonenos, im Süden die Vorhalle zum Hof und Bogengang, welche gemeinschaftlich benutzt werden ...«

Aniya erhielt die gleiche Anzahl Räume, ebenfalls genau beschrieben. Das Losen in diesem Falle war insofern wichtig, als damit entschieden wurde, wer welchen Teil erhielt. Die Lage der Räume in der Nordhälfte des Hauses war besser, da sie nach Süden wiesen und damit von der Sonnenwärme im Winter profitierten, während die anderen Räume recht kühl waren.

Die in diesem Dokument gegebene Beschreibung des Hauses ist das einzige *schriftliche* Zeugnis von einem Wohnhaus im Negev, das wir andrerseits durch *archäologische* Funde so gut kennen. Bemerkenswert ist wiederum die Tatsache, daß die Namen der meisten Beteiligten nabatäisch sind.

Aus den Papieren geht klar hervor, daß es zur byzantinischen Zeit im Negev akute Wohnungsprobleme gab, und schon bald mußte ein Haus, ursprünglich für zwei Familien bestimmt, unter einer größeren Anzahl von Verwandten aufgeteilt werden. Das zeigt ein teilweise erhaltenes Dokument aus dem Jahre 566/567 n. Chr.:

»Ich ... Sohn von Abu Tafaros, erkenne mit diesem Vertrag an, daß ich Dir, dem getreuen Abdalgos, freiwillig einen Hofanteil und auch den ... Anteil am Backofen verkauft habe. Ich sichere ebenfalls zu, daß auf Dich und Deine Erben keine öffentlichen Steuern für die Felder (genannt Koreothes) entfallen, die Du mir im Austausch für den vorgenannten Hof abgetreten hast ...«

In einer Niederschrift geben die Gebrüder Flavius Abraamios und Flavius Abuzonainos, Söhne des verstorbenen Saadalles, Soldaten im Heerlager, der Ländereiverwaltung (anscheinend in Elusa) Kenntnis von einer Abtretungsvereinbarung über ein Stück Land. Die Grenzen dieser Parzelle waren: *»Osten = Anwesen des Abbos, Sohn von Daribos, Norden = das gleiche, Westen = Anwesen des Zenon, Sohn von Persan, Süden = Wüste.«* Man darf nicht vergessen, daß Nessana nur eine kleine fruchtbare Insel in der Wüste war. Der Grund für die Benachrichtigung der Behörde war folgender: »*Die öffentliche Finanzkasse erleidet keinerlei Schaden oder Verlust, denn falls – was nicht geschehen möge – der empfangenden Partei die Geldmittel ausgehen, wird die andere Partei die Finanzkasse entschädigen*«. Das Schriftstück wurde am 26. November 569 n. Chr. verfaßt. Alle genannten Personen waren Soldaten im Heerlager von Nessana. Als Ländereibesitzer, in welche Kategorie fast alle Soldaten fielen, waren sie nicht von der Steuerentrichtung befreit. Dies mag beweisen, daß trotz ihrer militärischen Verpflichtungen ihre Felder und Plantagen ertragreich genug waren, um die Steuern zahlen zu können so wie jeder andere Bürger auch.

Sehr oft geht es um den Verleih von Geld. Der übliche Zinssatz war 6%. »*Wir, der genannte Sergius und ... bestätigen, für unseren privaten und dringenden Bedarf erhalten zu haben und zu schulden 4 Reichssolidi in Gold weniger 4 carat nach der Währung der Stadt Gaza ...*« Bei dieser Transaktion bürgen zwei Offiziere gegenseitig für sich, als sie Geld borgen von einem Offizier im Ruhestand, der sich nun als Geldverleiher betätigte.

Ein Dokument, dessen Datum verlorengegangen ist, handelt von der Verteilung von Besitz und nennt unter anderem: »*Das sogenannte Haus von Abu Joseph, Sohn des Doubabos, einschließlich der 96 Betten darin, dem oberen Stockwerk, dem freien Landstück vor dem Haus ...*« Dies paßt zu der Karawanserei von Mampsis ebenso wie zum kürzlich ausgegrabenen »Hotel« in Oboda.

Die meisten Papiere von Nessana behandeln persönliche Angelegenheiten, von denen ich nur einige Beispiele gegeben habe. Einige wenige jedoch beziehen sich auch auf militärische Vorgänge. Eines betrifft zum Beispiel eine jährliche Abgabe von 64 Kamelen und Dromedaren, die dem Dorf Nessana auferlegt war, um die Armee und die Kirche zu unterstützen. Interessant ist, daß zwei Dromedare an die Kirche St. Georg von Characmoba in Moab gegeben wurden, der Stadt, aus der einige der in Mampsis gefundenen Siegelabdrucke stammen. Ein zweites Dokument dieser Art, auch aus dem 6. Jh., enthält Aufstellungen über Zahlungen an militärisches Personal; darunter war auch ein Arzt. Eine Eintragung bezieht sich auf drei Festungen, nennt diese jedoch nicht beim Namen.

Die Organisation der in Nessana stationierten Streitkräfte geht aus einem anderen Schriftstück von etwa 560–580 n. Chr. hervor; es geht um eine Kamel-Bestandsaufname. Die Soldaten waren in Mannschaften von je 10 Mann aufgeteilt. Jeder Mannschaft stand ein »decarchos« vor, einer der zehn befehligt. Während einer dieser Mannschaftsvorsteher den guten griechischen Namen Hermogenes trug, hießen die anderen Abdallas, Stephan, Sohn von Zonenos, und Qualeios – also alles nabatäische Namen.

Ein weiteres wichtiges Schriftstück ist ein Verzeichnis von Grundstükken der einzelnen Dörfer, vermutlich basierend auf ihrer jeweiligen militärischen Stärke. Hier handelt es sich um den einzigen Beleg in den Papyri von Nessana, in dem außer Elusa und Nessana auch die Orte Oboda, Mampsis und Birosaba aufgeführt sind. Die übrigen genannten Städte gehören nicht zum Negev. Es ist aber gerade dieses Dokument, das die Idendität von Mampsis mit dem heutigen Kurnub bestätigt.

Einige wichtige Schriften betreffen die Kirche und ihre Diener. Wie alle Dorfbewohner war auch der Klerus materiellen Gütern nicht abhold. Ein Schriftstück über eine Geldanleihe beginnt: *»Im Namen der heiligen, gepriesenen und lebenspendenden Dreifaltigkeit Vater, Sohn und Heiliger Geist und im Namen unserer gepriesenen Lieben Frau, Mutter Gottes und ewigen Jungfrau Maria und der heiligen Märtyrer. Lager Nessana im Bezirk der Stadt Elusa, 16. Juli 605 n. Chr. – Abraamios, Sohn von Procopius, Enkel von Poorsaphos, wohlgeborener Einwohner des obigen Lagers, an den hochverehrten Patricius, Sohn von Sergius, Leiter und Abt des Klosters der heiligen und viel gepriesenen Märtyrer Sergius und Bacchus, ebenfalls Bewohner des obigen Lagers. Grüße!«*

Nach dieser ausschweifenden Einleitung geht es schließlich um ein Darlehen von 9 solidi in Gold mit der üblichen Zinsrate von 6%.

Die Kirche befaßte sich auch mit der Lieferung von Fisch, wie dieser Brief aus dem frühen 7. Jh. zeigt.

»Bevor ich irgendetwas sonst schreibe, sende ich Ihnen, Herr, meine respektvollen Grüße, denn Sie sind mein wahrer Freund. Bitte empfangen Sie von dem Überbringer dieses Briefes 80 Pfund Seefische, 20 große Köpfe. Geben Sie meinem Boten Anakles zur Sicherheit dafür eine Bestätigung, daß Sie die Ware erhalten haben. Beten Sie für mich zum Herrn.«

»An meinen von Gott geliebten Herrn und meinen werten Freund, mit Gottes Hilfe, und mit aller Hochachtung und Verehrung Stephan, Sohn von Valerius, Diakon, Patricius, Abt. Ich erhielt durch Ptolemäus den Brief meines Herrn und Freundes zusammen mit 16 gepökelten Fischen mit einem Gewicht von 70 Pfund. Ich habe sie in der Gegenwart von Ptolemäus gewogen ... bis Sie kommen. Beschaffen Sie (?) mir noch 20 Pfund und etwas Salzfisch.«

Tatsächlich haben wir in den Abfallhaufen aller Perioden zahlreiche Gräten von Fischen sowohl aus dem Roten Meer als auch dem Mittelmeer gefunden.

Die meisten Dokumente dieser Gruppe befassen sich jedoch unmittelbar mit kirchlichen Angelegenheiten. So schreibt z. B. Bischof Georg im frühen 7. Jh.:

»Vor allem schreibe ich, um Pater Zonenos Grüße zu senden. Dann möchte ich Dich um folgendes bitten. Da ich krank bin und nicht zur Feier für St. Sergius

gehen kann, bitte doch den Abt, wenn Du hingehst, Pater Procopius meine Spende zu übergeben, damit er nach der Feier nicht extra hier heraus kommen muß.

So wird er selbst von den Kosten entlastet und ich kann in Frieden ruhen. Ich bitte Dich, mir diesen Gefallen zu tun, den ich schulde. Bleib bei guter Gesundheit! Wenn Du nicht hingehst, schreib ihm. Anschrift: an Pater Zonenos von Georg, Bischof von Gottes Gnaden.«

Es ist schade, daß hieraus nicht hervorgeht, wo der Bischof residierte und wo genau die Feierlichkeiten für St. Sergius stattfanden. Einen weiteren Brief schrieb der Bischof von Aila am Roten Meer etwa zur gleichen Zeit:

»Moses, Bischof zu Aila von Gottes Gnaden. Ich sende Dir beigefügt ... Du von dem Sarazenen erhalten hast, um es St. Sergius in Nessana und St. Sergius in Elusa zu geben. Du erweist mir hiermit einen großen Gefallen und ... Ich habe unter diesen Auftrag meine Unterschrift gesetzt. Gezeichnet durch mich, Moses, Sohn des Sergius, Bischof.«

Ein großer Papyrus umfaßt fünf Listen, zwei davon über Spenden an das Kloster St. Sergius und die anderen mit Spenden für die Feierlichkeiten zu Ehren dieses Heiligen. Diese Listen sind deshalb interessant, weil sie die Städte und Dörfer dieser Gegend aufzählen, von denen bisher noch nicht alle wiederentdeckt wurden. Neben wohlbekannten Orten wie Elusa und Berosaba werden noch erwähnt: Neoteros, Phakida, Pyrgeotes, Betomalacha, Berthiba, Boteos Sudanon, Bedorotha, Pacidino und Picidino.

Auch aus einem anderen Grund sind diese Aufstellungen von Bedeutung: Sie zeigen deutlich, daß außer den seßhaften christlichen Bewohnern der Städte und Dörfer auch noch andere christliche Gruppen vom Stamm der Sarazenen und von beduinischer Herkunft existierten. Letztere verwenden nicht die Städte- und Dorfnamen, sondern die Bezeichnung »Haus«. So zahlt zum Beispiel Theodore, Einwohner von Betomolacha, für das »Haus« des Gomaseros, ein Name, in dem man das arabische Jumahir wiedererkennen kann. Dieser Name ist im Zusammenhang mit dem Negev neu und gehörte nicht zu den Personennamen der früheren Nabatäer. Dieses »Haus« = Sippe oder Stamm ist auch in dem Gebiet des bisher nicht gefundenen Ortes Boteos sowie in der Stadt Elusa ansässig. Die Unterteilung eines Stammes in Familien, die an verschiedenen Orten wohnen, ist typisch. Andere »Häuser«, die in diesen Listen aufgeführt sind, heißen Zonenos, Johannes (Sohn von Qothemos) und Abdallas.

Die Spenden an die Kirche konnten auch in Naturalien gegeben werden. Eine Liste über Gaben an St. Sergius nennt, etwa um 685 n. Chr.,

Mengen zwischen 2 bis 10 modii. Diese letztgenannte Aufstellung leitet über zum letzten Kapitel in der Geschichte der Papyri von Nessana, nämlich zu den Jahren nach der arabischen Eroberung:

Aus noch ungeklärten Gründen gibt es kaum Dokumente aus dem 6. Jh.; die wenigen noch vorhandenen sind sämtlich aus dem letzten Viertel dieses Jahrhunderts. Obgleich die Funktion der Kirche bis zum Ende der Stadtgeschichte ohne Unterbrechung bestand, muß eine andere, sehr ernste Sache aufgetreten sein, die die Bürger in den Negev-Städten sehr beschäftigte. Zu einem nicht genau bestimmbaren Zeitpunkt haben die arabischen Eroberer für die hinzugewonnenen Gebiete eine neue Besteuerung veranlaßt. In Nessana wurde hierzu ein Ausschuß von acht Ländereibesitzern gebildet, die mit der Steuereintreibung beauftragt wurden. Der genannte Sergius, Sohn von Georg, ein Großgrundbesitzer, mußte die ernorme Summe von 37 1/2 solidi bezahlen. Verschiedene Schriftstücke quittieren entweder Zahlungen oder mahnen solche an.

Sie kommen nicht mehr aus der Stadt Elusa, sondern aus der neuen Bezirkshauptstadt Gaza. Acht Dokumente aus der Zeit von November 674 bis 689 n. Chr. enthalten Aufforderungen zur Lieferung von Weizen, Öl und manchmal auch Bargeld. Sie sind in arabischer Sprache verfaßt, geben aber auch eine griechische Übersetzung. Der Unterschied zwischen diesen Schriftstücken und denen dreiviertel Jahrhundert früher ist offensichtlich:

»Im Namen Gottes, des Gnädigen, des Barmherzigen. Von Harith ibn Abd an die Leute von Nestan *(neuer Name von Nessana), dem* kura *(Bezirk) von Gaza, dem* iqlim *(Unterbezirk) von* Khalus *(Elusa).*

Gebt umgehend an Ali ibn Khalil von den bani Saad ibn Malik (Name eines arabischen Stammes) den rizk *(Kopfsteuer) für* Dhul-Qaada *und* Muharram *(arabische Monatsnamen) und* Safar *und die zwei Monate von* Rabia 70 mudd *(modii) Weizen und die gleiche Menge Öl. Geschrieben von Abu Said in Dhul-Qaada im Jahre 54«* (d. h. nach der Hidschra, dem Beginn der arabischen Zeitrechnung = 674 n. Chr.).

Dies ist eine Übersetzung des arabischen Textes, die griechische Fassung ist exakt gleich.

Die Verantwortung für das Abführen der Steuern oblag stets Einheimischen:

»Nimm soviel du für mich zusammentragen kannst, da ich für ein Soll von ... verantwortlich bin. Verlier nicht eine Stunde Zeit, mir die Steuern zu bringen und stelle sicher, daß es für die zweite Rate an Gaza ausreicht ... Friede sei mit Dir! Adresse: An meinen Herrn und Meister Georg, Verwalter von Nessana, von Georg.«

Dieser Brief wurde im Jahre 684 geschrieben. Im gleichen Jahr ergingen zwei Befehle des Provinzgouverneurs (arabisch: Emir) an die Leute von Nessana. Einmal sollten sie einem angesehenen Moslem, Abu'l-Mughira, einen Führer für eine Reise zum »Heiligen Berg« beistellen und auch die Kosten hierfür übernehmen. Der zweite Auftrag kam von dem gleichen Emir. Diesmal sollte ein Führer die Ehefrau des Emirs begleiten und sie auf die Straße zum Berg Sinai führen. Die Kosten waren natürlich wiederum von der Stadt Nessana zu tragen.

Das Joch unter der Moslem-Herrschaft war schwer:

»Ich erhielt Deinen Brief mit der freundlichen Zahlung. Wisse, mein Geld ist auch Dein Geld. Nun höre, ich habe Mitteilung bekommen, daß ich Kamele beschlagnahmen und zwei Arbeiter bereitstellen soll, die einen Zwangsdienst von Caesarea nach Scythopolis verrichten müssen. Bedenke, daß er gute Kamele haben will und Arbeiter mit Packtaschen und Gurten ... Friede sei mit Dir. An den ehrenwerten Georg, Verwalter von Nessana, von Georg, dem Geringen.«

Bis zum Ende des 7. Jh. wurden die Steuerlasten zu groß. Aus diesem Grund erging folgender Brief:

»Wir wollen Euch informieren, edle und von Gott geliebte Magnifizenz, daß wir einen Brief von Seiner Magnifizenz Herr Samuel erhalten haben, in dem er Euch und uns persönlich auffordert, zur gleichen Zeit einen Appell an unseren hochgeschätzten Gouverneur zu richten, uns Erleichterung zu schaffen. Denn sie verursachen Euch und uns ernsthafte Sorgen und wir können solche Steuerbürden nicht mehr tragen. Beachtet daher, daß wir morgen, Montag, in Gaza sein werden. Wir sind 20 Leute. Bitte kommt auch sofort, damit wir in einem Geiste und in Eintracht handeln. Nachdem Ihr diesen Brief gelesen habt, sendet ihn nach Nessana. Wir haben nach Sobata geschrieben. Viel Glück und gute Gesundheit!«

Zum Abschluß dieses Kapitels sollen noch zwei sehr lange amtliche Dokumente erwähnt werden, die Vorder- und Rückseite des Papyrus füllen. Sie beziehen sich auf das Heer des Kalifen Abd al-Malik, der in Damaskus amtierte, und enthält auch Befehle von Abd al-Aziz, Emir in Ägypten, sowie von Hassan ibn Malik ibn Bahdad, Emir in Palästina in den Jahren 680–683 n. Chr. Es ist unbekannt, warum und wie diese Unterlagen nach Nessana gelangt sind. Sie enthalten lediglich allerlei Aufstellungen über Lieferungen an verschiedene moslemische Militäreinheiten. In diesen Schriftstücken wird der alte ethnische Begriff »bani« = »Söhne von« oder »vom Stamme der ...« sehr häufig verwendet.

Die Wüste, die einst die natürliche Heimat beduinischer Stämme war, ist wieder an ihre angestammten Besitzer zurückgefallen. Die tausend Jahre der Besiedelung, die mit der Ankunft der Nabatäer begann, ging zuende, als wäre sie nur ein fernes Trugbild gewesen.

Das Ende eines Zeitalters

Das Sterben der Städte und Dörfer im Zentral-Negev war ein langsamer und schmerzhafter Prozess. Schon lange vor der Eroberung im Jahr 636 n. Chr. drangen Araber nach Palästina und Syrien ein, aber nur wenige Ereignisse wurden von Geschichtsschreibern aufgezeichnet. Archäologisches Beweismaterial aus *Mampsis* zeigt, daß diese kleine, isolierte Stadt das erste Opfer war: Byzantinische Münzen aus der Zeit nach 450 n. Chr. findet man kaum, mit ziemlicher Sicherheit überlebte die Stadt nicht bis 500 n. Chr. Die Schrecken der arabischen Überfälle konnte man förmlich spüren, als das Nordtor der Stadt ausgegraben wurde. Kaum war der Schutt beseitigt, sah man die verbrannten Reste der Holztüren. Eine war beiseitegeschoben und die andere, eine zwei Meter hohe Tür, aus den Angeln gerissen, auf den Boden geworfen und dann in Brand gesetzt worden. Außer den verkohlten Überresten waren noch alle Eisenbeschläge und die langen Nägel, mit denen sie am Holz befestigt gewesen waren, vorhanden. Selbst das Steinpflaster trägt noch die unauslöschlichen Spuren des schweren Brandes.

Die West-Kirche, ein kleiner Juwel, teilte dieses Schicksal. Die Marmorverkleidung des Altarraumes wurde zertrümmert und verstreut. Dann setzte man das Holzdach in Brand. Das Feuer wurde allerdings bald durch die herabgestürzten Dachplatten erstickt, so daß ich bei der Ausgrabung im Jahre 1966 noch große Stücke halbverbrannter Balken sicherstellen konnte. Unter den Trümmern kam der schwarzbefleckte Mosaikfußboden zum Vorschein. Der großen Kathedrale von Mampsis blieb das Schicksal der West-Kirche erspart. Die Eroberer machten vorübergehend ein Lager aus ihr, sie ritzten Gebetssprüche in alt-arabischer Sprache in die Wände der Apsis, wobei das Wort *Allah* leicht zu entziffern ist. Sämtliche Marmorteile wurden zerbrochen und in einen der Räume des benachbarten Marktgebäudes geworfen, wo sie zu Kalkstaub verbrannten. Als das Tor von Mampsis und die Kathedrale im frühen 6. Jh. n. Chr. auf der berühmten Mosaiklandkarte von Madeba abgebildet wurde, muß die Stadt bereits ein Trümmerfeld gewesen sein.

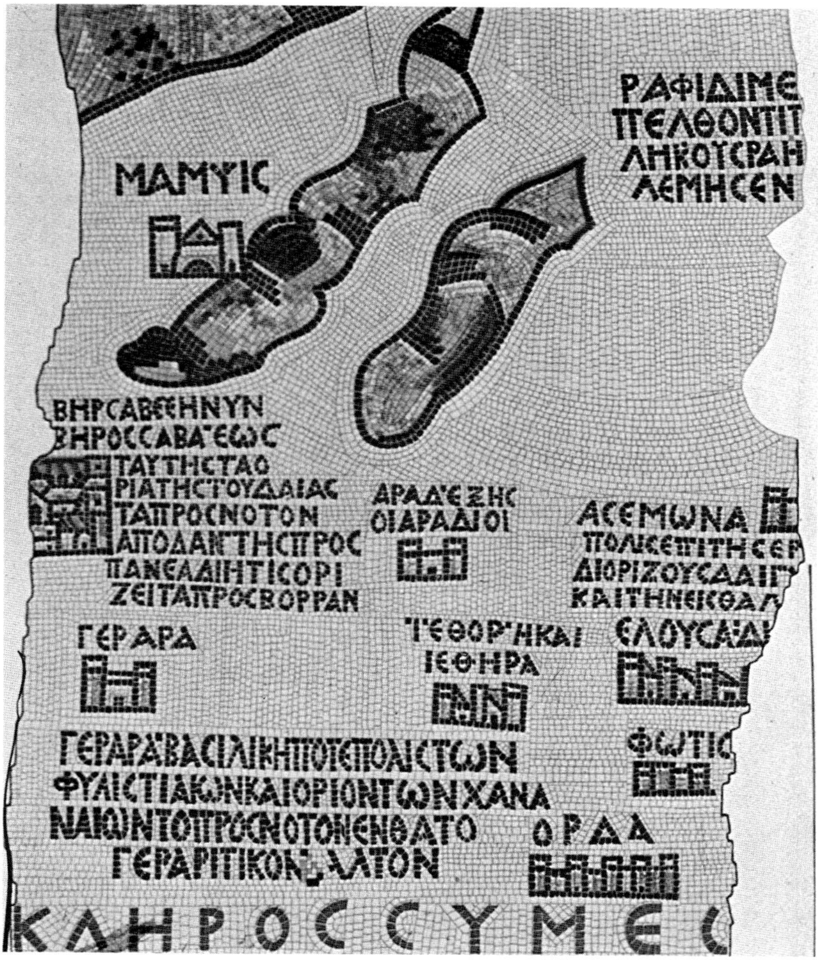

Die Mosaik-Karte in Madeba

Dieser Ausschnitt der im 6. Jh. n. Chr. entstandenen Karte zeigt die Städte Elusa (Mitte rechts) und Mampsis (oben links), die hier im Gebiet der Stämme Simeons angegeben sind.

Als nächstes kam Oboda an die Reihe. Die letzte Bestattung im »Martyrium des Heiligen Theodor« fand 612 n. Chr. statt. Aus diesem Grunde glaubte ich ursprünglich, die Stadt sei von den Persern auf ihrem Feldzug nach Ägypten im Jahre 618 erobert und niedergebrannt worden, aber hierfür gibt es keinerlei Beweise. Andererseits gab es auch keine Funde, die man der Epoche nach der arabischen Eroberung zuschreiben könnte. Das Schicksal des »Martyriums« war das gleiche wie das der West-Kirche in Mampsis. Der Marmor wurde zum größten Teil in einem offenen

Mampsis, das Stadttor der spätrömischen Zeit

Feuer vor der Kirche verbrannt, das Dach wurde angezündet, jedoch die Flammen erstickten durch dessen Einsturz, so daß die schweren Balken, Holz aus den Wäldern des Libanon und Syriens, zum großen Teil erhalten blieben. Der Fußboden wurde nur wenig beschädigt, nur einer der vier Marmorgrabsteine wurde durch das herabstürzende Dach zerschmettert und vom Feuer geschwärzt. Die steinernen Säulen, die das Dach trugen, sanken allmählich zusammen, während die Basilika erst im Lauf der Jahrhunderte vom Sand zugeweht wurde. Ein Erdbeben kurz vor dem 1. Weltkrieg ließ dann die oberen Partien der Basilika einstürzen.

An der Nord-Kirche wurde das Dach abgedeckt, die Säulentrommeln in die Zisterne des Atriums geworfen und die Basilika wahrscheinlich in einen Ziegenstall verwandelt.

Über das Schicksal der Bewohner von Oboda und Mampsis können wir nur spekulieren. Da keine menschlichen Skelette in den Straßen und Häusern gefunden wurden, ist ziemlich sicher, daß die meisten Leute schon geflohen waren, bevor die Araber die Städte erreichten. Auch die Tatsache, daß alle Häuser praktisch ohne Gebrauchsgegenstände vorgefunden wurden – außer ein paar zerbrochenen Töpfen und einigen versteckten Münzen – spricht für diese Tatsache. Die wenigen tausend Einwohner könnten Unterschlupf in den Städten der westlichen Region gefunden haben, die der Zerstörung noch eine zeitlang entging. Beweise hierfür haben wir jedoch nicht.

Die anderen vier Städte des Zentral-Negev überstanden die Angriffe und waren noch bis 700 n. Chr. bewohnt. Warum sie schließlich nach fast einem Jahrhundert der Moslem-Herrschaft aufgegeben wurden, ist nicht schwer zu erraten. Die Schriftstücke, von denen ich einige zitierte, sprechen für sich selbst. Solange die byzantinischen Machthaber ein Interesse daran hatten, daß es ihren Untertanen an den südlichen Grenzen gut ging und sie ihnen auf mancherlei Weise Hilfe zukommen ließen, blühten die Städte trotz der wenig einladenden Lebensbedingungen in jener Landschaft. Durch die arabischen Eroberer wurde das empfindliche Gleichgewicht gestört. Besteuerung, laufende Beschlagnahmungen von Getreide, Vieh und Geld sowie die auferlegte Bereitstellung von Zwangsarbeitern brachte schließlich die Siedler an den Rand des Hungertodes. Man kann sie nur bewundern, die zigtausend von Wüstenbauern und Städtern, daß sie so lange durchgehalten haben und ihrem Land noch über Generationen treu geblieben sind. Aber ohne Saat zum Säen, ohne Geld zum Kauf des Saatgutes und ohne Tiere zum Ziehen des Pfluges hatten sie keine andere Wahl, als ihre Häuser zu räumen und die Wüste ihren traditionellen Besitzern, den Nomaden, zu überlassen. In weniger als einem Jahrhundert wurden die Werke eines Jahrtausends zunichte gemacht.

Elusa – ein Traum wird wahr

Wenn man von den jüngsten Arbeiten der Archäologie in dieser Region spricht, ist ein kurzer Rückblick angezeigt.

C. J. Kraemer jun., der im Jahre 1958 einen Teil der Papyri von Nessana veröffentlichte, schrieb in seiner Einführung: »Vom restlichen 5. Jh. gibt es keine spezifischen Daten aus Nessana, aber das von Wolley und Lawrence gegebene detaillierte Bild ist so treffend, daß ich es in vollem Umfang wiedergeben möchte: ›In der byzantinischen Periode trat ein einschneidender, plötzlicher Wandel in der Gesamtsituation Syriens ein. Die Zerstörung des jüdischen und anderer kleinerer Staaten im Osten durch die Römer brachte für Palästina zum erstenmal in seiner Geschichte den glücklichen Umstand, daß über einige Jahrhunderte eine halbwegs vernünftige Regierung und Friede herrschten. Unter diesen Bedingungen wurde sich Syrien seines schlummernden Reichtums bewußt. Die Bevölkerung vermehrte sich, die wachsenden Bedürfnisse führten zur Entwicklung des Landes. Ein ausgedehntes Straßennetz mit vielen Rast- und Poststationen und festen Brücken über alle Flußläufe entstand. Aus den Lehmhütten der Bauern wurden solide Heimstätten, Dörfer wurden zu Städten, an der Stelle alter semitischer Hütten entstanden sinnvoll geplante Städte nach römischem Muster mit schattigen Säulenhallen und Kolonnaden, mit Marmortempeln, luxuriösen Bädern und Privathäusern. In den belebten Straßen bewegten sich Menschen vieler Nationen, Juden, Phönizier, Perser, Armenier, Araber, sie sprachen miteinander in der allgemein verbreiteten griechischen Sprache...

Vom Euphrat bis zum Roten Meer übertrafen die Ruinen aus jener Zeit alle früheren und zeugen von einer Einwohnerschaft, die zahlreicher und wohlhabender war, als das Land es vorher und nachher je erlebt hat. Es wäre erstaunlich, wenn die wachsende Bevölkerungszahl und die Verbesserung der Landwirtschaftsmethoden nicht zu einer Völkerwanderung nach Süden geführt hätte, wo diese Leute mit dem notwendigen Kapital und mit technischem Geschick den relativ mageren Boden des Südlandes besser als ihre Vorfahren kultivieren konnten.‹«

Diesen verallgemeinernden, irreführenden und ungenauen Äußerungen fügte Kraemer lediglich hinzu: »Wir haben bereits gesehen, welche Auswirkungen diese Völkerverschiebung auf Nessana hatte. Ich würde dem Bericht nur hinsichtlich der Behauptung widersprechen, daß erst zu so spätem Zeitpunkt eine ausgedehnte landwirtschaftliche Entwicklung stattfand. Die Bebauung der Wüste ist sehr verschieden von der im Norden des Landes und ich sehe keinen Grund, warum wir sie nicht den Nabatäern zugutehalten sollten, denen sie traditionsgemäß zugeschrieben wird.«

Kraemer unterstreicht durch das Zitat einer 45 Jahre früher gegebenen Beschreibung nur, wie wenig Fortschritte in all den Jahren gemacht wurden. Tatsächlich wurden erst ab 1959 Versuche unternommen, zu früheren Besiedelungsschichten als denen des 5./6. Jh. n. Chr. vorzudringen. Was inzwischen erforscht wurde, zeigt, wie wenig die Behauptung von Woolley und Lawrence auf Realitäten beruhen. Ein Wissenschaftler muß kein Prophet oder Wahrsager sein, aber muß sich stets davor hüten, vorschnelle Schlüsse zu ziehen, bevor gründliche archäologische Untersuchungen durchgeführt wurden.

In Oboda und Mampsis habe ich insgesamt rund 60 Monate lang ausgegraben. Verteilt auf die verschiedenen Grabungsperioden bedeutet dies etwa 30 Jahre Arbeit. Nur so war es möglich, größere Teile freizulegen, so daß man den Aufbau einer Stadt begreifen konnte. Dennoch, das Gesamtbild, das bei diesen intensiven Bemühungen herauskam, ist noch immer lückenhaft und bedarf weiterer Forschung.

Seit meiner Ankunft im Negev im Jahr 1943 war ich von der Stadt Elusa, der Hauptstadt des nabatäisch-byzantinischen Negev, fasziniert. Der Ort liegt nur 1 1/2 Stunden Fußweg vom Kibbuz Revivim entfernt, so daß ich viele Stunden in Elusa zubringen konnte. Aus der wissenschaftlichen Literatur wußte ich zwar, daß die Ruinen der Stadt einst rücksichtslos abgerissen worden seien und daß man die Steine der antiken Bauwerke nach Gaza und Berscheeba verschleppt habe, um sie zum Bau neuer Häuser wieder zu verwenden. Aber je mehr ich zwischen Sand und Staub herumwanderte, um so mehr bekam ich Zweifel an Musils These der Zerstörung von Elusa.

Auch während der Jahre meiner Ausgrabungen in Oboda und Mampsis besuchte ich Elusa immer wieder, ich bestand auch stets auf dem Besuch dieses Ortes mit meinen Studenten bei unserer jährlichen Studienfahrt. Bei einer solchen Gelegenheit im Frühjahr 1972 kam ich endgültig zu der Überzeugung, daß die Zerstörungstheorie nicht wahr sein konnte: Der Winter 1971/72 war ungewöhnlich regenreich gewesen, so daß die ganze Stätte von einem grünen Teppich bedeckt war – eine seltene

Erscheinung. Die niedriger gelegenen Stellen hatten eine üppigere Vegetation aus einer fleischigen Pflanzenart, die gerade kurz vor der Reife war und schon begann, sich rot zu färben. Die höher gelegenen Stellen waren dagegen spärlicher mit hellgrünen Pflanzen bewachsen. Durch den so entstandenen Kontrast konnte ich von einem höheren Punkt aus deutlich die Häuserreihen und die niedriger gelegenen Straßen, Plätze und Höfe erkennen. Die Höhenunterschiede betrugen etwa 6 bis 8 Meter. Die große Stadt Elusa lag mir plötzlich zu Füßen – vollständig erhalten! Ich beschloß, daß es nun höchste Zeit sei, archäologische Forschungen aufzunehmen.

Ein Jahr später, im Sommer 1973, kehrte ich nach Elusa zurück, begleitet von einer kleinen Studentengruppe und freiwilligen Helfern. Es stand mir nur eine geringe Geldsumme von der Hebräischen Universität zur Verfügung, aber mit Hilfe dieser begeisterten Gruppe und mit Unterstützung einiger Angehöriger meines früheren Kibbuz gelang es uns, dort einen vollen Monat zu verbringen.

Wegen der knappen Zeit und der kleinen Teilnehmerzahl mußte ich jeden Schritt sorgfältig abwägen. Ich mußte das Ziel meiner Arbeit klar bestimmen. Es ging im wesentlichen um die Widerlegung der Legende von der Zerstörung Elusas, um die Identifizierung des bis dahin unbekannten nabatäischen Teiles und darum, so viel geschichtliche Fakten wie nur irgend möglich zu sammeln. Die Arbeit begann mit 10 Leuten. Ich teilte sie in drei Gruppen und gab jeder Gruppe ein klar definiertes Ziel. Aus versorgungstechnischen Gründen waren wir gezwungen, unsere Arbeit auf den westlichen Teil zu beschränken, wo das verlassene arabische Dorf Khalasa liegt, nicht weit von den antiken Brunnen von Elusa.

Als *erstes Ziel* wählten wir einen der riesigen Hügel, die Woolley und Lawrence, weil dort zahlreiche Keramikstücke an der Oberfläche lagen, als Abfallhalden bezeichneten. Ich erhoffte mir gerade hier einen Einblick in die Geschichte. Aber trotz der Benutzung eines engmaschigen Siebes erbrachte der erste Arbeitstag nicht mehr als einen achtel Eimer mit Keramik, während wir in Oboda 15 bis 20 Eimer täglich gesammelt hatten. Auch am zweiten Tag war das Ergebnis nicht besser. Wir hatten also unser Ziel nicht erreicht, aber wir waren dennoch der Lösung der nicht minder wichtigen Frage nähergekommen: wie verschwand das antike Elusa?

Die Antwort war eigentlich recht einfach: Elusa liegt sehr tief zwischen zwei Wadis und ist von hohen Sanddünen umgeben, die sich vom Mittelmeer im Westen bis zur Straße Berscheeba–Nessana im Osten erstrecken.

So gesehen war die Standort-Wahl der Nabatäer für die Gründung ihres bedeutenden Halteplatzes an der Handelsroute nicht sehr glücklich getroffen. Üblicherweise bevorzugten sie die höher gelegenen, bergigen Teile des Negev, aber im Falle von Elusa hatten sie diese Möglichkeit nicht. Der Ort war der gegebene Kreuzungspunkt des gesamten nabatäischen Straßensystems, da sich dort alle Wege trafen und man zugleich Kontakte zum Nachbarkönigreich Judäa pflegen konnte. Die Dünen waren nicht die einzige Bedrohung für die Siedlung, hinzu kamen die heftigen Sandstürme. Hauptsächlich im Winter wüten diese oft tagelang und treiben enorme Mengen feinen Lößstaubes aus den Wüsten Afrikas heran. Eine sehr dicke Schicht dieses feinen Sandes füllt heute alle Täler des Zentral-Negev, und im nördlichen Teil, in der Gegend von Elusa, vermischte der Löß sich mit dem Dünensand. Wenn ein Sandsturm mit Regen zusammenkommt, fallen schwere Brocken gelben Lehms vom Himmel. Diese Erde eignete sich zwar hervorragend für die Landwirtschaft und war eine der Voraussetzungen für die Kultivierung des Negev, aber sie bedeckte auch die Straßen und Häuser der antiken Stadt, jährlich mit einer Lage von 1–2 mm.

Auf diese Weise entstanden wahrscheinlich die großen Erdhügel, die Elusa umgeben und zum Wahrzeichen der Stadt wurden: immer wieder bemühten sich die Bewohner, ihre Stadt zu säubern, indem sie die Erde fortschafften und aufhäuften. Nachdem die Stadt schließlich in der arabischen Periode verlassen worden war, versandete sie vollends – und wartete auf die Archäologen, die sie wieder aus ihrem sicheren Versteck holen würden.

Unser *zweiter Ausgrabungspunkt* war ein Turm, der nach Woolley und Lawrence mit einer Mauer verbunden und ein Teil der Stadtbefestigung gewesen sein soll. Wir merkten sehr bald, daß es in Elusa gar keine Stadtmauer gab. Das Bauwerk entpuppte sich als ein Verteidigungsturm, wie er im Negev seit dem 1. Jh. v. Chr. üblich war, ein Gebäude mit quadratischem Grundriß von 10 × 10 m und vier Räumen. Nach einer etwa 1 m tiefen Grabung erreichten wir die typischen Fensterschlitze, die nach unserer Erfahrung stets in Deckenhöhe der Räume lagen. Es war nicht nötig, noch weiter zu graben; das Gebäude ist über das Erdgeschoß hinauf erhalten und lediglich völlig zugeweht worden.

Türme dieser Art fanden wir im ganzen Umkreis der Stadt, besonders an der Südseite, wo sie an das breite Nahal Besor (Wadi Khalasa) grenzte. Einer dieser Türme steht noch bis zu einer Höhe von etwa 10 m. Wenn man sich die Darstellung Elusas auf der Mosaiklandkarte von Madeba anschaut, sieht man ganz deutlich eine Stadt, die von Türmen unterschiedlicher Höhe umgeben ist, die man fälschlicherweise für Befestigungstürme einer Stadtmauer hielt. Hinter diesen Türmen erheben sich die Dächer zweier großer Gebäude, möglicherweise der Hauptkirchen der Stadt. Die Türme gehörten vermutlich zum Verteidigungssystem in der spätrömischen und byzantinischen Periode, als man dort Polizeitruppen postierte. Libanius erwähnt die Polizei von Elusa in zweien seiner Briefe. Diese Briefe wurden an seinen Freund Boethus weitergegeben mit der Hoffnung, ihm damit einen Posten bei den »Friedenshütern« von Elusa zu beschaffen.

Der *dritte* von uns ausgewählte *Grabungspunkt* hatte mit der Wasserversorgung der Stadt zu tun. Dies erkannten wir schon an den aus dem Boden ragenden Mauerkronen, die mit einer dicken Lage von wasserabweisendem Putz versehen waren. Wir konnten leicht ein rechteckiges Bassin (10 × 5 m) freilegen und entdeckten sehr bald den Beckenboden in einer Tiefe von 2 m. Die Außenwände waren aus großen Quadersteinen errichtet. In einer unteren Ecke des Beckens fanden wir ein Tonrohr, durch das Wasser in die Häuser der Umgebung geleitet wurde. Das Bekken, das während seiner langen Benutzungsdauer dreimal repariert worden war, kann nicht nennenswert höher gewesen sein, als wir es vorfanden. Anhand dieses Fundes und auch des Turmes ist leicht zu beweisen, daß die Zerstörung von Elusa nichts als eine moderne Legende ist.

Eine Bodenuntersuchung in der Umgebung des Beckens ergab Überreste eines öffentlichen Bades, das vermutlich von dem Bassin gespeist wurde, sowie Spuren eines weiteren Beckens zwischen dem ersten und dem südlichen Wadi. Möglicherweise erfolgte die Wasserversorgung Elusas in spätrömischer und byzantinischer Zeit über eine Kette von Reservoirs, die mit Wasser aus den Brunnen an den Wadi-Ufern gefüllt wurden. Ob die Becken untereinander mit Rohren verbunden waren und das Wasser über Gefälle vom Wadi bis in die Stadt floß, ist noch zu klären.

Während die drei Studentengruppen an ihren Plätzen arbeiteten, verbrachte ich viele Stunden mit dem Umherwandern und Absuchen des Geländes, wobei ich die Besichtigung nach Osten hin in Richtung der unerforschten Ortsteile ausdehnte. Dabei stieß ich auf einen Küchenabfallhaufen mit vielen nabatäischen Scherben.

Ferner gab es zahlreiche verzierte Bausteine, von denen viele typisch byzantinische Schmuckelemente trugen. An einer Stelle bemerkte ich dann nabatäische Kapitelle des klassischen Stils, die in Oboda und Mampsis sehr verbreitet sind. Dieser Punkt wurde zum *vierten Grabungsziel* erkoren.

Da es sich um ein Haus von großen Ausmaßen handelte, beschlossen wir, an zwei verschiedenen Enden zu beginnen. Nach ein paar Tagen erreichten wir in einer Tiefe von 2 m den Boden eines Raumes. In den Trümmern fanden wir die Überdachungsbogen und die Abdeckplatten. Eine Hälfte des Gebäudes erwies sich als spätnabatäisch und die andere als eine Erwei-

links: Elusa, Kapitell eines Türpfostens, Oberflächen-Fund
Es hat noch die Form des originalen klassisch-nabatäischen Kapitells. In der nabatäischen Periode sind Palmzweige, ein dorisches Fries und Zahnverzierungen hinzugekommen.

rechts: Elusa, Türpfosten-Kapitell mit christlichen Symbolen
Dies ist das Ende der Entwicklung der klassisch-nabatäischen Kapitelle. Von den alten Elementen blieben nur noch die Palmzweige und die Zahnverzierungen.

terung aus byzantinischer Zeit. Dort kam ein wunderschönes Kapitell mit zwei Wappenvögeln beiderseits eines großen Kreuzes zum Vorschein.

Bei archäologischer Arbeit tauchen die wichtigsten Funde oft gerade dann auf, wenn man schon beim Einpacken der Geräte ist. Wegen der in der Wüste herrschenden Lichtverhältnisse, wo während der längsten Zeit des Tages alles flach aussieht, zog ich es vor, meine Ortsbesichtigungen während der frühen Morgenstunden oder noch besser in den späten Nachmittagsstunden vorzunehmen, wenn die intensive Hitze nachläßt und die Schatten länger werden, so daß alle Dinge am Boden stärker hervortreten. Als ich einmal das südliche Ende des Ostteiles durchschritt, fiel mein Blick plötzlich auf ein rundliches Gebilde, das sich in der Ferne über dem Boden erhob. Ich schluckte vor Aufregung, denn ich fühlte, daß dies keine natürliche Bodenerhebung, sondern ein Bauwerk war. Und bevor ich noch einen Fuß darauf setzte, wußte ich schon, daß es ein Theater war. Nach Erreichen des Hügels, der die Form eines »Kranzkuchens« hatte, bemerkte ich sofort, daß die Steine die Doppelmauer eines halbkreisförmigen Korridors bildeten. Ich rief die ganze Mannschaft zusammen, die glaubte, ich wolle sie aufziehen. Ein Theater, hier mitten in der Wüste?

Unsere Zeit war bereits zu knapp, um noch eine ordentliche Ausgrabung zu beginnen, aber mit Hilfe der Kinder des Kibbuz und der be-

Elusa, das nabatäische Theater im Augenblick seiner Entdeckung 1973

nachbarten Schule gelang es uns doch noch, einen Einschnitt durch den Korridor und Zuschauerraum zu graben und eine Mauer zu untersuchen, die westlich an das Gebäude grenzte. Wir nahmen damals an, dies wäre die Außenmauer eines Tempels, der mit dem Theater verbunden war. Reste von Sitzreihen, ein Durchgang und eine Königsloge kamen zum Vorschein. Neben der Mauer des sogenannten Tempels entdeckten wir einen Schacht, der mir sehr tief vorkam und den Eindruck machte, als ob er zu einem Wasserversorgungssystem gehöre. Ich dachte, daß eine Verbindung mit einem Tunnel bestand, durch den man von dem höheren Wasserspiegel am Wadi Wasser bis zur Südseite des Theaters heranführte. Wegen der Keramikfunde, die alle aus der mittelnabatäischen Zeit stammten, datierte ich das Theater auf eben diese Periode. Hiermit war unsere kurze, aber erfolgreiche Grabungssaison 1973 beendet.

Nachdem ich im Jahre 1979 einen Lehrstuhl an der Ben-Gurion-Universität des Negev in Berscheeba angenommen hatte, bot sich mir eine nochmalige Gelegenheit, die Forschungen und Ausgrabungen in Elusa auszudehnen. Hierbei halfen mir jüngere Kollegen, Dr. Barbara Johnson und Dr. A. Segal.

Es standen uns diesmal mehr Geldmittel zur Verfügung und so gelang es uns, mit Hilfe schwerer Geräte die äußere Umfassungsmauer des Theaters rasch freizulegen. In dem umlaufenden Korridor, wo man normalerweise die Eingänge zum Auditorium (lateinisch: vomitoria) erwarten würde, zeigte sich, daß die Nabatäer das römische Konzept eines Theaters mit ihren eigenen Techniken verbunden haben. Der Korridor barg nicht die Eingänge, sondern war mit einer künstlichen Aufschüttung gefüllt, die das Auditorium (lat.: cavea) stützte. An beiden Enden des Zuschauerraumes befand sich jeweils ein gut durchdachtes System von Zugängen anstatt der üblichen vomitoria. Sie bestanden aus Treppenfluchten, die auf den Deckengewölben darunter liegender Kammern ruhten. Diese Konstruktion hatten die Nabatäer schon beim Palast von Mampsis (Gebäude I) angewandt.

Während der Grabungssaison stellte sich heraus, daß der »Tempel« westlich des Theaters kein Tempel war, sondern einfach eine starke Mauer, die den Ausblick auf das Wadi abschirmen sollte. Später, in byzantinischer Zeit, wurde diese Mauer als Außenwand eines großen Wohnhauses benützt.

Eines der Ziele in dieser Grabungsperiode war das Aufspüren des nabatäischen Friedhofes. Schon bei der vorausgegangenen Grabung hatten wir einen Friedhof in der Nähe des Theaters entdeckt; man sah an der Oberfläche Grabstelen. Damals schien es mir sicher, daß der Friedhof mit dem Theater in Verbindung stand, wo meiner Meinung nach Begräbnisfeierlichkeiten stattfanden wie in der großen Nekropole von Petra, der Hauptstadt des nabatäischen Königreiches. Jetzt, bei der zweiten Grabung, sollte meine Annahme auf die Probe gestellt werden. Wir entdeckten tatsächlich zwei sehr gut ausgearbeitete Gräber, aber die Bestattungen darin konnten erst etwa hundert Jahre alt sein. Wahrscheinlich haben Beduinen antike Gräber geöffnet und ihre Toten hineingelegt. Aus Zeitgründen waren wir gezwungen, die nähere Untersuchung auf einen späteren Zeitpunkt zu verschieben.

Wir wandten uns dann der Ausgrabung eines Mausoleums etwa 200 m östlich des Theaters zu in der Hoffnung, dort den nabatäischen Friedhof zu finden. Wiederum wurden wir enttäuscht, obwohl der untere Teil des sehr schön gearbeiteten Bauwerks erhalten war. Meine Inspektionsgänge führten mich in östliche Richtung weit fort vom bebauten Stadtgebiet. Große Wacholderbüsche, Steinhaufen und beachtliche Mengen von Keramik deuteten auf einen Friedhof hin. Tatsächlich war es auch ein Friedhof, aber leider nicht der, den ich suchte. Über einem Grab sahen wir den üblichen Sockel für ein Monument, aber wir schöpften einen unguten Verdacht, als in der Füllung des Grabschachtes das Bruchstück einer vorchristlichen griechischen Inschrift zum Vorschein kam. Es folgten Fragmente eines wohlbekannten byzantinischen Keramikspiegels, wodurch unsere Hoffnungen, einen nabatäischen Friedhof gefunden zu haben, zunichte waren. Aber wir verzweifelten nicht. Obgleich unsere 19 Tage lange Grabungsperiode schnell ablief und sich bereits dem Ende näherte, dehnte ich meine Suche nach Osten hin bis zu einem Hügel in etwa 2 km Entfernung vom Theater aus, von wo aus man die Stadt Elusa überblickt. Das Gelände war reich bedeckt mit mittelnabatäischer Keramik. Nachdem ich diesmal mehr freiwillige Helfer hatte (vorwiegend Jugendliche aus Skandinavien und England, die von Sonne und Abenteuer angelockt waren), teilte ich sie in kleine Gruppen ein mit dem Ziel, nabatäische Gräber zu lokalsieren.

Diesmal wurden wir für unsere Mühe voll entschädigt. Eine Gruppe stieß auf ein wunderschönes Grabmonument aus erstklassigen Quadersteinen. Dieses kompakte Bauwerk war in den Grabschacht bis zu einer Tiefe von 1,60 m eingelassen. Darunter folgte eine Stein- und Kieselauffüllung und darunter ein Steinsarg. In der Mitte des Sarges lag ein Schädel vom Rest des Knochengerüstes getrennt, darüber ein Wirbelknochen und ein weiterer Wirbel neben dem vom Schädel abgetrennten Unterkieferknochen. Alle anderen Gebeine waren säuberlich zu beiden Seiten des Schädels angeordnet. Bei der Aushebung dieses Grabes lernten wir eine wichtige Lektion. Das Grab war eines von mehreren Gräbern innerhalb einer Parzelle, von denen es wiederum mehrere auf dem Friedhof gab. Jede der Parzellen war von einer starken Mauer umgeben, möglicherweise eine Abgrenzung der Besitzungen verschiedener Familien oder Sippen. Auf beiden Mauerseiten wuchsen große Dornbüsche, die zur Zeit unserer Ausgrabung gerade sehr grün waren. Der Dornbusch braucht mehr Wasser als jede andere Wüstenpflanze und konnte dieses an den Mauern finden, da sie wie ein Damm wirkten. Wir testeten diese Beobachtung und begannen überall dort auszugraben, wo diese Büsche am Boden ein Rechteck bildeten, ohne daß oberirdisch Mauerwerk zu sehen war. Tatsächlich fanden wir auf diesem Wege noch mehr Grabstätten, die zum nabatäischen Friedhof gehörten. Auch die anderen Teilnehmer arbeiteten mit Erfolg auf diesem Friedhof. Eine Gruppe legte zwei Triklinien frei, in denen Festmähler zu Ehren des Verstorbenen stattfanden. Eine andere entdeckte einen Turm, aber nicht von dem rechteckigen, über dem Bodenniveau errichteten Typ, sondern dieser war in den Boden eingelassen und darin befanden sich Kochherde aus Ton. Die Kochtöpfe und große Mengen von Keramikgeschirr, vieles davon bemalt, waren sämtlich mittelnabatäisch.

Nach aller Wahrscheinlichkeit handelte es sich hier um die Küche, in der die Speisen für die Beerdigungsfeiern zubereitet wurden. So war es uns gelungen, innerhalb von drei Arbeitstagen einen neuen nabatäischen Friedhof mit all seinen Bestandteilen zu entdecken.

Elusa, das nabatäische Theater
Schnitt durch das Auditorium und den Orchester-Raum.

Ich machte noch eine weitere wichtige Beobachtung: Dieser nabatäische Friedhof liegt auf einem sandigen Hügel, der sich über einer ausgedehnten Ebene erhebt. Bei näherer Betrachtung dieser Ebene bemerkte ich Stellen festgetretenen Bodens umgeben von größeren Flächen losen Sandes. Die festgestampften Stücke trugen sehr wenig Vegetation, dafür viel mittelnabatäische Keramik, während die sandigen Teile dicht mit Pflanzen bewachsen waren. Außerdem entdeckte ich auf den festgetretenen Bodenstellen feuergeschwärzte Steine, Überreste einer Feuerstelle. Dies muß ein großes Zeltlager gewesen sein, in dem die Bewohner von Elusa zur mittelnabatäischen Zeit lebten.

Infolge der Forschungen in Elusa ergab sich langsam ein klareres Bild. Der riesige Hügel zwischen den zwei Wadis, dem Wadi Besor im Süden und dessen Nebental im Norden, »Wadi der Dornbüsche«, erstreckt sich etwa über 100 Hektar. Hier scheinen hauptsächlich die städtischen Gebäude gestanden zu haben, sozusagen eine niedriggelegene Akropolis mit Tempeln, Theater und später Kirchen und sonstigen christlichen Einrichtungen. Die Wohnbezirke lagen entweder hieran angrenzend oder völlig separat, jedoch immer in unmittelbarer Nähe der Wadis, wo man durch Anlegen von Brunnen Trinkwasser gewinnen konnte. Das Sammeln von Regenwasser in dieser sandigen Gegend ist unmöglich. Die hellenistischen und frühnabatäischen Siedlungen scheinen im nordwestlichen Teil des Gebietes gelegen zu haben, das mittelnabatäische Zeltlager habe ich gerade erwähnt und in der spätnabatäischen Periode wurde eine Stadt von beträchtlicher Größe an den nördlichen und nordöstlichen Ausläufern gegründet. Zur spätrömischen und byzantinischen Epoche wurden neue Viertel im Westen erbaut, die ein großes Areal einnahmen. Für das Winterhalbjahr 1979/1980 hatte ich eine Einladung als Gastprofessor an die Mississippi State University, wo ich den bisherigen Text dieses Buches fertigstellte. Im Sommer 1980 bildete sich eine Gruppe von Leuten der Mississippi Universität und schloß sich der Hebräischen Universtiät und der Israel Exploration Society an, um unter meiner Leitung in Elusa Ausgrabungen durchzuführen. Mit der großzügigen finanziellen Unterstützung durch die Mississippi State University konnten wir einen detaillierten Plan ausarbeiten. Das Hauptziel dieser Saison war eine ausgedehnte Grabung im Theater und an einem großen Bauwerk unmittelbar nördlich davon.

Mit Hilfe eines schweren Traktors wurde zunächst die gröbste Sand- und Staubschicht entfernt. Dies gelang gut, bis wir eines Tages den unteren Teil einer lebensgroßen männlichen Marmorstatue entdeckten. Es war zu erkennen, daß die dargestellte Person Sandalen trug. Dies bedeutete das Ende des Traktoreinsatzes und den Anfang vorsichtiger manueller Arbeit. Im Laufe von 2 Monaten legten wir die Hälfte der Bühnenvorderseite mit starken Mauern frei. In dem Mauerwerk kamen zwei der üblichen drei Eingänge zutage, in dem nördlichen Eingang machten wir dann die bedeutendste Entdeckung dieser Grabungssaison. Auf dem außergewöhnlich schweren Türsturz befand sich eine wichtige, vollständig erhaltene griechische Inschrift. Sie erwähnt einen bis dahin unbekannten Gouverneur von Palaestina Tertia, Flavius Demarchus, in dessen Regierungszeit ein Bürger der Stadt namens Abraham, Sohn von Zenobius, »ein neues Pflaster zum alten Theater in Erweiterung des bestehenden Pflasters verlegen ließ«. Dieses Ereignis ist mit dem Jahr 348 nach der provinzialrömischen Zeitrechnung in Palästina datiert, also 544/5 n. Chr.

Abgesehen von den Datierungen der verschiedenen Pflaster, die wir entdeckten, trug diese Inschrift zur historischen Tragweite unserer

Elusa, Marmorstatue
Der Teil einer lebensgroßen männlichen Statue aus weißem Marmor; er wurde im Schutt des Orchesterraums des nabatäischen Theaters gefunden.

Arbeit in Elusa bei, einer Stätte, über die die archäologischen Kenntnisse bisher sehr begrenzt sind. Die Fülle an Keramikfunden aus der spätrömischen und byzantinischen Epoche belegt die laufende Benutzung dieses Theaters in dieser Spätphase. Irgendwelche christlichen Symbole auf den Inschriftensteinen fehlen, woraus man nur den Schluß ziehen kann, daß das Theater zumindest in der Spätzeit lediglich weltlichen Darbietungen diente. Es könnte ein Ort für Bürgerversammlungen gewesen sein, auch

Elusa, griechische Inschrift aus dem Jahr 544 n. Chr. aus dem nabatäischen Theater

eine Art Spielcasino oder ein Austragungsort für Debatten im Zusammenhang mit dem Hippodrom, welche oft im Theater stattfanden. Mit diesem Gedanken im Sinn hielt ich Ausschau nach einer geeigneten Stelle für einen Hippodrom und glaube, ihn nördlich der spätnabatäischen Stadt gefunden zu haben. In einer der künftigen Grabungen werden wir dieser Sache näher nachgehen.

Seit 1973 habe ich in dem großen Gebäudekomplex nordwestlich des Theaters, nur etwa 35 m entfernt, eine Kirche vermutet. Da wir damals mit dem Jeep hindurchfuhren, nannten wir sie scherzhaft »Drive-in-Kirche«. Statt der anderen kirchlichen Bauten, deren Lage ich auch bereits kannte, wählte ich nun diese Kirche für unsere Grabungen, weil ich das Gefühl hatte, daß sie einen nabatäischen Tempel überlagerte, mit dem das Theater einst verbunden gewesen sein konnte. Der Komplex erstreckt sich über eine Fläche von ca. 30 × 80 m. Zur Zeit des Baus der Kirche – etwa Mitte des 4. Jh. n. Chr. – muß in der Stadt bereits eine Raumknappheit bestanden haben, ein Phänomen, dem wir auch in den anderen Negev-Städten begegnet sind. Es erscheint daher nur natürlich, daß die große, vom nabatäischen Tempel bedeckte Fläche für den Bau der städtischen Kathedrale erwählt wurde.

Unter diesem Aspekt begannen wir mit der Ausgrabung des Komplexes. Bis zur Beendigung der Arbeiten benötigen wir jedoch noch einige weitere Grabungsperioden.

Die ungefähre Ost-West-Ausrichtung des Bauwerkes, eine höhere Erhebung am östlichen Ausläufer – vermutlich die eingestürzte Kuppel des Altarraumes – sowie die Fülle von grauen Marmorbruchstükken, Tondachziegeln und winzigen bunten Glasmosaiksteinen trugen sämtlich zur Bestimmung des Gebäudes als Kirche bei. Im Bewußtsein der Bedeutung des Allerheiligsten für die Erkennung der typologischen und chronologischen Entwicklung des Baues entschied ich mich, diesmal die Grabung von der östlichen Seite her zu beginnen statt wie sonst von Westen. Es dauerte gar nicht lange, bis diese Entscheidung Früchte trug.

Die meterdicke Staubschicht über dem Ostteil machte es unmöglich, den Grundriß des Allerheiligsten auch nur zu erahnen. Dies war insofern ein Segen, als es Fehldeutungen verhinderte, wie sie bei anderen Kirchen im Negev vorgekommen sind.

Zunächst legten wir einen Schnitt entlang der vermuteten Längsachse des Bauwerkes an. Auf diese Weise stießen wir bald auf eine wunderschön gearbeitete Quadersteinmauer der Zentralapsis. Unmittelbar westlich davon entdeckten wir sieben Stufen, die ursprünglich mit Marmor abgedeckt waren. Später sollte sich herausstellen, daß es sich hier um den Bischofsthron handelte. Einige Bischöfe dieser Kirche sind aus Dokumenten namentlich bekannt.

Während eine Gruppe in diesem Abschnitt arbeitete, begann die andere am süd-östlichen Teil mit dem Ziel, die Gebäudeecke freizulegen. Wir stießen hier in einen kleinen rechteckigen Raum mit einem eingebauten Wandschrank vor, der die Hauptapsis flankierte. Nach einigen weiteren Grabungstagen stießen wir zu unsrer größten Überraschung auf eine gerundete Mauer, die den rechteckigen Raum umschloß. Offensichtlich war dies die Außenseite einer Apsis und zeitlich später einzuordnen als der rechteckige Raum. Eine ähnliche Apsis wurde später auch an der Nordseite gefunden.

Eine Analyse des Bauplanes ergab folgendes: zunächst wurde die Kirche mit *einer* Apsis und rechteckigen Räumen zu deren Seiten errichtet. Zu einem späteren Zeitpunkt wurden die seitlichen Apsiden an die Räume angebaut, wie ich bereits Jahre früher sowohl bei der Süd- als auch Nord-Kirche von Sobata vermutet hatte. Ich äußerte damals die Annahme, daß diese bauliche Veränderung kultischen Zwecken diente. Anhand unserer Entdeckungen in Elusa ließ sich diese These nun viel leichter beweisen.

Zur Beschleunigung der Ausgrabungen in der Basilika beschloß ich, die Sandverwehungen mit dem Traktor zu beseitigen. Als jedoch die Schaufeln in den losen Staub eintauchten, stießen sie auf Widerstand. Ein großes korinthisches Kapitell aus grauem Marmor und ein dazugehöriger attischer Sockel, beide noch an Ort und Stelle, kamen zum Vorschein. Nach zwei Ausgrabungstagen hatten wir einen recht guten Überblick über den Gebäudeplan, die Ausstattung und die kultische Funktion der Kirche.

Die Basilika mißt 17,70 × 39,45 m, hinzu kommt ein Atrium von 29,60 × 32,80 m, womit die Gesamtlänge des Komplexes über 70 m erreicht (alle Maße sind Außenmaße). Damit ist dies nicht nur die größte Kirche im Negev, sondern eine der größeren Kirchen des gesamten Heiligen Landes.

Im Atrium gab es vier Säulenreihen. Die östliche führte zu den drei Haupteingängen des Gebäudes, wovon der mittlere 3 m breit war, und endete bei vier breiten Stufen, die den östlichen Vorhof mit seinen acht massiven Kalksteinsäulen in einen Portikus griechisch-römischen Stils verwandelten.

In der Basilika verliefen zwei Reihen von je zehn Säulen, deren Basen zur Hälfte bereits in dieser Grabungssaison gefunden wurden. Zwischen jedem Paar von Sockeln fanden wir zwei große korinthische Kapitelle, zumeist unbeschädigt. Lediglich die Säulen selbst fehlen bis auf zwei zerbrochene, an denen die Plünderer offenbar kein Interesse hatten. Bei Erreichen des Bodenniveaus stießen wir zunächst auf eine starke, harte »Betonschicht«, auf die die großen Marmorbodenplatten gebettet waren. Die meisten hiervon sind offenbar schon im Altertum entfernt worden, jedoch die wenigen, die der Plünderung entronnen sind, zeugen von der Schönheit der Bodengestaltung. Bei Freilegung der Seitenschiffe fanden wir auf dem nackten Boden eine Fülle von zerbrochenen Dachziegeln, vermischt mit zahllosen weißen Mosaiksteinen und winzigen Stückchen aus buntem Glas und Stein. Viele der gläsernen Mosaiksteine hatten einen dünnen Goldüberzug unter einer zusätzlichen Glasschutzschicht. Über all dem lagerten Steine aus eingestürzten Bogen. Erst nach diesem Zerstörungswerk wurde die Ruine allmählich vom Sand zugeweht und so für die Nachwelt versiegelt.

Aller Wahrscheinlichkeit nach fand also die Plünderung des Bauwerks statt, als es noch in voller Höhe stand. Dies muß zu Beginn der frühislamischen Periode gewesen sein, vielleicht Anfang des 8. Jh. n. Chr., als die Flucht aus den Städten des westlichen Negev einsetzte. Das Werk der Zerstörung begann mit dem Herausreißen des Marmorbodens und der Marmorwandverkleidung. Die Kapitelle wurden zu Boden geworfen

Elusa, die Kathedrale; Ost-Kirche

und die monolithischen Säulen sowie die Marmorplatten mitgenommen. Kapitelle und Säulenbasen ließ man zurück, da diese zu schwer zu transportieren waren. Die hölzernen Dachbalken wurden abgerissen, wodurch die Dachziegel herunterfielen und in Stücke zerbrachen. Vermutlich wurde alles Material nach Gaza verschleppt, etwa 70 km in nordwestlicher Richtung.

Von dem herrlichen Bauwerk blieb nur das steinerne Skelett bestehen. Die Balkone über den Seitenschiffen, getragen von weiten Bogenkonstruktionen, stürzten mitsamt ihrem weißen Mosaikboden und den wunderschönen Glasmosaiken an den Balustraden in die Tiefe. Durch dieses unglückliche Ereignis ging vermutlich der bedeutendste Kunstschatz des Heiligen Landes verloren.

Kehren wir zurück zum Altertum. Der siebenstufige Bischofsthron wurde bereits erwähnt. Auch er war ursprünglich mit dünnen Marmorplatten verkleidet. Er ist der größte dieser Art, der aus der antiken christ-

Elusa, Kapitell, das vermutlich die Kanzel (ambo) in der Kathedrale stützte
Als dieses ungewöhnliche Stück im korinthischen Stil gefunden wurde, waren immer noch Spuren von Blattgold vorhanden, mit dem das ganze Kapitell überzogen war.

lichen Welt bekannt ist, und ruft die Kritik an Bischof Paul von Samosata ins Gedächtnis, der unter anderem beschuldigt wurde, sich hoch wie ein römischer Kaiser auf den Thron zu setzen.

In der 5,65 m breiten und 2,50 m tiefen Apsis nahm der außergewöhnlich massive Hochaltar – von dem nur die Basis erhalten blieb – den größten Raum ein. Er ragte über eine Spanne von 2 1/2 Säulen in die »bema«, (= Altarraum) hinein und wurde von einem wunderschönen Marmorchor begrenzt. Die Chorwand war auf beiden Seiten mit Kreuzen und anderen christlichen Symbolen geschmückt. Glücklicherweise ist sie nur in große Stücke zerbrochen und nicht zu Kalk verbrannt, wie es in Oboda und Mampsis der Fall war. Außerhalb der »bema«, nahe ihrer nordwestlichen Ecke, wurde die achteckige Marmorbasis der »ambo« (= Kanzel) gefunden. Die Kanzel selbst ruhte vermutlich auf einem kleineren Marmorkapitell mit ungewöhnlich künstlerischer Bearbeitung. Sie bestand aus einer Reihe fein skulptierter (geschnitzter) Blätter, verkleidet mit Blattgold, von dem noch einiges gefunden wurde. Die tiefer liegenden Partien waren in Karmesinrot ausgemalt. Über den Blättern befanden sich an drei Seiten des Kapitells Rosetten, an der vierten Seite jedoch eine völlig unübliche Dekoration – ein Adler mit weit ausgebreiteten Schwingen und einem kleinen Kreuz auf der Brust. Vermutlich trug jeweils eine Seite jedes der größten korinthischen Kapitelle dieses Ornament. Sie war überall sorgfältig abgeschlagen, wahrscheinlich eine »Tat« der muslimischen Bilderstürmerzeit.

Der Fußboden der südlichen Apsis zeigte in der Mitte einen großen achtzackigen Stern in eckigem Rahmen, sämtlich in der ›opus sectile‹-Technik hergestellt, d. h. unter Verwendung von kleinen geometrischen Formen aus Marmor, Kalkstein und Porphyr. Dieser Stern und auch die Apsis allgemein verraten die kultische Funktion. Der Chor, der diese Apsis einschließt, ist von ungewöhnlicher Anordnung. Die Marmorpfosten der Chorwand haben senkrecht zu den zwei breiteren Schlitzen einen zusätzlichen schmalen Schlitz. Hier waren dünne Marmorplatten eingelassen, die einen kleinen abgeschlossenen Raum hinter der Chorwand bildeten. Innen stießen wir auf den Sockel eines einbeinigen Opfertisches der gleichen Art wie in der Nordkirche von Oboda. In den Trümmern lagen die Bruchstücke mit einem Loch für den Bronzenagel, mit dem die Platte am Tischbein befestigt war. Weiterhin fanden wir mehrere Stücke eines Reliquienschreines aus Kalkstein. All dies sind Elemente eines Märtyrer-Kultes.

Zu Beginn wurde, wie in Mampsis, der Schrein mit den heiligen Reliquien an der Rückseite des Raumes aufgestellt, wie dort hatte die Kirche zunächst nur eine einzige Apsis. Offenbar ergaben sich dann Gründe für eine bauliche Veränderung des Heiligtumes. Die Mittelapsis wurde durch eine zusätzliche Mauer entlang des ursprünglichen Halbkreises verschmälert und zwei seitliche Apsiden wurden angebaut. Der Reliquienschrein wurde daraufhin unmittelbar hinter die Chorwand gesetzt und so dem Publikum so nahe wie möglich gebracht. Die Datierung der beiden Bauphasen bleibt gegenwärtig noch eine Sache der Vermutung.

Weitere Ausgrabungen, die ich mit Hilfe der Mississippi State University durchzuführen hoffe, werden vielleicht das Problem der genauen Chronologie lösen. Erst dann werden wir auch in der Lage sein, meine Theorie zu überprüfen, daß die Kathedrale die Ruinen eines früheren nabatäischen Tempels überlagert.

Blick in die Zukunft

Während ich in den letzten Jahren mit dem Studium von Elusa befaßt war, machte ein junger Kollege, Dr. Y. Tzafrir, von der Hebräischen Universität große Anstrengungen, Ruheiba auszugraben, eine weitere nabatäisch-byzantinische Stadt im westlichen Teil des Zentral-Negev, deren antiker Name verlorenging. In dreijähriger Arbeit hat Dr. Tzafrir eine Kirche freigelegt – die Nord-Kirche von Ruheiba, die zwölfte Kirche im Negev. Sie liegt in unmittelbarer Nähe einer großen christlichen Nekropole, in der Anfang dieses Jahrhunderts zahlreiche griechische Grabinschriften entdeckt wurden. Die Kirche hat drei Apsiden und diente auch als Begräbnisstätte für die angesehensten Familien der Stadt. Das besondere Merkmal dieser Kirche ist eine Krypta unter dem Altarraum, deren Wände mit Marmor verkleidet waren. Hier wurden die sterblichen Überreste eines Heiligen verwahrt. Erst im Jahre 1979 drang Dr. Tzafrir zur Stadt selbst vor. Sie dehnte sich über ein Gebiet von 12 Hektar aus. Als ich die Stätte im Sommer 1979 besuchte, war man gerade dabei, eine kleine Kirche mit nur einer Apsis in der Stadtmitte auszugraben. Nicht weit davon hatten gerade die Arbeiten an einem großen Bauwerk begonnen. In seinen Trümmern wurde eine zweisprachige, nabatäisch-griechische Inschrift gefunden.

Das Gebäude umfaßte einen Stall vom Mampsis-Typ und durch eine tiefe Suchgrabung im Hof des Hauses stieß man auf eine Schicht aus mittelnabatäischer Zeit ohne irgendwelche Bauten. Meine Schlußfolgerungen aus den in Oboda und Mampsis gemachten Erfahrungen wurden hierdurch bekräftigt.

Von 1980 bis 1982 wurden sorgfältige Bodenuntersuchungen im Negev durchgeführt, besonders in den Gebieten, wo neue Luftwaffenstützpunkte und Truppenübungsplätze für die israelische Armee eingerichtet werden sollten. Im Zuge dieser Untersuchungen wurden Hunderte von weiteren antiken Stätten aus allen Epochen entdeckt und in aller Eile Suchgrabungen unternommen. Die Ergebnisse füllen erneut Lücken in der Kenntnis um die historische Topographie dieser Regionen und verringern den Schaden, den einige dieser Stätten vermutlich in der

Zukunft erleiden werden. Zwischen den verschiedenen Bedürfnissen des Staates Israel – militärischer, wirtschaftlicher und wissenschaftlicher Art – ist ein stabiles Gleichgewicht gefunden worden. In einer Zeit, in der andere historische Stätten oft nur schwer zu besuchen sind, kann sich die Wüste Negev in ein fast einmaliges archäologisches Paradies verwandeln, in dem man die Besiedelung einer Wüste Schritt für Schritt verfolgen und studieren kann.

Zeittafeln

Gesamtübersicht

Paläolithikum (Frühe Steinzeit)	25000–10000
Mesolithikum (Mittlere Steinzeit)	10000–7500
Neolithikum (Jungsteinzeit)	7500–4000
Chalkolithikum	4000–3150
Frühe Bronzezeit	3150–2200
Mittlere Bronzezeit	2200–1550
Späte Bronzezeit	1550–1200
Eisenzeit	1200–1000
Das Königreich Israel	1000–900
Untergang Israels und Judas	900–586
Die Zeit der Perser	586–332
Hellenistische Periode	332–152
Die Hasmonäer	152–37
Zeit der Römer (Herodes)	37 v. Chr.–70 n. Chr.
Zeit der Römer	70–324
Byzanz	324–640
Ältere arabische Periode	640–1099

Das nabatäische Königshaus

Aretas I.	ca. 168 v. Chr.
Aretas II.	110–96 v. Chr.
Obodas I.	ca. 90 v. Chr.
Rabel I.	ca. 87 v. Chr.
Aretas III, Philhellenos	87–62 v. Chr.
Malichus I.	60–30 v. Chr.
Obodas II.	30–9 v. Chr.
Aretas IV., der sein Volk liebt	9 v. Chr.–40 n. Chr.
Malichus II.	40–70 n. Chr.
Rabel II., der sein Volk wiederbelebt und errettet hat	70–106 n. Chr.

(Einige Chronologien schreiben die Zeit von 62–47 v. Chr. Obodas II. zu, wofür es jedoch keine Belegstücke in Form von Inschriften oder Münzen gibt.)

Die Hasmonäer / Makkabäer

Jonathan	152–142 v. Chr.
Simeon	142–134 v. Chr.
Johannes Hyrcanus	134–104 v. Chr.
Aristobulus	104–103 v. Chr.
Alexander Jannaeus	103–76 v. Chr.
Salome Alexandra	76–67 v. Chr.
Aristobulus II.	67–63 v. Chr.
Hyrcanus II.	63–40 v. Chr.
Mathias Antigonus	40–37 v. Chr.

Das Haus des Herodes

Herodes der Große	37–4 v. Chr.
Archelaus	4 v. Chr. – 6 n. Chr.
Herodes Antipas	4 v. Chr. – 39 n. Chr.
Philippus	4 v. Chr. – 34 n. Chr.
Herodes Agrippa I.	37–44 n. Chr.
Agrippa II.	53–100 (?) n. Chr.

Die Nabatäer im Negev aufgrund des archäologischen Befundes

1. Frühnabatäische Periode
   6./4. Jh. v. Chr. – ca. 100 v. Chr.

   Nabatäische Besiedlung von Elusa, Oboda und Nessana und einiger kleinerer Orte am Toten Meer — 6./4. Jh. v. Chr.

   Elusa-Inschrift von »Aretas, König der Nabatäer« — ca. 168 v. Chr.

   Verfall des Negev nach der jüdischen Eroberung von Gaza — ca. 100 v. Chr.

2. Übergangsperiode ca. 100 – ca. 30 v. Chr.

   Keine archäologischen Überreste gefunden

3. Mittelnabatäische Periode
   30/25 v. Chr. – 50/70 n. Chr.

   Gründung von Mampsis, Sobata und Ruheibah

   Bau des 1. Tempels in Oboda, eines Theaters in Elusa, Militärlager in Oboda, Bauspuren in Mampsis, Fort in Nessana, keine Wohnhäuser (Zelte), Keramikproduktion in Oboda

   Zerstörung der öffentlichen Bauten in Oboda, Mampsis und Nessana durch einfallende Araber-Stämme

4. Spätnabatäische Periode
   ca. 70 – ca. 150 n. Chr.

   Einführung der Landwirtschaft im Negev

   Beginn der Pferdezucht

   Bau von Wohnhäusern

   Bau von Dämmen in Mampsis und Sobata

   Nabatäischer Friedhof in Mampsis

   Niedergang der Keramikproduktion in Oboda

5. Nachnabatäische Periode
   ca. 150 – ca. 350 n. Chr.

   Erneuerung des Tempels von Oboda und Weihung an Zeus-Oboda und Aphrodite

   Bau eines neuen Wohnviertels in Oboda

   Römischer Militärfriedhof in Mampsis

6. Christlich-nabatäische Periode
   ca. 350 – 636 n. Chr.

   Christianisierung der Nabatäer im Negev

   Bau von Kirchen in Elusa, Mampsis, Oboda, Sobata, Nessana und Ruheibah

   Ausweitung der landwirtschaftlichen Tätigkeit

   Einführung des Weinbaues

   Erneuerung des Theaters in Elusa

   Bau von Festungen in Oboda und Nessana

   Papyri von Nessana

7. Islamische Periode 636–700/800 n. Chr.

   Eroberung des Negev durch Mohammedaner

   Papyri von Nessana

   Niedergang der Negev-Städte durch hohe Steuerlast und schließlich Aufgabe der Siedlungen

Literatur

(* = vergriffen)

Weitere Bücher, Aufsätze und Artikel von A. Negev

Avdat, Israel Defence Army, Publications of the General Staff, Chief Education Officer, Ministry of Defence Publishing House, 1962 (hebräisch*); erw. Aufl. 1965.

(Zus. mit Rachel Yanait-Ben-Zevi), The Rock of Edom, Tel Aviv, Lewin-Epstein, 1964 (hebräisch*).

Cities of the Desert, Tel Aviv, Lewin-Epstein, 1966 (*); (hebräisch*).

Introduction to the Archaeology of Palestine, Jerusalem, Hebrew University, Academon, 1967 (hebräisch*).

Caesarea, Tel Aviv, Lewin-Epstein, 1967 (*).

Archaeology of Palestine, Jerusalem, Ministry of Education and Culture, Henrieta Szold Institute, 1968.

Dictionnaire Archéologique de la Bible, Paris, Fernand Hazan Editeur, Paris 1970. (Verfasser der meisten Artikel, gez. AN.)

Archaeological Lexicon of the Holy Land, Jerusalem Publishing House, Jerusalem 1972 (hebräisch*).

Archäologisches Lexikon zur Bibel, Kunstverlag Edition Praeger, München-Wien-Zürich 1972 (*). (A. Negev/J. Rehork [Hg.], Verfasser der meisten Artikel A. Negev, gez. AN.)

Archaeological Encyclopedia of the Holy Land, Jerusalem Publishing House, Jerusalem & London 1972 (ebenfalls eine amerikanische Ausgabe).

(Zus. mit Y. Ziv), Everyday Guide to Sites and Natural Reserves in Israel, Jerusalem Publishing House, Jerusalem 1973 (hebräisch).

The Nabatean Potter's Workshop at Oboda, in: Acta Rei Cretariae Romanae Fautorum, Supplementa, Vol. 1, Habelt Verlag, Bonn 1974.

Die Nabatäer, in: Antike Welt, Zeitschrift für Archäologie und Kulturgeschichte, Sondernummer 4, Feldmeilen August 1976.

Archaeology in the Holy Land, Sadan Publishing House, Tel Aviv 1976.

The Inscriptions of Wadi Haggag, Sinai, Qedem, Monographs of the Institute of Archaeology, The Hebrew University of Jerusalem, Vol. 6, Jerusalem 1977.

The Nabateans and the Provincia Arabia, in: H. Temporini und W. Haase, Aufstieg und Niedergang der Römischen Welt, Geschichte und Kultur Roms im Spiegel der neueren Forschung, Walter de Gruyter, Berlin-New York 1977.

Israel Guide, The Negev Highlands and Eilat Region, Keter Publishing House and the Publishing House of the Ministry of Defence, Tel Aviv 1979 (hebräisch, Hg. u. Vf. verschiedener Artikel, gez. AN).

Funde und Schätze im Land der Bibel, Calwer Verlag, Stuttgart ^{2}1979.

Schatten uit Bijbelse Bodem, Zommer & Keuning-EDE, 1979.

The Greek Inscriptions from the Negev, in: Studium Biblicum Franciscanum, Collectio minor, N. 25, Franciscan Printing Press, Jerusalem 1981.
Masters of the Desert – The Story of the Nabateans, Keter Publishing House, Jerusalem. (Hebräische Ausgabe Ende 1982; engl. Ausgabe in Vorbereitung.)
Chalcolithic period at Beersheba: J. Perrot, in: Encyclopedia of Archaeological Excavations in the Holy Land, Oxford University Press, London, 1975–1978, I, S. 153–159 (nachfolgend zitiert als EAEHL); (mit detaillierter Bibliographie).

Literatur zum Thema:

Bronze- und Eisenzeitalter im Negev

Tel Beersheba: Y. Aharoni, in: EAEHL, I, S. 160–168 (mit Bibliographie).
Tel Arad: Bronze Age / R. Amiran, in: EAEHL, I, S. 75–81; Y. Aharoni, ibid, S. 74–75; 82–89 (mit Bibliographie).

Die Nabatäer (allgemein)

Johann Ludwig Burckhardts Reisen in Syrien, Palästina und der Gegend des Berges Sinai. Aus dem Englischen, hg. und mit Anmerkungen versehen von Wilhelm Gesenius, Weimar 1823, 1824.
R. E. Brünnow und A. von Domaszewski, Die Provincia Arabia, I, Straßburg 1904.
G. Dalman, Petra und seine Felsheiligtümer, Leipzig 1908.
A. Musil, Arabia Petraea, II, 1, Edom, Wien 1908, S. 41–150.
A. Kammerer, Pétra et la Nabatène, Paris 1929, 1930.
J. Starcky, Pétra et la Nabatène, in: Supplement au Dictionnaire de la Bible, Bd. 7, Paris 1966, Sp. 886–1017.
K. Schmitt-Korte, Beitrag zur nabatäischen Keramik, in: Archäologischer Anzeiger, 1968, Heft 3, S. 496–519.
K. Schmitt-Korte, Die Nabatäer, Spuren einer arabischen Kultur der Antike (Veröffentlichung der Deutsch-Jordan. Gesellschaft) (*), Hannover-Frankfurt 1976.
H. J. Kellner (Hg.), Die Nabatäer, Ein vergessenes Volk am Toten Meer (Kataloge der Prähistorischen Staatssammlung, Nr. 13), München 1970.
M. Lindner, Petra und das Königreich der Nabatäer, München ^{4}1983.
G. W. Bowersock, A Report of Arabia Provincia, in: Journal of Roman Studies, 61, 1971, S. 219–242.
P. C. Hammond, The Nabateans – Their History, Culture and Archaeology, Gothenburg 1973.
A. Negev, The Nabateans and the Provincia Arabia, in: H. Temporini und G. Haase, Aufstieg und Niedergang der Römischen Welt, II, 8, Berlin-New York 1977, S. 520–686.

Der Negev (allgemein)

Fr. Kruse, Ulrich Jasper Seetzens Reisen durch Palästina usw., III, Berlin 1855, passim.
E. Robinson, Biblical Researches in Palestine, London ^{2}1856, passim.
E. H. Palmer, The Desert of Tih and the Country of Moab, in: Palestine Exploration Fund Quarterly Statement, 1871, passim.
A. Musil, Arabia Petraea, II, 2, Edom, Wien 1908, passim.
C. L. Woolley / T. E. Lawrence, The Wilderness of Zin, in: Annual of the Palestine Exploration Fund, III, 1914–1915, passim.

A. Negev, Mampsis, A Town in the Eastern Negev, in: Raggi, Zeitschrift für Kunstgeschichte und Archäologie, 7, 1967, S. 67–86.
–, Kurnub, Bible et Terre Sainte, 90, 1967, S. 6–17.
–, Mamshit, in: Israel Exploration Journal (nachfolgend zitiert als IEJ), 17, 1967, S. 121–124.
–, A City of the Negev, in: The Illustrated London News, Sept. 14, 1968, S. 32–33; Sept. 21, S. 25–27.
–, Mamshit (Kurnub), in: Revue Biblique, 75, 1968, S. 407–413.
–, The Chronology of the Middle Nabatean Period, in: Palestine Exploration Quarterly, 101, 1969, S. 5–14.
–, Seal Impressions from Tomb 107 at Kurnub (Mampsis), in: IEJ, 19, 1969, S. 89–106.
–, The Mampsis (Kurnub) Hoard of Roman Imperial Silver, a Preliminary Report, in: Israel Numismatic Journal, 1970, S. 27–31.
–, Mampsis: A Report on Excavations of Nabataeo-Roman Town, in: Archaeology, 24, 1971, S. 166–171.
–, Notes on Some Trajanic Drachms from the Mampsis Hoard, in: Jahrbuch für Numismatik und Geldgeschichte, Band XXI, 1971, S. 115–120.
–, The Nabatean Necropolis of Mampsis (Kurnub), in: IEJ, 21, 1971, S. 110–129.
–, Mampsis – eine Stadt im Negev, in: Antike Welt, 3, 4, 1972, S. 13–28.
–, Nabatean Capitals from the Towns of the Negev, in: IEJ, 24, 1974, S. 153–159 (behandelt auch Architekturschmuck in anderen Städten des Negev).
–, The Churches of the Central Negev. An Archaeological Survey, in: Revue Biblique, 81, 1974, S. 397–420 (behandelt auch Kirchen in anderen Städten des Negev).
–, Permanence et Disparition d'Anciens Toponymes du Negev Central, in: Revue Biblique, 83, 1976, S. 545–557 (über die Kontinuität von Ortsnamen im Negev).
–, Kurnub, in: EAEHL, III, S. 722–734.
– (Zus. mit R. Sivan), The Pottery of the Nabatean Necropolis at Mampsis, in: Acta Rei Cretariae Romanae Fautorum, XVII–XVIII, 1977, S. 109–131.
–, The Greek Inscriptions from the Negev, Jerusalem 1981, S. 69–72.
–, Christen und Christentum in der Wüste Negev, in: Antike Welt, 13, 1982, S. 2–33 (auch über die Kirchen in anderen Negev-Städten).

Elusa

A. Negev, Elusa, in: EAEHL, II, 1976, S. 359–360 (mit Bibliographie).
–, L'histoire de l'antique citè d 'Élusa, in: Bible et Terre Sainte, 164, 1074, S. 8–10; 20 Jours de fouilles a Élusa, ibid., S. 11–18.
–, Elusa, in: Revue Biblique, 82, 1975, S. 109–113.
–, Survey and Trial Excavations at Haluze (Elusa) 1973, in: IEJ, 26, 1976, S. 89–95.
–, The Greek Inscriptions from the Negev, Jerusalem 1981, S. 73–76 (siehe dort auch Artikel unter den Stichworten Oboda und Mampsis).
Th. Wiegend u. a., Sinai (Wissenschaftliche Veröffentlichungen des Deutsch-Türkischen Denkmalschutz-Kommandos, Heft 1), Berlin und Leipzig, 1921, passim.
G. M. Crowfoot, Early Churches in Palestine, London 1934, passim.
G. E. Kirk, Archaeological Exploration in the Southern Desert, in: Palestine Exploration Quarterly, 1938, S. 211–235.
G. E. Kirk, The Negev or Southern Desert of Palestine, in: Palestine Exploration Quarterly, 1941, S. 57–71.
N. Glueck, Rivers in the Desert. A History of the Negev, New York 1959.

A. Negev, Cities of the Desert, Tel Aviv 1966.
M. Evenari u. a., The Negev, the Challenge of a Desert, Harvard University Press, Cambridge, Mass., 1971.

Einzelne Stätten und Spezialprobleme

Oboda

A. Negev, Avdat, IEJ, 9, 1959, S. 274–275.
– (Zus. mit M. Avi-Yonah), A City of the Negev. Excavations in Nabatean, Roman and Byzantine Oboda, in: The Illustrated London News, Nov. 26, 1960, S. 944–947.
–, Avdat – A Caravan Halt in the Negev, in: Archaeology, 14, 1961, S. 122–130.
–, Nabatean Inscriptions from Avdat (Oboda), in: IEJ 11, 1961, S. 127–138; 13, 1963, S. 113–124.
–, Avdat, un halte de caravanes dans le centre du Néguev, in: Bible et Terre Sainte, 40, 1961, S. 4–11.
–, Stonedressers Marks from a Nabatean Sanctuary at Avdat, in: IEJ 15, 1965, S. 185–195.
–, Die Töpferwerkstatt in Oboda, in: H. J. Kellner, Die Nabatäer, München 1970, S. 48–51.
–, Nabatean Sigillata, in: Revue Biblique 72, 1972, S. 381–398.
–, The Staircase Tower in Nabatean Architecture, in: Revue Biblique 80, 1973, S. 364–383.
–, The Nabatean Potter's Workshop of Oboda, Bonn 1974.
–, Oboda, in: EAEHL, II, S. 345–355.
–, Die Nabatäer, in: Antike Welt, Zeitschrift für Archäologie und Kulturgeschichte, Sondernummer 7, 1976, passim (auch über andere Städte im Negev).
–, House and city planning in the ancient Negev and the Provincia Arabia, in: G. Golany (Hg.), Housing in Arid Lands, Design and Planning, London 1981, S. 3–32 (auch über Mampsis).
–, Nabatéens et Byzantins au Negev: 1. Les Nabatéens au Negev; 2. Le Christianisme au Negev, in: Le Monde de la Bible, 19, 1981, S. 4–46 (auch über andere Stätten im Negev).
–, The Greek Inscriptions from the Negev, Jerusalem 1981, S. 11–45.

Mampsis

A. Negev, Mampsis (?) in the North-Eastern Negev, in: Ariel, a Quarterly Review of Arts and Sciences in Israel, 15, 1966, S. 79–86.
–, Oboda, Mampsis and the Provincia Arabia, in: IEJ 17, 1967, S. 46–55.
–, Town Planning Problems in Kurnub, in: Tvai, Quarterly for Architecture and Town Planning, I, 4, 1967, S. 7–8.

Sobata

A. Negev, Subeita, in: EAEHL, IV, 1976, S. 1116–1124 (mit detaillierter Bibliographie).
–, Greek Inscriptions from the Negev, Jerusalem 1981, S. 47–67, 80–97.

Nessana

H. D. Colt u. a., Excavations at Nessana, 1, London 1962.
L. Casson and E. L. Hettich, Excavations at Nessana, 2, Literary Papyri, Princeton 1950.
C. J. Kraemer, Excavations at Nessana, 3, Non-Literary Papyri, Princeton 1958.
M. Avi-Yonah, Nessana, in: EAEHL, III, 1977, S. 927-930.

Sinai

M. Labib, Pèlerins et Voyageurs au Mont Sinai, Kairo 1961 (eine ausgezeichnete Quelle zur Bibliographie des Sinai).

B. Rothenberg, An Archaeological Survey of South Sinai, in: Palestine Exploration Quarterly, 102, 1970, S. 4–29.

A. Negev, New Dated Nabatean Graffiti from the Sinai, in: IEJ, 17, 1967, S. 250–255.

–, The Inscriptions of Wadi Haggag, Sinai, in: Qedem 6, Monographs of the Institute of Archaeology, The Hebrew University, Jerusalem 1977.

–, A Nabatean Sanctuary at Jebel Moneijah, Southern Sinai, in: IEJ, 27, 1977, S. 219–231.

–, Nabatean, Greek and Thamudic Inscriptions from the Wadi Haggag-Jebel Musa Road, in: IEJ, 31, 1981, S. 66–71.

–, Nabatean Inscriptions in Southern Sinai, in: Biblical Archaeologist, 1981, S. 21–25.

Anmerkung: Eine Reihe meiner Artikel zum Negev und Sinai in Hebräisch sind hier nicht aufgeführt. Eine detaillierte Bibliographie derselben ist verfügbar durch die Kataloge in der Bibliothek des Institute of Archaeology, The Hebrew University, Jerusalem, und der Bibliothek im Department of Antiquities and Museums, POB 586, Jerusalem.

Namen-, Orts- und Sachregister

AVRAHAM NEGEV

Funde und Schätze im Land der Bibel

160 Seiten, 85 einfarbige und 48 farbige Fotos, Leinen DM 24,–

Das Buch hat zwei Teile. Im ersten (Text-)Teil, der auch mit Zeichnungen und Schwarzweiß-Reproduktionen illustriert ist, geht der Verfasser den großen Zeitabschnitten der Archäologie im Land der Bibel nach: dem Prähistorischen, der frühen Steinzeit, der Natufien-Kultur, dem Neolithikum, der Kupferzeit, der Bronzezeit, der Eisenzeit, worin Keramik, Bestattungssitten, Befestigungen und vor allem auch Schrift, Kunst und religiöses Leben gesonderte Betrachtung erfahren. Es folgen dann die Perserzeit, die hellenistische Zeit, die Zeit der Römer, die byzantinische Zeit, die Eroberung durch die Araber, die Kreuzfahrer. Dieser Teil wird abgeschlossen mit einer doppelseitigen übersichtlichen Zeittafel und der Zeichnung einer Rekonstruktion der Süd- und Westmauer des Tempelbergs zur Zeit des Herodes (Seite 39). Mit Seite 40 beginnt dann der zweite (Bild-)Teil mit Schwarzweiß- und Farbfotos, angefangen mit den Höhlen an den Abhängen des Karmel, in denen sich Reste einer Zivilisation erhalten haben, die über 150000 Jahre alt sind, bis hin zu den Festungen und Bauten der Kreuzfahrer, abschließend mit dem Löwentor, das Suleiman der Prächtige in den Jahren 1539 bis 1542 in Jerusalem errichten ließ. Ein Buch, das in jeder Hinsicht mehr hält, als es verspricht, schon rein äußerlich dadurch, daß es mit einer Schwarzweiß-Abbildung auf der Titeldoppelseite beginnt und mit einem schönen Farbfoto des genannten Jerusalemer Stadttores endet, als vor allem auch dadurch, daß hier wesentliche Erkenntnisse und Funde auf engstem Raum zusammengetragen sind, was dem Buch Übersichtlichkeit für jeden Leser und Betrachter verleiht.

Friedrich Laubscher »Christ und Buch«

CAV 1836

CALWER VERLAG STUTTGART